中国自然遗产保护的
国家公园管理模式研究

Study on the

MANAGEMENT

Model of National Parks for the Protection
of Natural Heritage in China

罗金华 ◎著

北京大学出版社
PEKING UNIVERSITY PRESS

图书在版编目(CIP)数据

中国自然遗产保护的国家公园管理模式研究/罗金华著. —北京： 北京大学出版社，2022. 12

ISBN 978-7-301-33681-6

Ⅰ. ①中… Ⅱ. ①罗… Ⅲ. ①国家公园 – 自然遗产 – 保护 – 管理模式 – 研究 – 中国 Ⅳ. ①S759.992

中国国家版本馆 CIP 数据核字（2023）第 004561 号

书　　　名	中国自然遗产保护的国家公园管理模式研究	
	ZHONGGUO ZIRAN YICHAN BAOHU DE GUOJIA GONGYUAN GUANLI MOSHI YANJIU	
著作责任者	罗金华　著	
责 任 编 辑	王树通	
标 准 书 号	ISBN 978-7-301-33681-6	
出 版 发 行	北京大学出版社	
地　　　址	北京市海淀区成府路 205 号　　100871	
网　　　址	http://www.pup.cn　电子信箱： zpup@ pup.pku.edu.cn	
电　　　话	邮购部 010-62752015　发行部 010-62750672　编辑部 010-62764976	
印 刷 者	北京溢漾印刷有限公司	
经 销 者	新华书店	
	720 毫米×1020 毫米　16 开本　23.25 印张　341 千字	
	2022 年 12 月第 1 版　2022 年 12 月第 1 次印刷	
定　　　价	88.00 元	

序一

　　国家公园,目前中国生态文明和美丽中国建设中应用的最经典名词,同时也有着其特定的政治、科学、保护和社会涵义。

　　本书通过系统分析、归纳与评述我国正在实施的国家公园体制建设,进一步从学术角度阐明国家公园在我国自然保护地体系中的主体地位。同时,通过讨论自然遗产地的保护和利用,明辨自然遗产地利益相关者的关系,探索建设中国国家公园管理模式,实现我国自然保护地管理的科学化和规范化。

　　舶来的"国家公园"概念,海内外有着不同的理解和认知,多数人认为"国家公园"主要是用于生态系统保护和游憩娱乐。中国的"国家公园"既源于世界,同时又是世界国家公园体系中独具特色的中国方案和范例。不同于IUCN的国家公园定义,在中国,建立国家公园体制和设立国家公园的战略布局,其指导思想与科学内涵已经上升到全面统筹山水林田湖草沙一体化保护和系统治理高度,保持生态系统的原真性和完整性,让我国最重要区位的生态安全屏障和最珍贵的生态保护战略资源务必掌控在国家层面,明确为中央事权。这是中国建立以国家公园为主体的自然保护地体系以及国家公园体制的本意。

我国是文明古国,悠久灿烂的中华文化包含着古人对天地自然的认识与追求,读懂和理解中国古代"天人合一""顺应自然"的自然原理,才能领会当代中国开展自然遗产保护的正本清源。中国人最朴素的自然观就是:"拜天、谢地、尊生、祭祖、敬父母!"本书深入剖析了我国古代自然观和西方近代的自然保护历史,对比东西方思想家、哲学家对人与自然相处的不同观点和思想演变,旨在提炼古今中外自然保护的精华,诠释我国现代先进的自然保护理念。

作者既分析了我国自然遗产的多元价值,又特别关注自然遗产保护过程中各个利益相关方的诉求及协调机制,是在一条"古人朴素自然观念—国外近代保护案例—本土自然保护探索—自然遗产利益攸关—中国国家公园实践"主线下完成其整个研究的,逻辑清晰,思路连贯。相信作为一本中国国家公园研究的专著,其研究方法和学术观点,将为我国自然保护地发展、自然遗产保护和国家公园建设提供积极的参考与借鉴。

2022 年 10 月 6 日

序二

党的二十大报告强调,中国现代化是人与自然和谐共生的现代化。2021 年 10 月我国正式设立第一批国家公园,正是习近平总书记亲自谋划、部署、推动国家公园体制建设的成果。

在党的十八届三中全会首次提出建立国家公园体制之前,罗金华攻读博士学位时就大胆选择国家公园为研究主题,完成了博士学位论文。2015 年 5 月,国家出台建立国家公园体制试点方案,当时在中国社会科学院做高级访问学者研究的罗金华就在中国社会科学出版社出版了《中国国家公园设置标准研究》专著。时隔七年,罗金华教授的又一力作《中国自然遗产保护的国家公园管理模式研究》(以下简称本书)在北京大学出版社出版,书名就体现了国家公园在我国自然遗产保护中的重要地位。

本书不仅是长年理论探索的成果,也是罗金华教授主持创建的三明学院国家公园研究机构开展实践研究的成果,理论与实践相结合,言之有据、行之有用,是本书的特点。

本书自始至终将中国自然遗产保护与中国国家公园管理模式紧密关联,从中国自然遗产保护的实际问题出发研究中国国家公园体制建设,旨在构建中国特色国家公园管理模式以保障中国自然遗产的科学保护与利用。

本书对自然遗产保护的过去、现在与未来开展了全过程研究,同时对照研究中外自然遗产保护的理念与实践。从对中国国家公园建设的启示和借鉴出发,探究全球有代表性的国家和地区的公园管理,概括其管理模式。

本书着重研究中国现行自然遗产地保护管理,着眼于自然资源权属管理、体制管理、资金保障等关键问题研究,兼顾自然资源保护与利用的管理研究,对武夷山、三江源等案例进行实践分析,最后对现行管理模式面临的挑战做了深入分析。

本书对中国国家公园体制试点工作所做的探究,突出新时代中国特色生态文明思想的引领,彰显中国特色的国家公园试点目标与政策,总结了国家公园试点工作的成效与不足,对国家公园体制建设的进一步推进具有重要参考价值。

基于上述理论与实践研究,本书提出了关于中国特色国家公园管理模式的构想。作者首先创建了中国国家公园管理模式主体要素架构,针对管理模式所要解决的问题和所要实现的目标,体现关键要素及其相互关系,体现管理模式的可行性和可操作性。管理模式的创建全面体现中国特色生态文明思想,管理体制机制遵循公平公正原则,重视科学技术对国家公园持续发展的作用。本书的中国国家公园管理模式构想图系统详尽地诠释了管理模式的内涵,具有科学性、先进性和可操作性。

本书还专门设计了国家公园生态旅游与游憩方案,从价值转换路径的视角来规范国家公园的生态旅游,从生态旅游的宗旨做出国家公园保护与利用的制度安排,从体验功能与个性创新来设计游憩活动,富有新意和参考价值。

本书总结的七个结论,是全书研究成果的概括和升华,值得关注。本书300多篇参考文献体现作者研究的深度和广度,也值得关注国家公园的同行参考。

　　近年来,习近平总书记深入实考察了多个有代表性的国家公园,作出一系列重要指示。我国国家公园建设方兴未艾,希望本书的问世能促进对国家公园的深入研究,激发大众对国家公园更多的关注。

福建师范大学二级教授、博士生导师

2022 年 10 月 25 日

目 录

第一章　绪论

　　自然遗产是地球演化历史的突出例证,也是人类文明发展进程的重要物质载体,更是当今生态文明建设和美丽中国建设的核心载体和重要内容。随着中国遗产地面积的不断扩大和遗产地体系的建立,自然遗产保护管理成为中国国土空间管理的重大课题,由此,我国开始了自然遗产保护管理的顶层设计。

　　2012年11月,党的十八大报告提出大力推进生态文明建设,建设美丽中国,要做好优化国土空间开发格局、全面促进资源节约、加大自然生态系统和环境保护力度、加强生态文明制度建设四个方面的工作。[①] 由此,在生态文明思想的引领下,中国自然保护开启了新纪元。2013年11月中国共产党第十八届中央委员会第三次全体会议审议通过《中共中央关于全面深化改革若干重大问题的决定》,进一步提出围绕建设美丽中国深化生态文明体制改革,加快建立生态文明制度,明确"实施主体功能区制度,建立国土空间开发保护制度,严格按照主体功能区定位推动发展,建立国家公园体制"。[②]2015年5月18日,国家发展和改革委员会会同中央机构编制委员会办公室、财政部等13个部门,联合印发《建立国家公园体制试点方案》,明确通过试点工作要达成的目标,即解决试点区域内自然保护区、风景名胜区、文化自然遗产、森林公园、地质公园、湿地公园等各类遗产保护地,因交叉重叠设置而造成的多头管理、碎片化管理等问题,通过建立健全统一、规范、高效的

----

　　① 胡锦涛. 坚定不移沿着中国特色社会主义道路前进,为全面建成小康社会而奋斗——在中国共产党第十八次全国代表大会上的报告[R],2012-11-08.
　　② 中共中央. 中共中央关于全面深化改革若干重大问题的决定[N]. 人民日报,2013-11-16(1).

管理体制和资金保障机制,形成自然资源资产产权归属更加明确、统筹保护和利用取得重要成效的可复制、可推广的保护管理模式。① 首批列入的 10 个试点涉及 9 个省,由此标志着我国建立国家公园体制行动进入实质性推进阶段。2017 年 9 月 26 日,中共中央办公厅、国务院办公厅印发《建立国家公园体制总体方案》(以下简称《总体方案》),科学界定了国家公园内涵,明确要以加强自然生态系统原真性、完整性保护为基础,以实现国家所有、全民共享、世代传承为目标,着重在管理体制、运营机制、法治保障、监督管理等方面,通过理顺、创新、健全、强化等手段,构建统一规范高效的中国特色国家公园体制以及分类科学、保护有力的自然保护地体系,并就统一事权、分级管理、资金保障、自然生态系统保护、社区协调发展的体制制度建设和保障措施,提出纲领性要求和重点安排。② 2019 年 6 月 26 日,中共中央办公厅、国务院办公厅出台《关于建立以国家公园为主体的自然保护地体系的指导意见》(以下简称《指导意见》),进一步将建立以国家公园为主体的自然保护地体系,作为贯彻习近平生态文明思想的重大举措和党的十九大提出的重大改革任务,③并与高质量生态产品、美丽中国建设构成一个相辅相成的统一整体。中央"十四五"规划建议和国家"十四五"规划纲要要求提升生态系统质量和稳定性,促进人与自然和谐共生。2021 年 7 月《"十四五"林业草原保护发展规划纲要》明确到 2035 年建成以国家公园为主体的自然保护地体系、基本实现美丽中国建设目标的时间节点。④

---

① 国家发展和改革委员会、中央机构编制委员会办公室等 13 个部门. 建立国家公园体制试点方案[R]. 2015-05-18.

② 中共中央办公厅,国务院办公厅. 建立国家公园体制总体方案[R]. 国务院公报,2017(29):7—11.

③ 中共中央办公厅,国务院办公厅. 关于建立以国家公园为主体的自然保护地体系的指导意见[R]. 国务院公报,2019(19):16—21.

④ 国家林业和草原局,国家发展和改革委员会."十四五"林业草原保护发展规划纲要[R],2021-07.

　　我国新时代自然保护管理的顶层设计由生态文明、美丽中国、自然保护地和国家公园四者构成,以生态文明思想为引领,建设美丽中国为目标,自然保护地为载体,国家公园及其体制建设为重要内容和抓手,四者构成一条完整的逻辑关系。本书循此逻辑,回顾中国传统自然保护理念、梳理中外自然保护和国家公园发展脉络,在此基础上,就构建中国自然遗产保护的国家公园管理模式进行探讨。

第一节 中国当代自然遗产保护事业发展

中国是自然遗产资源非常丰富、类型最齐全的国家之一,为中国旅游业发展提供了丰富而扎实的景观资源基础。在资源保护和利用双重目的并行的现实条件下,我国以自然遗产资源为重要依托,建立了保护区、风景区或公园等多种类型的自然遗产地,这些遗产地是建立国家公园并推行国家公园体制改革的重要区域。

中国当代自然遗产保护始于 1956 年在广东省肇庆建立的鼎湖山自然保护区。38 年后,国务院于 1994 年 10 月 9 日发布《中华人民共和国自然保护区条例》,当年 12 月 1 日起实施,并先后于 2011 年和 2017 年进行了修改。该条例明确自然保护区的建立旨在加强自然保护区建设和管理,保护自然环境和自然资源,保护有代表性的自然生态系统、珍稀濒危野生动植物物种的天然集中分布区、有特殊意义的自然遗迹等保护对象所在的陆地和陆地水体或者海域。按照管理系统,现行自然保护区分国家级自然保护区和地方级自然保护区,地方级又包括省、市、县三级自然保护区;按照保护对象,自然保护区分为自然生态系统类、野生生物类和自然遗迹类;按照保护区的性质,自然保护区分为科研保护区、国家公园(即风景名胜区)、管理区和资源管理保护区四类。① 经过六十多年的发展,我国自然保护区建设和生物多样性保护取得显著成就。截至 2018 年,全国已建立各级各类自然保护地超过 1.18 万个,占国土面积 18% 以上,其中包括国家公园体制试点 10个,世界自然遗产 14 处(截至 2021 年 7 月 25 日,中国世界遗产总数 56 处),世界地质公园 37 处,国家级海洋特别保护区 71 处。② 根据生态环境部《中国生态环境状况公报》,③ 至 2019 年 5 月全国自然保护区 2750 个,总面积为147.17 万平方千米④其中,自然保护区陆域面积为 142.70 万平方千米,占陆域国土面积的 14.86%,国家级自然保护区 463 个,总面积约 97.45 万平方千米,高于世界平均水平。

我国是首先获准为联合国《生物多样性公约》的国家之一,率先将生物多样性保护纳入国家各类规划和计划。⑤ 2010 年中国制订并实施了《中国生物多样性保护战略与行动计划(2011—2030 年)》,还先后颁布和修订了《环境保护法》《野生动物保护法》《种子法》《畜牧法》等多部与生物多样性相关的法律法规,积极承担保护和可持续利用生物多样性的义务,推动生物物种资源保护与监管、生物安全及生态损害赔偿法律体系的完善。

然而,我国自然遗产保护工作仍然存在许多问题,具体表现为不合理的开发与建设活动引发生态系统破坏,物种濒危和灭绝、生物遗传资源流失、生物多样性丧失等问题突出,自然保护类型交叉重叠,自然保护工作"九龙治水"、多头碎片化管理,保护和建设经费不足,自然保护区建设质量和管理水平不高等。随着一系列全球性生态危机的出现,经济社会发展必须与资源环境相适应成为国际社会共识。在生态全球化背景下,我国政府从人类

① 国务院. 中华人民共和国自然保护区条例[R]. 1994-10-09 发布,2017-10-07 修订.
② 顾仲阳. 我国已建立自然保护地 1.18 万处[N]. 人民日报海外版,2019-11-04.
③ 生态环境部. 中国生态环境状况公报(2018)[R],2019-05-29.
④ 1 平方千米 = 10^6 平方米 = 100 公顷. ——编辑注
⑤ 寇江泽. 共建万物和谐的美丽家园[EB/OL]. 人民网,(2021-02-22)[2022-06-23]. http://opinion.people.com.cn/n1/2021/0222/c1003-32033263.html

历史生态、文化生态和现实生态出发,以实现中华民族伟大复兴的中国梦为引领,走生态文明发展的国家发展道路,推进和谐、持续的生态文明发展模式,努力构建人与自然、人与人、人与社会和谐共生关系,为我国自然遗产保护工作提出了新要求和新任务。2019 年 6 月,我国进一步明确提出建立以国家公园为主体的自然保护地体系,为此,通过国家公园体制,创新自然资源保护利用模式与管理制度,在"两山理论"指导下科学推进生态产品价值实现,成为 21 世纪我国社会经济文化和生态高质量发展的重要任务和现实命题。

第二节 国家公园建设的内涵与意义

"国家公园"概念于 1832 年由美国提出,并于 1872 年首建了世界上第一座国家公园——美国国家黄石公园,[①]但随着国家公园概念被世界各国接受,其管理模式也随着各国政治体制、自然保护理念、文化、经济等方面的差异而出现变化。2017 年中共中央办公厅、国务院办公厅《建立国家公园体制总体方案》定义了我国的国家公园,是指"以保护具有国家代表性的大面积自然生态系统为主要目的,实现自然资源科学保护和合理利用的特定陆地或海洋区域",且由国家批准设立和主导管理。国家批准设立与国家代表性两个特征,表明我国将通过国家公园的设立,落实对自然保护地的中央集权和垂直管理,把自然资源和生态环境管理的事权真正集中到国家手里,代表人民行使管理权,实现最广大人民的最广泛利益,并让国家公园成为国家形象的象征,彰显中华文明发展进程和生态文明建设的内涵与成就。

一、国家公园管理体制诠释生态文明制度建设的基本内涵

生态文明以人与自然的和谐共生作为价值理念,是对工业文明下人类

---

① 黄国勤. 国家公园的内涵与基本特征[J]. 生态科学,2021,40(03):253—258.

崇尚的征服自然理念的一种超越。工业文明时期，征服自然的发展理念造成生态危机日益严重，虽然世界各国对此有所觉醒，但大多数国家和地区并未为了保护环境而放弃发展经济，生态保护与经济发展冲突越来越严重。绿色发展为解决工业文明带来的保护与发展二元对立问题提出了一条出路。习近平社会主义生态文明阐述了社会生产发展与生态环境之间的关系，提出"绿水青山就是金山银山""山水林田湖是一个生命共同体"等一系列科学论断，进而在"五位一体"的总体布局下统筹各领域的协调发展，推进我国绿色产业与资源节约型社会的发展。习近平社会主义生态文明观成功地破解了经济发展与生态环境二者的对立，使经济发展跨越"环境卡夫丁峡谷"成为可能。

新时代中国特色生态文明建设，以构建人类命运共同体为出发点，着力构建经济发展与环境保护相协调的现代化经济体系，努力从法律法规、制度安排等多角度部署生态环境治理，解决自然资源短缺、生态系统退化、环境被污染破坏等问题，实现资源、生产、消费等社会要素相互适应与协调。建立国家公园体制是我国生态文明制度建设的重要内容。作为自然保护体系的新型管理模式，国家公园体制的建设在微观上是要解决我国自然遗产管理"九龙治水"的问题，从宏观上是要建设生态环境监管体系、生态环境管理制度、生态法治执法机制以及公民生态保护意识，解决自然保护与利用之间的矛盾。国家公园管理系统与生态文明建设相辅相成，是生态文明制度的重要组成，均是基于我国人与自然和谐发展的必要性与紧迫性，试图用最严格的体制机制保护生态环境，探索可持续的绿色发展方式，为调整人与自然的关系、促进人与自然和谐发展提供制度保障。由此可知，国家公园管理体制建设就是要深入理解人与自然相互作用的规律，走出了一条不同于传统征服自然理念的生态文明道路，进而为世界各国提供一种新的发展理念和发展方式。

二、国家公园构筑美丽中国的壮美画卷

党的十八大报告首次提出建设"美丽中国",与推进绿色发展、循环发展、低碳发展共同构成生态文明建设的内容,是中国共产党在新时期执政的理念之一。它不仅是中国发展的现实需要,也是生态文明思想的具体体现和当代中国生态文明建设的定位。"美丽中国"内涵广泛而深刻:首先是自然环境之美,要求人们具有正确的环境保护和生态意识,具有较高的生态修养水平和生态伦理道德水平,遵循自然规律,不违背自然规律,天地人和谐相处;其次是和谐发展之美,要求我们走"绿色发展"之路,建立健全绿色低碳循环发展的经济体系,落实生态系统保护,解决突出环境问题,建设天蓝、地绿、水净的美好家园,实现可持续发展、建设和谐社会的目标;其三,是人文之美,要求将生态文明建设融入经济建设、政治建设、文化建设、社会建设全过程,让灿烂的中华文化和悠久的历史、人民对美好生活向往的人文美,与自然美交相辉映。

国家公园为主体的自然保护地体系不仅是中华民族的宝贵财富、美丽中国的重要象征,也是生态建设的核心载体。[1] 从物质空间上看,国家公园是一个拥有国家代表性自然风光、完整性生态系统的较大自然区域,《指导意见》将这部分自然区域概述为我国自然生态系统中最重要、自然景观最独特、自然遗产最精华、生物多样性最富集的部分,[2]是能够为公众提供旅游、科研、教育、娱乐的机会和场所。从精神维度上看,国家公园建设以保护生态系统完整性为目的,重视引导人们尊重自然、顺应自然、保护自然的高度自觉,为人们呈现美丽中国与生态文明建设的共享成果。

---

① 中共中央办公厅,国务院办公厅. 关于建立以国家公园为主体的自然保护地体系的指导意见[R]. 中华人民共和国国务院公报,2019(19):16—21.
② 同上.

三、国家公园管理创新中国自然保护地管理模式

中国自然遗产管理现状存在诸如"多头管理,利益纷争"、自然资源开发错位、过度利用、遗产资源保护与旅游利用矛盾等问题,这些问题反映出中国现行自然遗产管理"国家挂名,地方行权"的体制和机制矛盾,生态环境保护与资源开发利用关系未得到友好的协调,制约着自然资源的可持续发展。国家公园是保护区各类型中发展到较高阶段的一种自然保护区,是保护自然环境和自然资源的重要基地①。原国家林业部的严旬早在1991年就提出在典型自然地带、生态系统、珍稀动植物栖息地、保存完整的自然历史遗迹、悠久历史的文化遗产、被国际重视和列入国际公约保护地等区域建设国家公园,并在国家公园经营中要防止过分强调旅游的倾向②。建设国家公园管理体制就是要改革现行的保护管理体制机制,通过一种新型的保护管理模式,科学处理保护与利用之间的关系。这个管理模式,不仅要符合中国的国情,具有中国特色,还必须统一、规范、高效,能够达成理顺管理体制、创新运营机制、健全法治保障、强化监督管理等具体目的。公园管理制度和行为准则与生态系统自然演替规律相符,能够妥善处理中国自然遗产保护与利用的矛盾。

变革自然遗产地社区非生态管理制度和不生态的生产生活方式,不仅需要一套遗产地生态系统规划、建设、保育、运营、环境管控的方法和技术,更为重要的是需要一套科学有效的管理制度和政策措施。该制度在规范自然遗产经济利用目的与行为中具有有效性和强制性,因此,创新中国特色的国家公园管理模式,必须在自然资源保护、生态管理和利用矛盾协调等诸方面行之有效。通过建立分类科学、布局合理、保护有力、管理有效的自然保

---

①　严旬.关于中国国家公园建设的思考[J].世界林业研究,1991(02)：86—89.
②　同上.

护地体系,^①能够规范自然遗产资源经济利用行为,协调和管控各利益相关方。国家公园管理机制建立在对中国现行自然遗产管理制度以及对所存在的问题进行制度经济学评价与制度判断的基础上,使管理制度具有权威性和有效性:① 权威性,在于国家公园管理制度要体现中央统一管理的意图和国家资源安全战略,明确中央政府、地方政府和保护地的管理组织结构与权限;② 有效性,在于协调自然保护地复杂多元利益主体,通过强化自然保护地管理和建设的科学性与权威性,促使自然遗产利用从粗放型向可持续发展方式转变,达成生态效益、社会效益和经济效益相协调。

四、国家公园管理模式展现中国绿色治理的魅力

中国共产党为中国现代化建设做出了"四个全面"战略布局和"五位一体"总体布局。这"两大布局"明确了中国实现现代化的战略路径和战略任务及其国家整体发展的产业布局与功能定位,形成了一个以发展为导向的政府治理体系,其绿色特征鲜明,追求在发展中展开,并在发展中实现治理目标。习近平总书记要求"以自然之道,养万物之生,从保护自然中寻找发展机遇,实现生态环境保护和经济高质量发展双赢。"中国遵循"绿水青山就是金山银山"的理念,采取河长制、湖长制以及党政领导干部生态环境损害问责制等具体措施,稳步推进绿色治理,并通过发展乡村旅游、节能环保、信息技术、大数据等新兴产业,优化有益于节约资源和保护环境的产业结构,改变生产发展方式和生活方式,通过提供自然产品和环境服务等新形式,转变传统的经济活动内容与增长方式,按照生态环境承载力的限制性要求约束人作用于自然的各种行为,既给生态环境和自然资源休养生息创造了充分的条件,也创造和丰富了人与自然平衡互动的精神文化价值。

以国家公园为主体的自然保护地体系及其国家公园管理体制创新,旨

---

① 中共中央办公厅,国务院办公厅. 关于建立以国家公园为主体的自然保护地体系的指导意见[J]. 中华人民共和国国务院公报,2019(19):16—21.

在建立自然生态系统保护的新体制、新机制、新模式,是中国绿色治理制度和体系的重要组成,是分类科学、布局合理、保护有力、管理有效的建设要求,[①]集中体现了绿色治理的基本内涵与先进理念。中国绿色治理从改变生产方式、生活方式入手,集中民生、美丽、幸福的命题,公益治理、社区治理、共同治理并行,生态环境保护和经济高质量发展并举,必将达成自然保护地体系兼具中国特色与世界先进管理水平的目标。

五、中国国家公园探索构建人与自然命运共同体的路径

中国遵循习近平生态文明思想的指引,采取一些创造性的做法,如中共中央办公厅、国务院办公厅先后出台《关于划定并严守生态保护红线的若干意见》《关于在国土空间规划中统筹划定落实三条控制线的指导意见》,自然资源部出台《生态保护红线管理办法(试行)》,用划定生态保护红线等方式,守住自然安全边界和底线。在探索建立国家公园管理体制过程中,相关部门和单位从处理好发展与保护的关系出发,重视人与自然环境、与野生动物关系的协调。如为了有效保护、恢复东北虎、东北豹野生种群,稳定虎豹栖息地和北半球温带区生物多样性,解决东北虎豹保护与人的发展之间的矛盾,在东北的吉林、黑龙江两省交界区域设立东北虎豹国家公园;在有"亚洲水塔"之称的青藏高原,西藏列入生态保护红线的范围达到了 60.8 万平方千米,执行最严格的保护,70 多万个农牧民"吃上了生态保护饭",奋战在野保员、林保员、湿地保护员等生态岗位上。随着"山水林田湖草是生命共同体"理念的提出,自然生态系统观逐步深入人心,河长制、湖长制、林长制等措施在各地相继实施并得到严格落实,河流、湖泊、森林等资源和环境作为一个整体系统得到较好的保护。

生态保护红线是中国保障和维护国家生态安全的底线,也为世界处理

---

① 中共中央办公厅,国务院办公厅. 关于建立以国家公园为主体的自然保护地体系的指导意见 [R]. 中华人民共和国国务院公报,2019(19):16—21.

好人与自然、发展与保护关系贡献了一种新的保护模式。曾任联合国副秘书长、联合国环境规划署执行主任的埃里克·索尔海姆说："中国生态保护红线制度是宏大和重要的,具有相当大的潜力可以帮助世界解决人类与自然如何和谐共存共生的问题。"①在地球生态系统保护上,倡导人与自然和谐共生,呼吁全世界共同重构人与自然的和谐关系。在世界气候变化、碳减排等问题上,中国倡导开放包容的文明观,强调多元一体,始终秉持人类命运共同体和多边主义,强调正确处理好经济发展同生态环境保护的关系,致力于转变传统的生产生活方式为绿色发展方式和生活方式,进而统筹国家、区域、全球三个层面,凝练属于全人类的核心价值观。以国家公园为主体的自然保护地体系,是中国生态文明建设和守护绿水青山的一项具体行动,不仅是中国实现高质量可持续发展的内在要求,也是向世界宣传人类命运共同体理念的重要内容,彰显了中国对全球环境治理和生态文明建设的大国担当。

---

① 胡璐,高敬,王立彬,等. 这条划在版图上的红线,守护着美丽中国[N]. 新华每日电讯,2021-09-20(1).

第三节　自然遗产保护与研究的课题

　　根据联合国教科文组织《保护世界文化和自然遗产公约》,自然遗产是代表地球演化历史中重要阶段的突出例证;进行中的重要地质过程、生物演化过程以及人类与自然环境相互关系的突出例证;独特、稀有或绝妙的自然现象、地貌或具有罕见自然美的地域,[①]与我国对自然保护地的表述是一致的,即指"对重要自然生态系统、自然遗迹、自然景观及其所承载的自然资源、生态功能和文化价值实施长期保护的陆域或海域"。根据《指导意见》,[②]我国建立以国家公园为主体的自然保护地体系的目的是守护自然生态,保育自然资源,保护生物多样性与地质地貌景观多样性,维护自然生态系统健康稳定,进而提高生态系统服务功能,为人民提供优质生态产品,为全社会提供科研、教育、体验、游憩等公共服务,维持人与自然和谐共生并永续发展,可见,中国国家公园以自然遗产资源为保护主体,使命与功能更加全面而具体。作为一种新型的自然保护地,国家公园所遵循的战略更加深远、体

---

　　① 联合国教科文化组织. 保护世界文化和自然遗产公约[DB/OL]. [2022-05-31]. https://baike.so.com/doc/6152059-6365261.html

　　② 中共中央办公厅,国务院办公厅. 关于建立以国家公园为主体的自然保护地体系的指导意见[R]. 中华人民共和国国务院公报,2019(19):16—21.

系更加系统、功能更加全面、要求更加具体、人民性更加突出。由此,在生态文明建设新背景之下,自然遗产保护工作面临与以往有所不同的新任务,亟须研究的科学问题也将更具挑战性。

自然保护地因其自然生态系统的复杂性,以及所肩负的涵养水源、保持水土、改善环境、保持生态平衡和科研游憩等多元使命的重要性,协调保护与利用矛盾是亟须研究的重大课题之一,且此课题涵盖哲学、政治学、法律、环境科学、生态学、管理学、旅游学等多学科,涉及资源与环境保护、生态管理、旅游开发与经济活动等具体内容,需要人地关系、生态伦理、可持续发展、生态文明建设等诸多理论的指导,不仅具有重大的科学价值和现实价值,而且具有深远的战略意义和未来意义。

目前中国按照森林、地质、水利、湿地、海洋、冰川、沙漠、草原等资源特征,以自然保护区、风景名胜区、公园等多种载体建立了多种类型的自然遗产地,但遗产资源管理缺乏科学的制度规范、旅游利用实践超前于理论研究。结合我国自然遗产管理的现实以及建立国家公园体制的需要,自然保护地建设与管理涉及至少四大类课题亟待研究:

(1) 管理体制和机制问题;

(2) 保护与利用矛盾协调问题;

(3) 自然遗产多元主体利益平衡问题;

(4) 实现自然遗产永续利用与发展的科学技术问题。

第四节　本研究的主要内容与特色

　　《指导意见》明确,国家公园是中国特色自然保护地体系的三种类型之一,在维护国家生态安全关键区域中处于首要地位,在保护最珍贵、最重要生物多样性集中分布区中居于主导地位,在全国自然保护地体系中占主体地位。本研究旨在回顾和梳理古今中外的自然保护思想,构建先进的自然保护理念,并通过讨论自然遗产地保护和利用实践的效率与公平及国家公园试点等问题,厘清自然遗产地利益相关者的关系,探索建立一套符合生态系统自然演替规律、游憩市场供给关系、有效协调相关利益与矛盾的自然保护地管理制度与行为准则,符合自然遗产资源管理科学化和规范化要求与中国实际的国家公园管理模式,即一套以法律为依据、管理体制科学规范、运行机制合理高效的自然保护地及其遗产资源管理的技术集成与标准样式。

　　首先,本研究基于自然保护地建设的现实需要,分析了国家公园管理模式的基本内涵与现实意义(第一章);进而在第二章梳理自然遗产保护的过去和现状,应用文献史料,阐述中国古代以来坚持的"天人合一""顺应自然"等传统自然保护思想及其自古一脉相承的自然文化根基对世界自然保护思想的影响,并借鉴了东西方思想家对人类如何与自然界相处这个问题的探索经历的相同路径,进而分析中国自然保护与世界自然保护思想的呼应与联系:百余年来,美国环境保护者实践自然环境保护,对西方自然环境保育文化发展做出了重要贡献,给予世界自然遗产保护工作以重要启示,开启了国家公园管理模式的先河。为此,第三章应用国内外自然保护与国家公园管理的史料与研究文献,分析比较了国外代表性国家采取国家公园管理模式保护自然遗产的情况。研究发现,作为全世界一种重要的自然管理方式,国家公园模式充分体现了自然保护与人民游憩的需求,各国自然遗产保护利用思想及其国家公园管理模式在管理制度和资源配置上均保存了该模式的合理内涵,彰显出与各自国家政治、经济和文化特征相符的特色,为建立具有中国特色的自然遗产管理模式提供了有价值的借鉴。

第四章和第五章采取实证调查、文献资料分析和多学科综合的组合式研究方法,分别着重研究中国自然遗产保护管理的现状与挑战,分析总结我国推行国家公园试点工作的进程与发展。通过武夷山、泰宁、三江源等多个自然保护地政府、遗产地管理机构、社区、旅游企业的调研,获得了利益相关方对自然遗产资源诉求的真实表达,分析中国自然遗产管理与国家公园试点案例,研究中国现行自然遗产管理制度的缺陷与挑战、社会转型期中国自然资源管理的目标任务以及国家公园管理模式的中国适应性和可行性,探讨保护和利用的难点、关键点以及改革的政策空间。应用生态文明、可持续发展、制度经济学、偏好聚合理论等理论为指导,综合管理学、生态学、旅游学等多学科观点,分析武夷山等自然遗产地现行管理制度,剖析了自然遗产地利益相关者以及当代与后代之间各利益主体的责权利,总结出中国自然保护管理体制改革与制度创新实践,明晰了有效路径,明确了国家公园建设实践的具体方向。

第六章着重分析中国自然遗产保护管理的利益相关系。资源利用效率与诸多利益公平是解决自然遗产资源保护与利用矛盾的关键,因此,本章立足自然生态保护和游憩市场供给,分析自然保护地管理体制及相关子系统的价值取向、管理组织、权责分配、运营机制、社区文化等要素,评价现行管理制度的不合理因素,研究自然资源利益相关方之间的关系与相互间的利益博弈,如中央与自然保护地地方政府之间、地方政府与企业之间、企业与居民之间、社区与经营企业之间、社区居民之间。如此多重关系及其利益博弈与协调的管理制度建设,是一个统筹兼顾价值、矛盾、利益而做出取舍和决策的过程,需要确立平衡多元主体利益达成合理性与公平性的评价尺度,需要一套能够体现社会、政治、经济、文化等多层内涵的利益分配机制,方能指导自然资产确权、自然资产负债表、公益治理、统一管理与分级管理等具体改革,从而推进国家公园管理制度的建立与管理模式的成熟完善。

第七章立足于中国国家公园"怎样建""谁来管"等关键问题,分析研究中国自然保护地的国家公园模式实现形式。本章首先研究中国自然保护管理目标、基本理念和工作准则,确立以生态文明思想为指导理论,并据此构想设计中国国家公园的几种管理模式与政策制度;其次,研究分析实现各种模式取决于什么因素,判断制度建设的合理性和有效性。针对我国自然遗产管理不同主体、各个试点中存在的保护与利用矛盾问题,从协调自然资源利益相关者入手,探讨建立符合生态系统自然演替规律、产品供给关系的自然遗产管理制度与行为准则,包括统一的自然保护管理机构、人员、资金、科技保障机制,引导中国自然遗产保护管理制度创新,增强自然保护地管理政策的强制约束力和稳定性;其三,从提高自然遗产管理科学化和规范化的角度,针对我国环境治理能力薄弱问题,讨论解决我国自然保护地管理体制机制矛盾、深化自然保护管理体制改革和"建立国家公园体制"的现代科学技术问题,提出要发挥科学技术在自然生态保护中的核心作用,引导中央和地方政府对自然保护与环境治理技术投入。

第八章在构想了国家公园管理模式的基础上,基于国家公园为主体的自然保护地体系具有服务生态系统、服务社会、维持人与自然和谐共生并永续发展的三大功能,专门讨论了国家公园发展生态旅游及其游憩产品设计问题,将发展生态旅游作为国家公园管理的一项制度安排加以讨论。

最后,本研究总结了自然保护地管理以维护国家生态安全、保护生物多样性、保存自然遗产和改善生态环境质量为宗旨,是一个复杂的科学问题,国家公园管理模式是一项创新性、综合性极高的工程。作为自然遗产管理的一套科学的解决方案,公平公正的利益分配机制是国家公园管理模式构建的关键,自然遗产管理的科学化体现在资源保护与游憩利用矛盾的协调之中,中央统一集中管理与资金投入保障是实现自然保护地管理效率的必要措施。面对人类即将进入生态文明发展的新时代,国家公园管理模式可以承担实现山水林田湖草沙生命共同体完整保护的责任,能够为实现经济、社会可持续发展奠定良好的生态根基,带动全球的生态意识普及、绿色经济发展和环境共管治理。人们可以期待,以国家公园主体的自然保护地体系必将在人与自然、人与人、人与社会和谐共生、良性循环的全面发展中,在持续繁荣的社会形态形成与发展中发挥重要作用,因此,这是一个值得永续高度关注和研究的命题。

第二章

自然遗产保护的过去、现在与未来

　　自然保护始于人类征服自然、改造自然,并对自然所造成的生态环境破坏有所觉醒之时。一般认为,世界近代自然保护历史始于1872年美国建立黄石国家公园,其时主要关注野生动物和大自然保护。随着工业文明规模化生产带来商品的迅速丰富,人类对地球资源的消耗、对环境的污染等不良影响日益严重,人们的生态危机意识也在逐渐增强,自然资源与生态环境保护便成为全球刻不容缓的重大课题。1948年世界自然保护联盟(IUCN,International Union for Conservation of Nature)在法国成立,作为自然环境保护与可持续发展领域的国际组织,该联盟致力于引导科学家和社团为保护自然资源的完整性和多样性而努力,拯救濒危植物和动物物种,通过鼓励各国和地区建立国家公园和自然保护地,对当地物种和生态持续现状进行评估,确保自然资源在使用上是平衡的、在生态学意义上是可持续的。20世纪70年代以后,人们意识到保护某一类生物资源或某一濒危物种已不能满足保护全球生物多样性的要求,一致认为建立自然保护区是一个相当有力的工具,[①]于是纷纷以生态系统和栖息地为主要对象建立各种类型的自然保护区。20世纪70年代至90年代,全球保护区数量和面积呈指数式增长,形成一个遍布世界、类型比较齐全的自然保护区网络。至2019年在全球有记录的自然保护地和保留地中,陆地和内陆水域生态系统占地达2250万平方千米,沿海水域和海洋达2810万平方千米。全球65.5%的陆地和海洋生

---

　　① Carrus, Giuseppe, Bonaiuto, et al. ENVIRONMENTAL CONCERN, REGIONAL IDENTITY, AND SUPPORT FOR PROTECTED AREAS IN ITALY. [J]. Environment & Behavior, 2005: 237.

物多样性关键区,部分或全部已被划定为自然保护地和保留地。① 随着国家公园的理念被世界各国所接受,国家公园已成为世界自然保护的一种重要方式,也成为为人们提供回归自然、获取游憩机会的空间载体。截至 2018 年,建有国家公园的国家和地区达到 200 多个,上万处国家公园总面积超过 400 万平方千米,占全球保护面积的 23.6%。② 1972 年联合国教科文组织还通过《保护世界文化和自然遗产公约》,对世界范围内具有突出普遍价值的众多不同类型的文化和自然遗产进行综合保护,建立了如人与生物圈、国际重要湿地、世界地质公园、全球重要农业遗产等多个保护计划,从不同的角度对自然和化遗产进行保护。③

中国古代自然观源于农业生产的经验积累,把自然界看成一个普遍联系、不断运动的整体,因此,古人在"天人合一"等朴素的生态思想指导下多以乡规民约等形式,对自然生态环境进行自觉的保护。新中国的自然保护从零开始,逐步建立起由超过十类保护地构成的自然保护区网络,并依照国务院《自然保护区条例》等规章,对众多具有代表性的自然生态系统、珍稀濒危野生动植物物种的天然集中分布区、有特殊意义的自然遗迹等所在的陆地、陆地水体或海域,④加以依法保护和管理。截至 2018 年,全国已建成由国家公园(试点)、自然保护区、自然公园(包括风景名胜区、森林公园、地质公园、自然文化遗产、湿地公园、沙漠公园、水产种质资源保护区、海洋公园、海洋特别保护区、自然保护小区等)组成的中国自然保护地体系,各级各类自然保护地 1.18 万处,其总面积占国土面积 18%,占海域面积的 4.6%,已

---

① 联合国环境规划署和世界自然保护联盟:保护地球报告[R/OL].中国海洋发展研究中心网,(2021-05-31)[2022-05-31]. http://aoc.ouc.edu.cn/2021/0531/c9829a325117/page.html
② 唐芳林.中国国家公园发展进入新纪元,中国自然保护区网[DB/OL],2018-05-04.
③ 曹新.遗产地与保护地综论[J].城市规划,2017,41(06):92—98.
④ 中华人民共和国自然保护区条例[J].中华人民共和国国务院公报,1994(24):991—998.

超世界平均水平。[①]

　　未来,随着生态旅游的开展,特别是生态文明制度的建设,遗产地的价值将得到广泛而正确的认同,遗产地、保护地的相互影响将更加紧密,生物多样性和自然资源的保护会进入一个更高的水平,因此,需要应用"大遗产"概念,对自然和历史留存的空间与遗存的价值加以正确保护和应用,且保护的深度与广度将随之提高,人类必将在对自然和历史敬畏的态度下,在推进生态文明建设过程中,加快转变经济发展方式,用可持续发展的方式审慎地对待各种遗产地和保护地。

---

　　① 中国野生动物保护协会. 中国自然保护地 70 年回顾与展望[EB/OL]. (2019-09-24) [2022-05-28]. www.huanbao-world.com /a/zixun/2019/0924/114504.html

第一节　中国传统自然遗产保护的理念

　　自然遗产保护的观念,过去常被认为起源于西方国家,但其实中国史册早有论述,不仅记载着人们对资源永续利用的概念,也记述着环境保护和经营的大量适用方法。"天地与我并生,万物与我合一""天人合一"等内涵丰富的中国传统自然思想,明确地强调大自然是客观存在的,且与人类的生存和发展息息相关。由此道出了中国人深爱自然、敬畏自然的品性以及感受大自然诗意、美感的艺术情怀与尊重自然道德的意识。

一、夏商周时期的自然观

　　尊重自然、敬畏自然,是我国自古以来对待自然态度的思想源泉。在文明乍现之时,由于我们祖先对自然现象的理解有限,就将自然界的灾害都联想成是上天对人类活动失当的惩处。如舜帝在位之时发生大洪灾,舜即认为是天神对人的"洚水儆尤"。[①] 相反地,如果尊敬上天,按照自然的规律来行事,人与自然和谐共处,则除了获得平安,还可享用天地之间丰富的万物。

　　事实上,在中国古代农业社会中,人们对自然保护和节约利用资源持有

---

　　① 道纪居士. 尚书全鉴[M]. 北京:中国纺织出版社,2016:17.

较强烈的自觉意识。大禹对于自然保护和永续利用资源即具有良好的认识，据载："禹之禁，春三月，山林不登斧，以成草木之长，夏三月，川泽不入网罟，以成鱼鳖之长。"①周文王临终前也再三叮嘱武王要加强山林川泽管理，严禁乱捕滥伐，他对武王说："山林非时，不升斤斧，以成草木之长；川泽非时，不升网罟，以成鱼鳖之长；……是以鱼鳖归其渊，鸟兽归其林，孤寡辛苦，咸赖其生。"②从这些训诫中可知，夏商周时期的君王均将自然生态资源的保护，看成是关系国计民生和国家治乱的要事之一。

《易经》中亦处处可见对维护自然规律以滋生万物的赞叹，如"大哉乾元，万物资始""至哉坤元，万物资生"，③又如"天地交，泰。后以裁成天地之道，辅相天地之宜，以左右民"等。④ 辅相，为辅助并互相调适之意，辅相天地之宜，就是说要辅助且达成天地间的和谐。再如"范围天地之化而不过，曲成万物而不遗"。⑤ 告诫人们行为必须参照天地运转的自然规律，不得逾越。

到了春秋时代，诸子学说迭兴，百家争鸣，思想家们在论说中谈及自然环境保护的主张非常之多。大部分流派均认为人是大自然的一部分，是自然秩序中众多存在物之一，而自然本身和依附其上的所有存在物，又都相互依存而成为一个整体，无法分离亦无法独存。

二、老庄的自然思想

若对"自然"一词追根溯源，以目前所知文献来看，当系由老子首次使用并倡导其说。老子"自然"说的产生，与其掌握天文知识，对自然界的深入观察有关。他注意到一切天象的变化和万物的运行，皆有其既定的周期与规律，是客观存在的，不因人的意志而移转。所谓"自然"，是一种"自己如此"，

---

① （晋）孔晁. 逸周书：卷四·大聚解.
② （晋）孔晁. 逸周书：卷三·文传解.
③ 于海英. 易经[M]. 北京：华龄出版社,2017：4.
④ 于海英. 易经[M]. 北京：华龄出版社,2017：51.
⑤ （明）来知德（集注）. 周易[M]. 上海：上海古籍出版社,2013：379.

既无意志性,也无目的性的无为状态,不仅有与"人为"对立的属性,亦以"自然"代表万物有生灭循环之定律,并以此象征最高境界与价值之意。① 所以老子的"自然"是以其一贯主张的"道"来展现,如他所说:"有物混成,先天地生。寂兮寥兮,独立不改,周行而不殆,可以为天下母。吾不知其名,字之曰道,强为之名曰大。……故道大,天大,地大,人亦大。域中有四大,而人居其一焉。人法地,地法天,天法道,道法自然。"②"自然"是"道"的内涵与自性的表现,而"道"与万物的关系就是"莫之命而常自然""生而不有,为而不恃,长而不宰。"③故能使万物莫不尊道而贵德。因此,"道"是老子思想中最高的实体,而"自然"则是这个最高的实体所体现出来的最高价值与原则。④

那么人又当如何与自然共处呢?老子说:"希言自然。故飘风不终朝,骤雨不终日。孰为此者? 天地。天地尚不能久,而况与人乎?"⑤自然界的有为尚不能持久,人类即使刻意造作亦将徒劳。所以老子主张人君要顺万民之自性,使其自然发展,才能真正合乎道,也才能达到功成事遂的境界。基于此,老子的自然观无形中提高了个人生命的价值,只要无为而顺任自然,就能与道相参,不仅个人生命获得独立性,人生修养境界亦能相应提高。正是在"顺其自然"哲学思想的影响下,古代中国不仅形成了自然和谐的文明思想体系,而且建立了专门负责自然保护的政府部门和法律法令。"虞衡"是中国古代掌管山林川泽的政府机构,虞衡制度及其机构持续至清代,约三千年。周文王时期颁布了《伐崇令》,被誉为世界上最早的环保法令。

庄子和老子的思想一脉相承,均非常尊重自然,其核心思想便是无为。"从容无为,则万物炊累焉。""无为也,则用天下而有余;有为也,则用天下而

---

　① 朱心怡. 试论魏晋之"自然"思想[N]. 逢甲人文社会学报,2002(4). 5.
　② 中国书籍国学馆编委会编. 老子[M]. 北京:中国书籍出版社,2014:85.
　③ 中国书籍国学馆编委会编. 老子[M]. 北京:中国书籍出版社,2014:176.
　④ 刘笑敢. 老子哲学的中心价值及体系结构:兼论中国哲学史研究的方法论问题[M].
上海古籍出版社,1996:121.
　⑤ 中国书籍国学馆编委会编. 老子[M]. 北京:中国书籍出版社,2014:78.

不足。""因其所无而无之,则万物莫不无。"①只有遵循无为的理念和行为,方能顺应万物生长的规律,才能使万物滋生,用之不尽。庄子告诫人们:"昔予为禾,耕而鲁莽之,则其实亦鲁莽而报予;芸而灭裂之,则其实亦灭裂而报予。予来年变齐,深其耕而熟耨之,其禾繁以滋,予终年厌飧。"②因此,人们对待自然千万不能采取鲁莽或粗暴的手段,否则势必对自然造成破坏。人类与自然相依互存,应学会与自然相处,只有在顺应和保护自然的前提下利用自然资源,才能使万物繁茂昌盛。人类怎样对待自然,自然便会以相同的方式回报人类。

于是庄子说:"知天之所为,知人之所为者,至矣。""是之谓不以心捐道,不以人助天。是之谓真人。"③他将知晓自然规律和人类社会发展规律的人称为"真人",真人不滥用心智而损害大道,也不以人为的因素去协助自然,破坏其自然规律,这是真人之所为。庄子认为:"其一与天为徒,其不一与人为徒。天与人不相胜也,是之谓真人。"真人能处处与自然环境协调,得以"与天为徒";而无视自然,违背自然规律,肆意滥用并自以为得计,则只能"与人为徒",这种人终究会受大自然的惩罚。正因为中国古人认识到,人类无法"人定胜天",也改变不了自然界的客观规律,在管理国家、颁布政令等方面,国家的最高统治者均必须以自然规律为准则,"莫神于天,莫富于地,莫大于帝王。故曰,帝王之德配天地,此乘天地,驰万物,而用人群之道也。"④

三、孔孟荀的天人思想

与道家不同的是,儒家则将人类社会的发展放在整个大自然的架构之

① 马恒君. 庄子正宗[M]. 北京:华夏出版社,2007:188.
② 中国书籍国学馆编委会编. 诸子百家[M]. 北京:中国书籍出版社,2017:133.
③ 中国书籍国学馆编委会编. 诸子百家[M]. 北京:中国书籍出版社,2017:23.
④ 马恒君. 庄子正宗[M]. 北京:华夏出版社,2007:149.

中加以思考,因此强调人与自然环境息息相通,和谐一体。这就是所谓的"天人合一"思想。孔子认为:"大哉! 尧之为君也。巍巍乎,唯天为大,唯尧则之。"①孔子的这一思想肯定了上天是可以效法的,即肯定了自然之道是可以遵循的,因而人与自然必定获得全然的统一性。

"天人合一"的思想在儒家的后继者中得到充分的发扬。《中庸》提及:"万物并齐而不相害,道并齐而不相悖。"孟子说:"夫君子所过者化,所存者神,上下与天地同流。"②而《礼记·郊特牲》当中也说:"阴阳合而万物得。"这些论述都将人与自然的关系视为相互连接的整体,因此两者之间的和谐就变得极为关键。在天、地、人的关系上,儒家从未将三者孤立起来,而是把三者放在一个大架构中作整体考量,强调的是天地人之间的协调,也就是人与自然的和谐。

儒家所主张的"天人合一",并不是完全的"天人不分"。相对于人,"天"是独立运行的,不依人而是按照自然界自身的规律运行。孔子说:"天何言哉? 四时行焉,百物生焉,天何言哉。"③指的是生生不已的自然界,自有其运行的规律,并不受人类主观意志的支配而改变。因此人类为了自身生存的目的,在对自然进行改造和利用的过程中,必须先对自然规律有充足的认识,并努力遵循,即"制天命"须以"应天时"为前提,否则不但会破坏自然,也将因此反过来而危及人类自身的生存。

儒家又认为,"天地之道,可一言而尽也,其为物不贰,则其生物不测。"④认为人的欲望应当有所节制,自然资源开发利用要适度。所以孔子明确提出"节用而爱人,使民以时。"⑤提倡节用资源。又说"子钓而不网,弋不射

---

① 中国书籍国学馆编委会编. 论语[M]. 北京:中国书籍出版社,2014:122.
② 中国书籍国学馆编委会编. 论语[M]. 北京:中国书籍出版社,2014:435.
③ 中国书籍国学馆编委会编. 论语[M]. 北京:中国书籍出版社,2014:261.
④ (战国)子思. 中庸全鉴:典藏诵读版[M]. 北京:中国纺织出版社,2018:226.
⑤ 中国书籍国学馆编委会编. 论语[M]. 北京:中国书籍出版社,2014:5.

宿",①主张不用大网打鱼,也不射夜宿之鸟。而曾子所说的"树木以时伐焉,禽兽以时杀焉",②也表达了在自然界中取得资源,必须有所节制,以适当方式利用资源的思考。

孟子遵循此思想,进一步要求统治者务必节制物欲,通过资源的合理利用和有序的生产活动,使百姓持续获得财富。他论道:"易其田畴,薄其税敛,民可使富也。食之以时,用之以礼,财不可胜用也。"③孟子在觐见梁惠王时又提到仁政与自然环境维护之间密不可分,所有耕作、捕猎、网鱼等人类作用于自然的行为,必须按照时令且适度,"斧斤以时入山林,材木不可胜用也。谷与鱼鳖不可胜食,材木不可胜用,是使民养生丧死无憾也。"④孟子认识到人类对其他物种的依赖性,所以提倡"仁民爱物",反映出儒家重物且节物的思想,只有做到重物节物,才能使万物各按其规律正常成长,生生不息,人类才有取之不尽、用之不竭的自然资源和生存空间。

孟子之后的儒教大家荀子,则从人天相处之道的角度来认识和理解自然,倡导思想上要尊重自然,行为上要保护自然。荀子认为"天行有常,不为尧存,不为桀亡""强本而节用,则天不能贫。……本荒而用侈,则天不能使之富。"荀子认为,自然的规律不因人而改变,自然资源有限而不可再生,只有厉行节约,才能在满足人类需要的同时,不致造成生态环境的破坏,导致资源的枯竭。⑤他说:"草木荣华滋硕之时,则斧斤不入山林,不夭其生,不绝其长也。鼋鼍鱼鳖鳅鳝孕别之时,罔罟毒药不入泽,不夭其生,不绝其长也。春耕、夏耘、秋收、冬藏,四者不失时,故五谷不绝,而百姓有余食也。污池渊沼川泽,谨其时禁,故鱼鳖优多而百姓有余用也。斩伐养长不失其时,

① 中国书籍国学馆编委会编. 论语[M]. 北京:中国书籍出版社,2014:105.
② (汉)戴圣. 礼记[M]. 北京:北京电子出版社,2001:385.
③ 中国书籍国学馆编委会编. 诸子百家[M]. 北京:中国书籍出版社,2017:438.
④ 中国书籍国学馆编委会编. 诸子百家[M]. 北京:中国书籍出版社,2017:333.
⑤ 中国书籍国学馆编委会编. 诸子百家[M]. 北京:中国书籍出版社,2017:540.

故山林不童而百姓有余材也。"①这也是儒家要求人们必须遵循自然规律的一贯主张。荀子还提出如何保证这些措施得以落实的具体办法："田野什一,关市几而不征,山林泽梁,以时禁发而不税。"

四、法家的自然保护观点与措施

除了儒家,其他思想流派对于自然环境保护,也都有重要的观点和主张。法家代表人物管仲提倡自然资源"用赡养足",维护可持续发展。"山不童而用赡,泽不弊而养足"②"童山竭泽者,君智不足也"。③ 他认为"富国有五事",其中"山泽敫于火,草木殖成,国之富也",④他将森林和农业资源视为一国的国力指标,因此他认为保护和增加森林和农业的自然资源,是一国之重责,以保人民丰衣足食、实现国富民康。

管仲说道："故为人君而不能谨守其山林、菹泽、草莱,不可以立为天下王。"又说："山林、菹泽、草莱者,薪蒸之所出,牺牲之所起也。故使民求之,使民藉之,因此给之。"⑤他认为,山川林泽是老百姓维持生计的依靠,所以必须妥善保护,如果君王做不好山川林泽的保护工作,就不再适任王位了。

管仲进一步提出了自然生态环境保护的具体做法："修火宪,敬山泽,林薮积草,夫财之所出,以时禁发焉。"⑥他主张运用制度和法令来保障自然资源的合理开发和利用。对于自然资源的探采,国家必须依照自然的规律,按节令时序有限度地开发和使用,不可肆意浪费或过度采伐。他认为"山林虽近,草木虽美,宫室必有度,禁发必有时""山林虽广,草木虽美,禁发必有时;……国虽充盈,金玉虽多,宫室必有度;江海虽广,池泽虽博,鱼鳖虽多,

---

①　(战国)荀子. 荀子[M]. 北京：新世界出版社,2014：129—130.

②　赵善轩(导读)李安竹,李山译注. 管子[M]. 北京：中信出版社,2014：261.

③　孙波. 管子[M]. 香港：华夏出版社,2009：423.

④　赵善轩(导读)李安竹,李山译注. 管子[M]. 北京：中信出版社 2014：67.

⑤　孙波. 管子[M]. 香港：华夏出版社,2009：425.

⑥　赵善轩(导读)李安竹,李山译注. 管子[M]. 北京：中信出版社,2014：74.

罔罟必有正。"①

管仲特别看重对森林山川的保护,是出于对当时整体自然资源环境特性与具体保护工作的思考。据《管子·轻重己》记载,天子曾发出禁大火、禁伐木、禁掘山、禁伐泽等禁令,因为破坏大木、大山、大泽的行为,对于国家来说有百害而无一利。据《管子·五行》:"出国,衡顺山林,禁民斩木。"要求人们爱护草木。"春辟勿时,苗足本。不病雏殷,不夭魔。"则是要求按时令让草木繁茂而不至于凋零毁败。《管子·七臣七主》篇说:"四禁者何也?春无杀伐,无割大陵,倮大衍,伐大木,斩大山,行大火,诛大臣,收谷赋。夏无遏水,达名川,塞大谷,动土功,射鸟兽。秋毋赦过、释罪、缓刑。冬无赋爵赏禄,伤伐五谷。"更将人们在每个季节可能破坏自然生态环境的诸种行为,予以明确的禁令限制。

为了达成自然生态环境保护的目的,管仲还认为国家应该设立相应的管理制度、机构和官员,通过体制来积极推进相关工作。《管子·立政》记录了当时国家设置自然保护机构的情况,例如"虞师"掌管山泽,"司空"管理水利、营建之事,"司田"管理农务,等等。这些官员所掌理的工作,都与自然环境和生态保护直接相关。

除制度管理外,管仲还认为必须以严厉的法令来惩处不听号令而破坏自然环境者。他主张:"苟山之见荣者,谨封而为禁。有动封山者,罪死而不赦。有犯令者,左足入、左足断;右足入,右足断。然则其与犯之远矣。此天财地利之所在也。"②当时对破坏自然环境者的严刑峻法,可见一斑。此种谨守节令、适度开采、禁绝浪费、严格保护自然环境的主张,实际上也获得许多国君采纳。据《吕氏春秋》记载:"然后制四时之禁:山不敢伐材下木,泽不敢灰僇,缳网罝不敢出于门,罛罟不敢入于渊,泽非舟虞,不敢缘绝,为害

---

① 赵善轩(导读)李安竹,李山译注. 管子[M]. 北京:中信出版社,2014:181.
② 东篱子. 管子全鉴:典藏咏读版[M]. 北京:中国纺织出版社,2019:300.

其时也。"①足见当时通过"四时之禁"的政策,已严格要求百姓的农牧渔猎活动与四季运行规律互相配合,与自然达成和谐共处,从而有力保护和永续利用自然资源。

从考古发现的文物中,我们也可以探知先秦时期珍贵的自然环境保护资料。1975年在湖北省云梦县睡虎地发掘出土的秦简中,有一篇《田律》,虽然主要记录农业生产的法令,但也有不少内容与自然环境保护有关,如规定了保护生物资源和维护生态平衡的条款。比如:"春二月,毋敢伐材木山林及雍(壅)隄水。不夏月,毋敢夜草为灰,取生荔、麛(卵)鷇,毋毒鱼鳖,置罔(網),到七月而縱之。"②规定了从初春的二月到七月,不准在山林做的事,伐木材、堵塞水道、烧草、采摘发芽的植物、捉捕幼兽或卵、毒杀鱼鳖、捕捉鸟兽等行为,均详细列于禁令中。《田律》规定了树木、植被、水道、鸟兽鱼鳖等保护对象,以及禁止捕杀与采集的时间和方法等。这是在目前已发现的文物中,我国最早有文字记录保护自然资源的法律条文规定。

五、两汉道家的天地人观念

两汉时期,老庄的道家思想对当时的经济、政治、文化及社会生活都产生了重要的影响。自然环境思想包括尊重自然、天地人和谐、阴阳五行调和、万物平等、珍惜万物等,内容十分丰富,将老庄原有的思想进行了发扬光大。

汉代道家继承了先秦道家"天父地母"的概念,认为天地是人类和万物的根源。汉代道家经典《淮南子》在提及天地概念时说道:"是故圣人法天顺情,不拘于俗,不诱于人;以天为父,以地为母;阴阳为纲,四时为纪;天静

---

① （春秋）吕不韦. 吕氏春秋[M]. 北京：海潮出版社,2014：697.
② 徐世虹. 睡虎地秦简法律文书集释(二)：《秦律十八种》《田律》《厩苑律》[J]. 中国古代法律文献研究,2013(7).

以清,地定以宁;万物失之者死,法之者生"。① 中国既有的伦理道德一向认为尊重父母是天经地义的事情,自然与人类间也具有生态伦理关系,自然如母,孕育了人类,所以人类应该遵循此种道德规范,尊重自然,否则便是违背自然规律,人类自身无法得以生存。

在自然和谐观点的基础上,汉代道家又提出了阴阳五行学说,倡导天地人三者的一统与协调,认为天地人三者和谐统一,才能生成万物。② 汉代道家的另一经典《太平经》论述道:"天地人三相得乃成道德,故适百国有德也。故天主生,地主养,人主成。一事失正,俱三邪。是故天为恶亦凶,地为忍亦凶,人为恶亦凶。三共为恶,天地人灭尽更数也;三共为善,德洞虚合同。"③意即世间万物是由阳气、阴气与和气共同构成,三者彼此不可或缺,天、地与人三者之间的和谐一旦遭到破坏,其他两者也会随之遭受伤害。人受天地的影响更大,只有天地阴阳五行俱能和谐,人和万物才能昌盛繁荣。

"六极之中,无道不能变化。元气行道,以生万物,天地大小,无不由道而生者也。"④汉代道家认为人与世间万物一样,都是由元气所化生,所以人与万物基本上都是一样的,是平等的,互相间没有贵贱之分。人类与其他世间万物俱为平等,都统一于"道",世间万物各有其本身的独立性,所有的生命都应该得到公平的对待,给予尊重和保护。"夫天道恶杀而好生,蠕动之属皆有知,无轻杀伤用之也。"⑤此种"恶杀而好生"的观念是对所有的生物都应持有的心态。不仅要珍惜人类的生命,而且要爱护自然界一切生灵,故而说:"万物既生,皆能竟寿而实者,是也;但能生,不而竟其寿,无有信实者,

---

① (汉)刘安. 淮南子译注[M]. 上海:上海古籍出版社,2017:249.
② 肖英,刘思华. 两汉时期的道家环境保护思想研究[J]. 求索,2012(04):143,201—202.
③ 王明. 太平经合校[M]. 北京:中华书局,1960:392.
④ 王明. 太平经合校[M]. 北京:中华书局,1960:16.
⑤ 王明. 太平经合校[M]. 北京:中华书局,1960:174.

非也。"①

尊重和爱护自然界所有的生物,首要工作便是保护自然环境,维持万物的生境,因此,主张"欲致鱼者,先通水,欲致鸟者,先树木,水积鱼聚,木茂而鸟集。"②人类必须维护好生命万物所共存的自然环境,使之洁净有序,各类物种才有可能顺利繁殖而昌盛。

保护自然环境的秩序,最重要者莫过于保护孕育人和万物的大地。因为大地是万物之母,"泉者,地之血,石者,地之骨也;良土地之肉也。洞泉为得血,破石为破骨,良土深凿之,投瓦石坚木于中为地壮。"破坏环境等同于对自然取血割肉,伤筋动骨,凡有识者皆不当为。为了劝阻人为的无情破坏,因此说道:"地者,万物之母也,乐爱养之,不知其重也,比若人有胞中之子,守道不妄凿其母,母无病也;妄穿凿其母而求生,其母病之矣。人不妄深鑿地,但居其上,足以自彰隐而已,而地不病之也,大爱人,使人吉利。"③若对大地造成伤害,必将遭致天地的报复。爱护环境,保护自然,才可能使人们平安吉利,安居乐业。

在保护自然环境的具体做法上,汉代道家也主张顺应自然界的春生、夏长、秋收、冬藏的不同季节变换而为。《太平经》要求:"禁伐木,毋覆巢杀胎夭,毋麛,毋卵。"春季是自然万物重生勃发的季节,阳气逐渐旺盛,各种生物都孕育出新的生命,因此要护生,不可任意砍伐林木,猎杀动物,以保护新生命的孕育。

夏季时,自然界的阳气达到鼎盛,而对生命构成隐患的阴气也开始萌发,此时自然界万物逐渐长成,时节的重点为保护山木资源。"毋兴土功,毋伐大树,""禁民无刈蓝以染,毋烧灰,毋暴布。""树木方盛,勿敢斩伐。"不过对于大自然中某些已熟成的动植物,则可以充分利用。"乃命渔人伐蛟取

---

① 王明. 太平经合校[M]. 北京:中华书局,1960:278.

② (汉)刘安. 淮南子译注[M]. 上海:上海古籍出版社,2017:729.

③ 王明. 太平经合校[M]. 北京:中华书局,1960:120.

矍,登龟取重。令傍人,入材苇。"

到了秋季,"乃命有司趣民收敛畜采,多积聚,劝种宿麦,若或失时,行罪无疑。是月也,雷乃始收,蛰虫培户,杀气浸盛,阳气日衰,水始涸,日夜分。""是月草木黄落,乃伐薪为炭。"此时阳气已经慢慢地开始衰弱,阴气则逐渐旺盛,显露肃杀之貌,值此季节,万物已充分达到成熟,因此人的主要工作就是收成,尽情收获各类动植物资源,以备度过严冬。

冬季时,肃杀的阴气达到顶点,自然界的万物已凋零衰败,此时最主要的任务就是与民休息,收藏一年之获。"劳农夫以休息之。""乃命水虞渔师收水泉池泽之赋。""命四监收秩薪,以供寝庙及百祀之薪燎。"①

在四季轮换中,春夏两季是动植物主要的生长时节,应该侧重于自然环境与动植物的保护。而在秋冬时节,动植物成熟后步向衰亡,因此可侧重于自然和生物的利用。人类在利用大自然动植物资源的整个过程中,都不能一味求多,赶尽杀绝。"焚林而猎,愈多得兽,后必无兽。"②如果只是为了打猎的目的而放火焚烧山林,尽管一时之间可能猎获到很多野兽,但是最终会落到无兽可猎的地步。

遵守自然法则,保护自然环境,有节地利用动植物资源,是有效维护自然界与动植物资源长成和再生的基础。顺物之性、顺物之势,顺自然而为,这是汉代道家自然思想的精髓。

六、汉代及以后的儒家仁民爱物思想

汉武帝罢黜百家、独尊儒术之后,儒家发挥了兼容与发展的特性,吸收了原先道家、法家、阴阳五行家的若干思想,并在此后的中国官方思想领域上取得定于一尊的正统地位。在有关自然的观念上,汉儒基本上承继了孔子"天人合一"的思想。董仲舒向汉武帝倡议尊儒:"事物各顺于名,名各顺

---

① (汉)刘安. 淮南子译注[M]. 上海:上海古籍出版社,2017:203,209.
② (汉)刘安. 淮南子译注[M]. 上海:上海古籍出版社,2017:203,808.

于天。天人之际,合而为一。同而通理,动而相益,顺而相受,谓之德道。"①
事物要各自随顺自己所具之名,其名则各自随顺上天的意愿。上天和人类
之间,合而为一,彼此相同并道理相通,互相补益,互相都得到帮助,这种情
况才成就了道德。"天地人万物之本也。天生之,地养之,人成之。天生之
以孝悌,地养之以衣食,人成之以礼乐。三者相为手足,不可一无也。"②
因此,天地人三者合一,缺一不可,这是自然界万物滋生的本源所在。人们
应该友善地对待万物,并给予爱护,人类依赖天地万物而获得生存,如果对
万物随意破坏或浪费,最终受损害的必将是人类自身。董仲舒还进一步将
仁爱的观念,引申到人类对自然环境和万物的爱护之上,"质于爱民,以下至
于鸟兽昆虫莫不爱。"③

《唐律》详细规定了自然环境和生活环境的保护措施,以及违反者实施
处罚的标准。④《旧唐书》中记载,当时的京兆、河南两都四郊三百里被划为
禁伐区或禁猎区,⑤以此保护自然资源与生态环境,可谓是世界上最早的"自
然保护区"。

儒家思想与学说作为官方正统文化的代表,到了宋朝之后又有了飞跃
性的发展,出现了一个前所未有的高峰——理学,以宋儒论学多言天地万物
之理而名。在关乎自然的观念上,仍与此前的儒家传统相通,继续倡导天人
合一、顺应自然、仁民爱物等思想。

宋代理学大儒张载言道:"儒者因明至诚,因诚至明,故天人合一。"认
为"天人合一"乃是人的最高觉悟,主张个人人格完成的同时,也是成就万
物、成就他人的过程。他认为人只是天地中之一物:"天地之塞吾其体,天

---

① (清)董天工. 春秋繁露笺注[M]. 上海:华东师范大学出版社,2017:145.
② (清)董天工. 春秋繁露笺注[M]. 上海:华东师范大学出版社,2017:94.
③ (清)董天工. 春秋繁露笺注[M]. 上海:华东师范大学出版社,2017:127.
④ 罗华莉. 柳宗元公共园林营造思想的梳理及思考[J]. 北京林业大学学报(社会科学版),2010,9(04):33—37.
⑤ 吴丽业. 中国古代的生物保护[J]. 中学生物教学,2013(Z1):78—79.

地之帅吾其性,民吾同胞,物吾与也。"①人与物均为气所化而生,正因气之本性决定了人性与天道是合一的。② 人民是我的同胞兄弟,万物也是我的伙伴朋友,由此得出了他著名的"民胞物与"的"兼爱"学说。

程朱学派则以宋儒程颢、程颐和朱熹为代表。他们以"天理"为最高哲学范畴,"天只以生为道",天理即"生","生"是宇宙的本体,在生生不息的天道中,阴阳二气化生,产生天地万物和人。"人与天地一物也",故"仁者以天地万物为一体",将"天人合一"哲学继续发展到极致阶段。如朱熹把宇宙本体解释为"生",即生命精神和生长之道。他说:"盖仁之为道,乃天地生物之心,即物而在;情之未发而此体已具,情之已发而其用不穷。诚能体而存之,则众善之源,百行之本,莫不在是。"③他认为,天地之"心"是要使万物生长化育,赋予每一件事物以生的本质,从而生生不息。这个统一的生命谓之为"仁",而且是天地之心,众善之源,百行之本。

明代的王阳明亦认为:"风、雨、露、雷、日、月、星、禽、兽、草、木、山、川、土、石,与人原只一体。"他的学生曾问他:人与禽、兽、草、木、山、川、土、石,"何谓之同体?"他回答:"如此便是一气流通的,如何与它间隔得。"他又说:"大人之能以天地万物为一体,非意之也,其心之仁本若是,其与天地万物而为一也。岂为大人,虽小人之心亦莫不然,彼顾自小之耳。是故见孺子入井,而必有怵惕恻隐之心焉,是其仁之与孺子而为一体也;孺子犹同类者也,见鸟兽之哀鸣觳觫,而必有不忍之心焉,是其仁之与鸟兽为一体也;鸟兽犹有知觉者也,见草木之摧折而必有悯惜之心焉,是其仁之与草木而为一体也;草木犹有生者也,见瓦石之毁而必有顾惜之心,是其仁之与瓦石而为一体也;是其一体之仁也,虽小人之心亦必有之。是乃根于天命之性,而自然

① 刘京菊. 杨时解读张载之《西铭》[J]. 晋阳学刊,2014(6).
② 夏澍耘. 张载自然观、价值观和人物观的生态智慧[J]. 理论月刊,2004(02):63—65.
③ 朱熹. 朱子全书,第23册[M]. 上海:上海古籍出版社,合肥:安徽教育出版社,2010:3280.

灵昭不昧者也,是故谓之明德。"①以仁为本,论证了本与万物同体,故仁民爱物乃是理所当为。

清初的王夫之承接张载的思想,发扬而强调"天地之气日新",万事"一物两体""以合为一者,既分一为二之所固有。"主张天地人一体,人与自然是不可分离的共同存在。其所撰的《周易外传》中说道:"夫易,天地之合用也。天成乎天,地成乎地,不相易也。天之所以天,地之所以地,人之所以人,不相离也。"又说:"乾坤并建于上,时无先后,权无主辅,犹呼吸也,犹雷电也,犹两目视,两耳听,见闻同觉也。故无有天而有地,无有天地而有人,而曰'天开于子,地辟于丑,人生于寅',其说诎矣。"②天地人共存的状态,犹如人的呼吸、目视、耳听一般地同感同觉,之间没有先后之别。

对于万般生命皆平等的本质,清代戴震提出"生生之德"就是"仁"的看法。他说:"仁者,生生之德也,民之质矣,日用饮食,无非人道所以生生者。一人遂其生,推之以与天下共遂其生,仁也。"③每个人都能遂其生,而且还要推及天下万物,让天下万物都能各共遂其生,这才是真正的"仁"。这个主张呼应了先贤赞颂天地万物平等共生的"仁民爱物"道德哲学。

综上所述,无论道家还是儒家,面对自然,其思想本质核心是相同的,共同建立起了中国古代生态伦理思想体系,并为当代生态文明建设奠定了思想基础。"天人合一""山泽徽于火,草木殖成,国之富也"等自然观和自然生态环境保护的做法,是古人对自然规律的认识以及资源利用与保护关系探索的智慧结晶。这些理念强调人类必须遵循大自然的客观规律,心怀对自然的敬畏,在充分认识自然界是一个有机生态整体的基础上,④真正尊重自然的多元价值,提倡适度消费,落实对动植物和生态环境的保护。如"天人

---

①　(明)王守仁. 王阳明全集[M]. 北京:中国编译出版社,2014:845.

②　王夫之. 周易外传[M]. 北京:中华书局,1988:157,163.

③　(清)戴震. 孟子字义疏证[M]. 何文光. 北京:中华书局,1982:48.

④　陈俊亮. 儒家生态伦理思想及价值探究之一:孔子生态伦理思想及其现代价值[J]. 社会科学论坛,2010(10):63—66.

合一"是孔子对于人与自然关系的最基本的信念,即把人类置于大自然生态环境中加以考虑,主张人与大自然息息相通,和谐一致,天地人一体化。这样的生态环境理念,对于当今仍然具有非常重要的现实意义,因为它能引导人们认识和处理人与自然、局部利益与全局利益、眼前利益和长远利益的关系,增强社会的生态意识、环境意识,从而达到人类发展可持续的目的。虽然历代思想家对"天人合一"与"仁民爱物"等观点的理解随着时代的演进,各有不同的表达方式和解说内容,有时甚至在论理上产生某些分歧,形成不同的学派,但是人由天地而生、人与天地是部分与整体的关系等核心观点未曾有变。因此,人除了爱护其他人,还要珍惜其他生命万物,才能达到世界生生不息、永续不止的境地。换言之,人与自然必须互为依存,和谐共生,这是最基本也最重要的思想基础,是中国传统自然环境保护的共同的根本思维。以孔子为代表的儒家思想还深刻地影响了西方环境伦理的形成,如美国生态保护先驱梭罗的思想即是受到中国自然思想的影响。

第二节　西方自然遗产保育文化思想及其演变

千百年来,西方哲学家也就自然与人之间的关系进行了反复的思考与争辩,但是基本上仍停留在思想与理论层面,因为在各国君王富国强兵的目标之下,自然保护的思想不受青睐。随着帝国主义的兴盛和工业革命的展开,自然环境更是成为人类高速发展的牺牲品,自然资源遭到无情滥用,环境保护意识付之阙如,自然的重要性遭遇有意无意的漠视。在对自然世界进行理解时,所面对的首要问题,是人在自然中如何存在? 亦即人究竟应该如何与自然界相处? 东西方思想家对这个问题的探索经历了相同的路径。纵观中美早期的生态伦理观点,孔子与梭罗在对人和自然的关系的看法具有相似处,他们对生命和人类生存走向都表现了特别的关注,都认为人与自然能和谐相处,且主张人类应从人为存在回到自然存在。二者的生态整体主义和"非人类中心主义"自然观,可谓生态环境保护的先驱。而具有实践意义的自然保育观念事实上兴起于 18 世纪的美国。

一、希腊罗马时代的自然观

提及西方文明,必论及希腊,希腊可以说是今日西方世界发展的主要起源。与其他古文明不同,希腊人所留下的遗产除了庞大的建筑遗址之外,更重要的是古希腊人流传给后世诸多文化与理性的思考方式,如民主体制、哲学思想,及其神话与奥林匹克运动会的精神。这些无形的文化资产经过西方世界的长期传承与演变,塑造了现今西方各国的共同文化,并随着西方帝国主义和殖民主义对外扩张而推销到其他地区,其影响更胜于其他文明的物质遗存,这正是希腊文明对人类的最大贡献。

早期人类对于自然界发生的各种现象,无法透过理性知识来理解,于是创造出神话传说,以超自然的方式将自然现象给予神格化。在上一节论及我国传统自然思想时亦已提及,希腊文明也不例外,如荷马(Homer)史诗中的希腊诸神,各自都代表了自然界的不同力量。随着民众认知能力的提升,继起的希腊思想家们已不满足于此,而是从哲学观点出发,避开神话传说,企图以纯粹的理性思考来了解自然世界的种种面貌。

公元前 5 世纪时,希腊哲学家普罗泰戈拉斯(Protagoras)提出"人即尺度"(homo mensuratheory)的理论观点,认为"人是万物的尺度",这就是所谓的"人类中心主义"(anthropocentrism),其字词由 anthropos(人类)和 kentron(中心)组成,其主要论点有两个方面:① 人是世界中心和最终目的;② 人的价值是世界运转的中心,世界顺应并支持人。[1] "人类中心主义"以人为主轴,认为人类之外的生物是为了满足人类的需求而存在,因而大自然对于人类只有工具性和实用性的价值。[2]

"人类中心主义"在希腊哲学中一直占有优势的地位,但同时期的希腊哲学家们也曾经对此主张有过完全不同的思考。公元前 5 世纪的赫拉克利特(Heraclitus)曾说道:"智慧乃在于说出真理,且按照自然行事,并听从自然。",[3]可见,遵循自然规律非常重要。同时期的古希腊哲学巨擘苏格拉底

---

① 伏尔泰. 哲学辞典[M]. Peter A. Angeles,段德智等译. 台北:猫头鹰出版社,1999.

② Lynn White Jr. The historical roots of our ecologic crisis[J]. Science,1967,155(3767).

③ 北京大学哲学系外国哲学史教研室编译. 西方哲学原著选读[M]. 北京:商务印书馆,1982:25.

(Socrates)也曾对"人即尺度"思想背后所持的相对主义予以批判。[①] 其弟子柏拉图(Plato)虽然也曾说过:"人是万物的尺度,是存在的事物存在的尺度,也是不存在的事物不存在的尺度。"[②]但到了晚年,柏拉图则修正了自己的看法,他论述道:"在你我看来,神是万物的尺度这句话所包括的真理,胜过他们所说的人是万物的尺度。"[③]否定了人是世界和万物的中心。

继希腊文明而兴起的罗马帝国时代,哲学思想在其文化中也占有重要地位,不同的思想家均持续进行哲学思考。经过长时间的思想沉积,关于人与自然的关系的思考,也逐渐有所转变。公元前 2 世纪时的哲学家皇帝奥勒留(Marcus Aurelius)在他用希腊文写成的著作《沉思录》(*Tá Eic Éautóv*)中写道:"我是自然所统治的整体的一部分;我是在一种方式下和与我同种的其他部分密切关联着。"[④]足见当时以人为中心的思考模式已开始遭到质疑,人与自然共生的想法,在那之后也慢慢地成为新的趋势。

二、近代欧洲的自然哲学思考

在度过几近黑暗的中古世纪神权时代之后,文艺复兴运动风起云涌,从 14 世纪起在欧洲各国展开。各国企图重新光大希腊罗马文明,通过对古典文献的重新学习来承接断裂许久的文化。16 世纪英国哲学家弗兰西斯·培根(Francis Bacon)是文艺复兴时期最重要的思想家之一,在"知识就是力量"的大旗下,他主张透过新兴科学来征服自然。这种思想至今仍对现代的科学发展产生极为关键的作用。但在人面对自然的根本问题上,培根认为:"人,既然是自然的仆役和解释者,他们能做和能了解的,就是他在事实上或思想上对自然过程所观察到的那么多,也只有那么多;除此,他什么都不知

---

① Tony Davies. Humanism[M]. London:Routledge,1997:123.

② 胡湘彗.《内经》五运六气生态观研究[D]. 广州中医药大学,2011.

③ 柏拉图(Plato).柏拉图全集[M]. 王晓朝译. 台北:左岸出版社,2003:107.

④ 北京大学哲学系外国哲学史教研室编译. 西方哲学原著选读[M]. 北京:商务印书馆,1982:193—194.

道,也什么都不能做。"培根认为,人不能离开自然界而生活,自然界的范围规定了人的认识范围和活动范围,①主张将人与自然联系起来,找出固有的法则,从而认识自然并征服自然。②

17世纪在西方近代哲学史上扮演重要角色的斯宾诺莎(Benedictus de Spinoza)更是直接主张"创造自然的自然"(Natura Naturans)和"被自然所创造的自然"(Natura Naturata),要求人们必须从自然界本身来理解自然和解释自然。③ 18世纪法国思想家霍尔巴赫(Paul Heinrich Dietrich von Holbach)对于自然与人之间的关系,也认为:"人是自然的产物,存在于自然之中,服从自然的法则,不能越出自然,人的精神想要冲到有形的世界范围之外乃是突然的空想,哪怕仅是通过思维,也不可能离开自然一步。"④

19世纪40年代兴起的共产主义在人与自然之间关系上有了更为进步的看法。马克思(Karl Marx)特别看重两者之间紧密的关联性,他指出:"历史可以从两个方面来考察,可以把它划分为自然史和人类史。但这两个方面是密切相关的,只要有人存在,自然史和人类史就彼此互相制约。"⑤

恩格斯(Friedrich Engels)也主张自然界具备独立存在的重要性,他阐述道:"自然界是不依赖任何哲学而存在的,它是我们人类即自然界的产物本身赖以生存的基础,在自然界和人以外不存在任何东西。"⑥对于人类希冀征服自然界,进而支配自然界的企图,恩格斯认为从表面上来看也许正在逐步取得进展,但实际上却是不成功的,并为此付出高昂的代价。他例举美索不达米亚、希腊、小亚细亚等地居民的所作所为,来说明那些地方为了获取更多的耕地而将森林砍光,后来竟因此变成荒芜的不毛之地。他说道:"不

---

① 王晶雄. 论新唯物主义对旧唯物主义自然观的超越[J]. 延安大学学报(社会科学版),2014,36(06):31—38.

② 石强. 论弗兰西斯·培根理性主义哲学思想[J]. 学术探索,2020(06):9—15.

③ 斯宾诺莎. 伦理学[M]. 北京:商务印书馆,1982:439.

④ 霍尔巴赫. 自然的体系[M]. 北京:商务印书馆,1982:10.

⑤ 马克思. 马克思恩格斯全集第3卷[M]. 北京:人民出版社,1960:20.

⑥ 恩格斯. 马克思恩格斯全集第4卷[M]. 北京:人民出版社,1972:218.

要过分陶醉于我们对自然界的胜利。对于每一次这样的胜利,自然界都报复了我们。每一次胜利,在第一步都确实取得我们预期的结果,但是在第二步和第三步却有了完全不同、出乎预料的影响,常常把第一个结果又取消了。"[①]

三、梭罗的自然主义实践

美国诗人亨利·梭罗(Henry D. Thoreau,1817—1862),其思想的形成与中国传统文化有着密切关系。他的代表作《湖滨散记》,以大量孔子的言论作为他思想的启发与说理来源。他论述了自然与生命的关系,认为生命源于自然,生命应为自然负责,生命须根于自然。[②] 在《瓦藤湖》一书中更提倡自然资源的合理运用,并构建出环境伦理的雏形,同时也蕴含着永续经营的概念。

梭罗被公认为自然主义实践先驱者。他在从事教师工作时开创了启发式教学法,经常在正式课程之后,带着学生到森林里散步,与学生们一起观察、讨论和研究自然界的各种现象。1845 年 7 月 4 日至 1847 年 9 月 6 日起,梭罗移居到离家乡康科德城不远、环境优美的瓦尔登湖畔的次生林里,开始了一项为期两年的试验,尝试着过简单的隐居生活。1854 年他出版了散文集《湖滨散记》(Walden),详细记载了他这两年多时间里的生活。[③] 梭罗的《湖滨散记》由 18 篇散文组成,记述了梭罗对个人以及整个人类界限的挑战。但这种挑战不是对实现自我价值的无限希望,而是历经伤痛后来自大自然所给予的复原力量。梭罗的《湖滨散记》至少给予人们五点启示:

(1) 简朴的生活。梭罗认为自然简朴的生活,有助于体会生命的真谛。他搬到森林深处的瓦尔登湖畔,自力更生,过着与大自然为伍的生活。他到

---

① 恩格斯. 自然辩证法[M]. 北京：人民出版社,1972：158.

② Henry David Thoreau. Walden and Civil Disobedience[M]. New York：Norton,1966.

③ 张伟. 穿越时空的对话：陶渊明《归园田居》与梭罗《种豆》之比较[J]. 人文天下,2017
(23)：72—76.

森林的目的不是逃避,而是要独自体验简朴生活的情境。

（2）摆脱俗务。梭罗以自身证明人类生存所需的基本物质其实是很少的。我们只是习惯性地将个人的一切都摆弄得太复杂。他认为拥有财产的唯一后果,是人被自己那些财产捆死。以品酒为例,他说人们在学会品酒之后,反而忘记了白开水的甜美。当人拥有大量财富之后,也因此经常忘记如何生活。

（3）欣赏大自然。梭罗在湖滨独处的生活,是一种处于深刻反省的亲身体验,经由独处与大自然紧密联系,这个过程和结果既和谐又美好。他的作品充分展现了这份宝贵的经验,带给人们更广阔的启示。

（4）更生与新生。大自然从万物勃发的春季、生意盎然的夏季、逐渐凋零的秋季、寂静蛰伏的冬季,然后又回归到春天,不断地流转巡回,不增一分,也不少一分,展现了朴质大地的更生与新生。整个轮回在自然界自主地发生,完全不因人类的意志而稍有更移。

（5）积极的行动。认为人们只要能将简朴的生活融入自然的节奏,尊重自然、爱护自然,就能获得不断的再生,又不断地自我超越,让世间万物都能追求更高的和谐与更完美的规律。

事实上,梭罗的感受并不仅仅来自他个人的经历和体验,当时的生活环境变动已经让每个人的身心都受到越来越大的影响。近代以来,工业革命带来经济社会的快速发展,拜金主义和享乐主义随之横行,人们在享受繁荣与便利的同时,也引发了一连串的社会、环境和生态问题,埋下许多不安定因素。

美国的情况尤其如此。1860年美国全国工业产值尚不及英国的二分之一,但普遍利用机器产销之后,至1884年美国工业产值首度超越农业产值,并在1890年超越英国跃升为全球工业产值的第一位。然而寻求更多财富累积的人们继续贪婪且疯狂地进行资源开采、工业开发和机器运作,土地、河流、森林、矿产等资源的浪费和滥用,造成环境污染和生态破坏,以及永难弥补的损失。

所以梭罗与自然和谐共处的主张,也逐渐获得人们的认可,而且有更多的人愿意挺身而出,将保护自然环境的思想化为具体行动。1886年《森林与河流》(*Forest and Stream*)主编乔治·格林纳(Geroge Bird Grinnel)不堪忍受工商业发展危害鸟类生存,号召读者共同签署一份请愿书,请求各界勿再伤害鸟类,引起很大反响,继而成立了美国第一个动物保护组织,亦即如今闻名全美的奥杜邦鸟类保护协会(Audubon Society for the Protection of Birds)。环保主义者约翰·缪尔(John Muir)则于1892年成立山岭俱乐部(Sierra Club),这是全世界第一个致力于山区环境保护的团体。

四、缪尔的原野保护思想

约翰·缪尔(John Muir)是倡导"原野地"(wilderness)观念的第一人,他的思想脉络承继了若干早期浪漫主义和超验主义,尤其是受到了梭罗的影响。他以无比的热诚强力推导自然保护,引起全美各界对于大自然的注意和关怀,激发了美国民众热爱大自然的浪漫思潮。

缪尔于1838年出生于苏格兰,从小热爱大自然,常在野地里追逐鸟兽,遍寻花草。据他日后的回忆:"当我还是孩子的时候,住在苏格兰。那时候,我已经喜欢各种野的事物。在我的后来人生中,我对野地、野生物的喜好感觉与日俱增。"他家附近布满森林和草原,一有机会,他就会到湖边或是林子里去,置身于大自然中思考和学习。1860年他进入威士康辛大学,学习了地质学、植物学等课程,获得了更多大自然的学识,古典文学课程则让他认识了爱默生、梭罗等超验主义的大师。1867年他在工厂工作时遇到一次意外,眼睛遭受极大伤害,恢复光明之后,他决定放弃学校教育而投身大自然。日后他自称此举是转学到"原野大学"(University of Wilderness)。他开始了长途跋涉的原野之旅,先从印第安纳州步行到墨西哥湾,又继续走到内华达山脉,并以此处为据点,开启了他的原野生涯。在日后的47年中,他经常在各地旅行,从事大自然的观察和研究。他形容大自然是"开向天空的一扇窗,一面映照创世者的镜子。树叶、岩石和水体都变成了圣灵的闪烁光芒"。

缪尔此后几乎将全部的心力投入自然保护。当他看到优胜美地(Yosemite)区域和内华达山脉受到越来越多的威胁,特别是放牧的威胁,他便主张这些地区应当规划为保留地,禁止在高山地区放牧,并多次向国会提交议案,将优胜美地设为国家公园。1890 年 9 月 30 日,国会通过了该议案,但议案仅将优胜美地山谷交由州政府管理,而不是直接划设为国家公园。为了加大力度推进后续工作,缪尔组建了山岭俱乐部,当选首任主席,并连任了 22 年。1894 年和 1901 年,他先后出版了著作《加利福尼亚的山脉》(*The Mountains of California*)、《我们的国家公园》(*Our National Parks*),①描绘各地国家公园中举世独一无二的自然风光,引起全美读者的共鸣。

1903 年,老罗斯福总统与缪尔在优胜美地公园做了一次旅行。老罗斯福总统为缪尔的执著所打动,决定支持缪尔的理念。1905 年国会终于决定将优胜美地升格为国家公园。这是缪尔梦想成真的时刻,也是美国乃至全球自然遗产保护行动的一个重要开端。

五、自然保育之父利奥波德

在美国自然环境保育思想与运动中,1887 年出生在衣阿华州的奥尔多·利奥波德(Aldo Leopold)与缪尔齐名,在现代环境伦理的发展与荒野保育行动中都拥有举足轻重的影响。由于他在学术研究上具有一定的地位,而且又曾担任主管官职,他的主张有机会化为具体的政策行动,因此被尊称为美国的"自然保育之父"。

利奥波德自幼就与野外生活有着紧密的关系,具有敏锐的观察天赋,喜

---

① (美)约翰·缪尔. 我们的国家公园[M].郭名倞译.长春:吉林人民出版社,1999.

欢长时间观察鸟类并对其进行分类。之后他进入耶鲁大学林学院就读，1909 年获得林学硕士学位。利奥波德从生态学、美学与资源等角度，逐渐产生了对大自然神秘力量的欣赏，他的人生自此与自然生态环境保育紧密相连。利奥波德曾在美国联邦林业局任职长达 18 年，开始在美国西南部的新墨西哥州和亚利桑那州，1924 年调至威斯康星州麦迪逊市的林业生产实验室。1928 年离开林业局后，他开始接受独立委托，在美国各处从事野生动物与植物的考察。1933 年他被聘为威斯康星大学麦迪逊分校农业经济学系猎物管理专业的教授，在学校任教直到逝世。利奥波德去世后不久，其遗稿《沙乡年鉴》(*A Sand County Almanac*) 于 1949 年出版，轰动全美，有多达数百万的读者喜爱这本书。这本书让美国自然保育运动得以更加活跃，并在无形中扩展了保育运动的面貌，促进了全球自然遗产保护工作。

作为保育野生动植物和荒野地区的提倡者，利奥波德作为创始人之一于 1935 年成立了美国荒野协会。由于利奥波德的持续努力，吉拉国家森林在 1924 年被美国政府指定为首块荒野地区，被视为全美现代荒野保育运动的起点。

六、卡森的《寂静的春天》

第二次世界大战结束后，美国国力鼎盛，经济发达，农业、工业生产达到顶点，然而新兴化学工业产品的开发及大量使用，却加剧了美国各地环境和生态系统的严重破坏，尤其是杀虫剂和农药的滥用，直接危害到人类、牲畜和野生动物的生存，导致许多索赔案件进入法庭诉讼。于是 20 世纪六七十年代美国兴起了环境保护主义运动。1962 年雷切尔·卡森 (Rachel Carson) 的《寂静的春天》(*Silence Spring*) 一书出版，成为美国环境保护运动走向高潮的一个标志。卡森以抒情的笔调指控环境污染及生态破坏问题，出乎意料地受到美国民众极大的关注，两年内就售出 100 万册，并在十年内被翻译成 16 国文字在世界各地出版，成为现代环境保护进程中的一本重要著作。

1941年卡森出版《海风下》(*Under the Sea-Wind*),内容多为对海洋生物的抒情描述。1951年其第二部书被《纽约人》(*New Yorker*)杂志以《纵观海洋》专题进行连载。同时间她的《我们周围的海洋》(*The Sea Around Us*)被《自然》出版,连续86周荣登《纽约时报》(*The New York Times*)畅销书排行榜,还被《读者文摘》(*Readers' Digest*)选评为当年的自然图书奖得主。卡森因这些荣耀获得两个荣誉博士学位。1955年她完成第三部作品《海洋的边缘》(*The Edge of the Sea*),之后这本书被改编成纪录片电影,一举获得奥斯卡金像奖殊荣。这些著述均充分体现了她对自然的关注和热忱。

《寂静的春天》缘于马萨诸塞州鸟类保护区一位管理员给她写的一封信,告诉她由于滴滴涕(DDT)的滥用,保护区内的鸟类濒临灭绝,希望她能利用她的威望,影响政府官员去调查杀虫剂的使用问题。她对此问题感到震惊,于是决定写一本书。在不少著名生物学家、化学家、病理学家和昆虫学家的帮助下,卡森掌握了野生生物由于杀虫剂、除草剂过量使用而死亡的大量例证。她前后花了4年的时间,以一贯的文学化生动笔调,将化学杀虫剂滥用导致的生态系统全面破坏以及将为人类带来的灾难,简单清晰地告诉社会大众:这一灾害是现代的生活方式发展起来之后由人类自己引入的。因此,告诫人类应当"认真地对待生命这种力量",克服"征服自然"这种妄自尊大的思想。[①]

《寂静的春天》出版之前,她受到了杀虫剂生产商以及各种媒体的攻击。这本书正式发行后,许多大公司立即施压,要求禁止这本书上市,不过都未获成功,反而激起了社会上更大的反响。卡森在短时间内收到了几百封请求她去演讲的邀请函,这本书也如旋风般成为美国和全世界最畅销的书。

《寂静的春天》所描绘的真实故事,使得自然环境与生态系统保护的急迫性形成一股横扫全球的浪潮,开启了全人类对自然保育的关怀,促成了环

---

① 雷切尔·卡森. 寂静的春天[M]. 长春:吉林人民出版社,1998:163,262—263.

境保护工作在美国和全世界的迅速发展。如书中记述的杀虫剂 DDT,自 1972 年起在美国全面禁止生产和使用,随后世界各国也纷纷立法禁用。至 20 世纪 90 年代,美国的环境保护运动取得了显著成就。其一,缘于公众的环境意识觉醒,"环境保护主义"(Environmentalism)成为广为接受的社会思潮,1992 年美国有大约 1 万多个非政府环境保护组织,其中最大的 10 个组织成员达 720 万人。① 其二,深刻影响了政府的环境政策和行为。1969 年美国国会批准了《国家环境政策法案》后,二十年间又出台了数百个环境法规。②

　　除了上述欧美国家以外,世界其他国家和民族的先民也很重视珍奇异兽和自然环境的保护。如有资料显示,早在 2000 年前北印度就曾划设一个区域来专门保护森林、象群、鱼和其他野生动物;在太平洋群岛和非洲部分地区,原住民部落保持对天地的敬畏之心,常常限制人们进入一些自然环境区域,以保护原始状态不受人为干扰。与东方文明一样,西方的有识之士也对自然界的本质和规律以及自然保护倾注了不懈的研究与努力,逐步达成许多共识,对于现代生态文明的发展起到了不可忽视的重要作用。应该说,梭罗的自然观对现代环境文学、环境理论和环境运动产生的深刻影响,不仅被美国的生态主义者和环保主义者所推崇,也被各国大众所接受甚至效仿。百余年来美国环境保护者不愿仅停留在哲学思考层次,而且身体力行实践自然环境保护,这是对西方自然环境保育文化的重要贡献,给予世界自然遗产保护工作以最重要启发。

① 杰奎琳·沃根·斯威策. 绿色的阻力:美国环境保护主义反对派的历史和政治活动(Jacqueline Vaughn Switzer. Green Backlash,The History and Politics of Environmental Opposition in the U. S.)[M]. 林·瑞耐尔出版社,1997:288.
② 侯文蕙. 20 世纪 90 年代的美国环境保护运动和环境保护主义[J]. 世界历史,2000(6):9.11—19.

第三节　近代自然遗产保护实践

　　经对古今中外自然保护思想的粗略梳理可知,不论是我国还是西方国家,保护自然的观念在世界各国均经历了一个萌芽、成熟和形成的过程,合理明智地使用自然资源、促进人类生活品质提高,是历代各民族的共同认识。近代以来"自然保护"或"生态保育"成为一项全世界最流行、最广泛的运动。从上面章节可见,中国人自古以来就有"天人合一"等思想,并将山水自然美景浓缩融入庭院内,其生活起居均与大自然为伍。西方文明从超自然的神格化到"人类中心主义"、马克思和恩格斯的自然观,再到美国的环境保护运动,都折射出有识之士的自然哲学思考,引导人类逐渐正确认识人与自然的关系,朴素的自然保护思想逐步向自觉的全民行动发展。从世界范围来看,以美国 1832 年在阿肯色划定"温泉"禁猎保护区、1872 年建立黄石国家公园为标志的近代自然保护实践,以自然保护区和国家公园为主要形式的自然生态系统和自然景观保护工作,①至今已有 190 年历史。在这近二百年时间里,人类对开发利用行为与气候变迁所造成的生态环境问题的认识逐渐清晰,环境保护意识逐渐增强,且永续发展理念以及生物多样性、生

---

①　李周,包晓斌. 世界自然保护区发展概述[J]. 世界林业研究,1997,10(6):8.7—14.

态保育等观点越来越被各国政府和国际环保组织所认可和重视,各国科学家与学者纷纷想尽办法挽救、保护逐渐消失的物种和遭遇破坏的生态系统,而最为有效的方式就是设立保护区。国家公园模式作为保护区的杰出代表,并非短时间内由某一个偶发的想法产生,而是累积了人们长时间对自然思考和保护实践后的一个集中反映。

一、世界自然遗产保护日益广泛

(一) 兴起世界国家公园运动

作为自然保护的一种重要形式,国家公园推动了世界自然保护事业的兴起和发展,成为一场以自然保护为主要内容的世界性运动。自 1872 年世界上的第一座国家公园——黄石公园在美国诞生至 21 世纪初,国家公园已由美国发展至全球近 200 个国家和地区,国家公园也由一个单一概念衍生出"国家公园和保护区体系""世界遗产""生物圈保护区"等多个相关概念。[①] 1962 年 6 月 30 日至 7 月 7 日第一届世界国家公园大会(the World Conference of National Parks)在西雅图召开,增进了各国对国家公园的了解、促进了国家公园运动在全世界的进一步发展。之后,世界自然保护联盟(International Union for Conservation of Nature Resource,IUCN)在世界自然保护地委员会(World Commission on Protected Areas,WCPA)的领导和支持下,每十年召开一次世界国家公园大会。从会议主题上看,外延不断扩大,内容不断加深,研究领域逐渐更加强调全球保护地网络合作、多学科涉入以及与区域性政治、经济、社会发展相结合,保护管理手段则以科学规划、社区共管、人员能力建设、监测与评估为主要方式。[②] 杨锐较全面地总结了 1872—2002 年世界国家公园运动发展历史,认为 130 年里国家公园发展在

---

① 杨锐. 试论世界国家公园运动的发展趋势[J]. 中国园林,2003,19(7):7.

② 罗杨,王双玲,马建章. 从历届世界公园大会议题看国际保护地建设与发展趋势[J]. 野生动物,2007,28(3):4,45—48.

五个方面取得了进步：① 保护对象从视觉景观转向生态系统和生物多样性，由过去对陆地的单一保护变为对陆地与海洋的综合保护；② 保护方式由绝对保护转向相对保护，由消极保护转向积极保护；③ 参与保护的力量更加多元，由政府一方发展为社会多方力量参与；④ 国家公园由散点状发展变为网络状发展，重视考虑国家公园和保护区与周围保护区之间的生态联系，通过整体网络实现管理信息的共享；⑤ 保护技术取得了进步，形成LAC（可接受的改变极限）理论、ROS（游憩机会类别）技术、VERP（游客体验与资源保护）方法、SCP（基地保护规划）技术、Market Segment（市场细分）、ZONING（分区规划）技术和EIA（环境影响评价）制度，为人们所广泛接受和应用。①

（二）推动全球环境保护意识的觉醒

1. 自然保护事业向发展中国家迅速发展

近代保护区的设置始于1864年美国国会立法将优胜美地设为州立公园，1890年国会再度立法将该州立公园升级为国家公园。可见，保护区和国家公园是世界自然保护的两种重要形式。随着自然保护的理念为各国所接受，各国纷纷建立自然保护区和国家公园系统，管理方法也在探索中逐渐成熟，自然保护成为现代文明的一种标志和现代文明国家的发展方略，国家公园不仅是各国良好生态环境的集中展示地，也是国民接受自然教育、满足精神文化生活的重要场所。至目前全球保护地总量已达到248 797处，覆盖全球16.7％的陆域面积和7.8％的海洋面积，在世界保护生物多样性、提升生态系统功能、遏制环境退化中发挥着重要作用。② 虽然保护区和国家公园概念都诞生在西方国家，20世纪70年代中期以后，大多数新建的自然保护区却是在发展中国家。近二百年来，世界自然保护从"国家公园"单一概

---

① 杨锐. 试论世界国家公园运动的发展趋势[J]. 中国园林，2003，19(7)：7.

② 张琨，邹长新，仇洁等. 国内外保护地发展进程及对我国保护地建设的启示[J]. 环境生态学，2021，3(11)：6.9—14.

念发展成为"自然保护地体系""世界遗产""人与生物圈保护区"等系列概念,国家公园概念也从公民风景权益和朴素的生物保护扩展到生态系统、生态过程和生物多样性保护。[1]

2. 保护区定义促进管理目标多元化

随着保护区的迅速发展,保护区被赋予了不同的内涵,管理目标也随之多样化。1994年世界自然保护联盟(IUCN)在"第四届世界自然保护大会"上提出了"IUCN自然保护地分类体系",[2]定义保护区是"用于保护和维护其生物多样性、自然和文化资源,并通过法律或其他有效手段加以管理的陆地或海洋区域"(IUCN,1994)。[3] IUCN根据不同国家的保护地保护管理实践,针对保护区的资源特性、价值和功能,界定了六种类型保护区,赋予了科学研究、保护生态系统、物种和地质多样性特征、维持环境过程、保护独特而杰出的自然特征和相关生物多样性及栖息地、恢复物种种群和栖息地、保护和维持重要的陆地景观/海洋景观及其相关自然价值、实现自然资源的可持续利用、旅游娱乐和环境教育等多种经营管理目标:[4]

Ⅰ. 严格的自然保护地/荒野保护地:主要用于科学研究或荒野(动植物资源)的保护。

Ⅰa. 严格的自然保护地:主要用于科学研究。是指为了保护生物多样性的区域,涵盖地质和地貌保护。区内严格控制人类活动和资源利用,确保保护价值不受影响。

Ⅰb. 荒野保护地:主要用于保持其自然原貌。是指大部分保留原貌或仅有微小变动的区域,用于保存其自然特征,没有永久性或明显的人类居住

① 杨锐等. 国家公园与自然保护地研究[M]. 北京:中国建筑工业出版社,2016:前言.

② 国家发展和改革委员会负责同志就《建立国家公园体制总体方案》答记者问[J]. 生物多样性,2017,25(10):1050—1053.

③ Nigel Dudley. IUCN自然保护地管理类型指南[M]. 朱春权,欧阳志云等译. 北京:中国林业出版社,2016:9.

④ Nigel Dudley. IUCN自然保护地管理类型指南[M]. 朱春权,欧阳志云等译. 北京:中国林业出版社,2016:26—50.

痕迹。

Ⅱ. 国家公园：主要用于生态系统保护和游憩娱乐。是指大面积的自然或接近自然，为了保护大尺度的生态过程以及相关物种和生态系统而设立的区域。可提供环境和文化兼容的精神享受、科研、教育、娱乐和参观的机会。

Ⅲ. 自然历史遗迹或地貌保护地：主要用于特定自然特征的保护。是指为保护某一特别的自然历史遗迹所特设的区域，可能是地形地貌、海山、海底洞穴，或一般洞穴，甚至是古老的小树林依然存活的地质形态。通常面积较小，但有较高的游憩参观价值。

Ⅳ. 栖息地/物种保护地：由介入管理以达成生态保育目的而划设的区域。用于保护特定物种或栖息地。这类保护地需要经常性的、积极的干预，以满足特定物种的需要或维持栖息地的功能。

Ⅴ. 陆地景观/海洋景观保护地：是指人类与自然长期相互作用而产生鲜明特点，并具有重要的生态、生物、文化和风景价值的区域。此种保护地对于保护人与自然相互作用的完整性，保护和长久维持该区域及其相伴相生的自然保护和其他价值至关重要。

Ⅵ. 自然资源可持续利用保护地：是指为了保护生态系统和栖息地、文化价值和传统自然资源管理系统的区域。此种保护地通常面积庞大，大部分地区处于自然状态，其中有一部分处于可持续利用之中，且该区域的主要目标是保证自然资源的低水平非工业利用与自然保护相互兼容。

以上分类中最严格的保护地是Ⅰ类，严格管控，限制一切人为进入及资源使用。国家公园属于Ⅱ类，兼具生态系统保护和游憩娱乐两大功能，其他类别也不排除人类参与并发挥积极作用，说明保护地虽肩负着保护生物多样性的重要功能，但并非唯一或首要的目标，不同类型保护地因人类干扰程度不同，采取的管理政策也不同。这套保护地分类系统得到联合国《生物多样性公约》和许多国家政府的认可，其定义和评定标准成为世界各国自然保护立法的主要基础。同时,作为一个全球标准,这套管理分类体系相对宽泛,不是套用而不可更改的标准,因此,IUCN 各国根据国情和需要,在指南框架内可对管理分类定义做更详细的阐述,[①]为管理目标多元化提供依据。

3. 环境保护衍生永续发展理念

环保意识的观念肇始于 20 世纪 70 年代。1972 年,联合国在人类环境会议上发表了《人类环境宣言》后,人们开始正视地球生态系统严重受损的事实,自此展开国际性环境保护集体行动。1980 年,世界自然保护联盟、联合国环境规划署、世界自然基金会三个国际性组织共同出台《世界自然保护策略》,提出要将生态保护观念融入发展过程中。

1987 年,世界环境与发展委员会出版《我们的共同未来》,提出"永续发展"的概念,认为既满足当代人的需要,又不会危害后代人满足需要的发展才是"永续发展"。该书内容在 1992 年联合环境与发展大会(UNCED)上得到共识。IUCN 也在 1991 年提出,永续发展是生存于不超出维持生生态系统承载力的情形下,既改善人类的生活质量,又实现生态保护的发展。1992 年 6 月里约联合国环境与发展大会讨论环境与发展问题,通过《里约环境与发展宣言》《21 世纪议程》《关于森林问题的原则声明》《气候变化框架公约》和《生物多样性公约》。会后各国纷纷参与到制订保护生物多样性的"21 世纪议程"的行列中,迄今签署《生物多样性公约》的国家达到 180 个,积极开展生态保护、永续利用的工作。人类为了谋求一个可持续发展的将来,正克服障碍,努力解决因人类开发行为、气候变化所造成的环境问题,保护逐渐消失的珍稀物种或原生物种。

(三) 认识自然遗产的精神与教育价值

1971 年联合国教科文组织提出"人与生物圈计划"(Man and the Biosphere,MAB),强调认识与发挥自然保护区的生态、社会、经济、科学与文化

---

① Nigel Dudley. IUCN 自然保护地管理类型指南[M]. 朱春权,欧阳志云等译. 北京:中国林业出版社,2016:23.

等重要价值。1972 年美国自然保护学者 Russell E. Trair 首先提出世界遗产地概念,旨在推进"国家公园观念的国际延伸",引导人们认识自然遗产对全人类精神和教育方面的重要意义,将世界著名之重要地区归属为全世界共同资产的一部分,并给予特别的保护及必要的资助。[①] 1972 年 11 月联合国教科文组织第十七届大会在巴黎通过《保护世界文化和自然遗产公约》,将世界遗产作为不可移动的有形遗产列入全球性的保护计划,标志着人类开始以崭新的角度审视人类自身和历史以及自然的关系。[②]

根据《保护世界文化和自然遗产公约》的定义,自然遗产包括三大类:

(1) 从科学或保护角度看,具有突出的普遍价值的地质和自然地理结构以及明确划为濒危动植物生存区。

(2) 从美学或科学角度看,具有突出的、普遍价值的由地质和生物结构或这类结构群组成的自然面貌。

(3) 从科学、保护或自然美角度看,具有突出的普遍价值的天然名胜或明确划分的自然区域。

自然遗产的确认注重审美价值和科学价值,是以人类的判断力和鉴赏力来确认视觉上最美、生态系统最健康、地貌形态最独特的地方。[③] 由此,自然遗产的内在价值和外在价值便藉由人类的精神情感关联,体现出其艺术价值和科学价值。自然遗产概念的出现,其原因为① 力图避免人类长期不当的使用导致自然遗产消失的风险,② 人类认识到自然遗产作为全人类重要资产具有独特的精神价值和重要的教育意义,③ 人类的经济和社会发展不能超越生态环境和资源的承载力。因而,1980 年世界自然保护联盟等 5 个单位联合编撰的《世界自然保护策略》(*World Conservation Strategy*)以"生物资源的保护,是永续发展的基础"为标题,呼吁整合经济发展与保育,以有

---

① 王永生. 自然的恩赐:国家公园百年回首[J]. 生态经济,2004(06):40—51.
② 曹新. 遗产地与保护地综论[M]. 城市规划,2017,41(6):92—98.
③ 刘红婴. 行进中的自然遗产及其价值[J]. 遗产与保护研究,2017,2(6):29—34.

效经营管理自然资源。"遗产"概念促使人类从不同的价值角度保护各类遗产，是保护体系的新发展，标志着人类对自然和文化遗存认识的扩展，证实了遗产地、保护地的价值是互相交叉、互相影响的，[①]为自然和文化遗产有效保护和可持续利用，提供了更宽阔的空间。而其中蕴含的可持续发展理念，强调了代际公平、人与自然和谐共生的价值内涵，意味着人类必须建立一套新的环境道德观念和价值标准，作为人类解决自然利用与保护的矛盾的路径和良方。

二、中国自然保护事业发展迅速

自 1956 年广东鼎湖山自然保护区建立以来，经过近 70 年的发展，中国自然保护区不仅在数量上达到世界平均水平以上，而且自然保护区网络体系还呈现分布广泛、类型多样、功能较为齐全的特点，如自然保护区、森林公园、风景名胜区等多种类型，分别依据其各自资源特点，发挥着相互间略有不同的保护功能。自然保护区范围内保护着 90.5％的陆地生态系统类型、85％的野生动植物种类、65％的高等植物群落，[②]使我国生物多样性最丰富、历史价值最高、生态效益最好、最急需重点保护的自然资源和生态系统得到了有效保护，[③]为世界生物多样性保护做出了积极贡献。中国自然保护区是按照《自然保护区条例》来定义的，是指对有代表性的自然生态系统、珍稀濒危野生动植物物种的天然集中分布区、有特殊意义的自然遗迹等保护对象所在的陆地、陆地水体或者海域，依法划出一定面积予以特殊保护和管理的区域。[④]《自然保护区条例》规定，凡具有下列条件之一的，应当建立自然保护区：

---

① 曹新. 遗产地与保护地综论[J]. 城市规划，2017,41(6)：92—98.

② 顾仲阳. 我国已建立自然保护地 1.18 万处[EB/OL]. (2019-01-14)[2022-04-28]. http：//www.gov.cn/shuju/2019-01/14/content_5357610.htm

③ 国家林业局野生动植物保护司. 中国自然保护区管理手册[M]. 北京：中国林业出版社，2004：序.

④ 中华人民共和国自然保护区条例[Z]. 中华人民共和国国务院公报，1994(24)：991—998.

(1) 典型的自然地理区域、有代表性的自然生态系统区域以及已经遭受破坏但经保护能够恢复的同类自然生态系统区域;

(2) 珍稀、濒危野生动植物物种的天然集中分布区域;

(3) 具有特殊保护价值的海域、海岸、岛屿、湿地、内陆水域、森林、草原和荒漠;

(4) 具有重大科学文化价值的地质构造、著名溶洞、化石分布区、冰川、火山、温泉等自然遗迹;

(5) 经国务院或者省、自治区、直辖市人民政府批准,需要予以特殊保护的其他自然区域。

中国自然保护区属于 IUCN 界定的第一类自然保护地(严格意义的保护区,Ia)。但从实际管理角度看,很多保护区兼具生物多样性保护、提供游客亲近山林的功能,因此其实质上属于国家公园(第二类保护区,PAII)。[①]按照《自然保护区条例》的定义,我国大陆地区的自然保护区依功能分区可分为"核心区""缓冲区"和"实验区":① 保存完好的天然状态的生态系统以及珍稀、濒危动植物的集中分布地,应划为核心区,禁止任何单位和个人进入;除依照条例第二十七条的规定经批准外,也不允许进入核心区从事科学研究活动。② 核心区外围可以划定一定面积的缓冲区,只准进入从事科学研究观测活动。③ 缓冲区外围划为实验区,可以进入从事科学试验、教学实习、参观考察、旅游以及驯化、繁殖珍稀、濒危野生动植物等活动。[②] 自然保护区以保护自然为第一责任,严格禁止砍伐、放牧、狩猎、捕捞、采药、开垦、烧荒、开矿、采石、挖沙等各类与生态环境保护相违背的活动。自然保护区还肩负着监测责任、科研责任、宣教与旅游责任,特别是通过开展生态旅游,发挥着传播生态文明理念、引导全民参与环境教育、推进生态文明体制

---

① 解焱. 我国自然保护区与 IUCN 自然保护地分类管理体系的比较与借鉴[J]. 世界环境,2016(B05):53—56.

② 国务院. 中华人民共和国自然保护区条例[R]. 1994-10-09 发布,2017-10-07 第二次修订.

机制建设等特殊作用。目前我国约 80％的自然保护区开展了生态旅游,[①]
虽然部分区域作为旅游区对游客开放,但其对生物多样性的保护力度
很大。[②]

　　自然保护区的管理体系较为完备,由全国人大环资委、国家生态环境系
统、林业系统直至乡一级政府林业工作站构成,生态环境部综合协调,国家
林业和草原局、农业农村部、自然资源部、生态环境部、国家海洋局等政府部
门分别管理相关类型的自然保护区。重要的专门管理机构设有管理局、管
护所(站)和管护人员。自然保护区的资金投入主要靠中央主管部门和地方
政府拨款解决,一部分自然保护区存在资金缺口,需要其他方法来解决。我
国还基本形成了自然保护区管理的法律法规体系,先后出台了《森林和野生
动物类型自然保护区管理办法》(1985 年)、《自然保护区条例》(1994 年)、
《地质遗迹保护管理规定》(1994 年)和《海洋自然保护区管理办法》(1995)
等法规,使自然保护区管理和建设有法可依。[③]

三、世界自然生态环境的现存问题

　　根据世界自然基金会(WWF)、Zoological Society of London(ZSL)、
Global Footprint Network、Water Footprint Network 联合发布的《地球生
命力报告 2014》,地球生命力指数(LPI)自 1970 年以来已下降 52％,温带和
热带地区分别下降 36％、56％,陆生和海洋物种均下降 39％,淡水物种减少
76％;全球生态足迹、生物承载力、碳足迹显著增加:1961 年全球生态足迹
$76×10^8$ 全球公顷(global hectare,ghm^2)、生物承载力 $99×10^8$ ghm^2、生态盈

---

① 周德成,鲁小波,陈晓颖. 自然保护区生态旅游在生态文明建设中的地位与作用[J]. 林
业调查规划,2021,46(6):55—62.

② 解焱. 我国自然保护区与 IUCN 自然保护地分类管理体系的比较与借鉴[J]. 世界环
境,2016(B05):53—56.

③ 李小云,左停,唐丽霞. 中国自然保护区共管指南[M]. 北京:中国农业出版社,2009:
22—23.

余 $23×10^8 ghm^2$,而 2010 年全球生态足迹则为 $181×10^8 ghm^2$、生物承载力 $120×10^8 ghm^2$、生态赤字 $61×10^8 ghm^2$,1961 年碳足迹占人类总生态足迹的 36%,2010 年碳足迹占比达 53%;全球生产水足迹排名中,印度、美国、中国、巴西和俄罗斯以大量的绿水足迹位居前五名;全球 200 多个河流流域、2.7 亿人每年至少 1 个月严重缺水;生物多样性丧失、气候变化和氮循环三个"地球边界"已经被打破,明显地影响了人类健康以及人类所需要的食物、水和能源;低收入国家生态足迹最小,生态系统却遭受最大破坏,高收入国家将生物多样性丧失及其影响转嫁给低收入国家;高收入国家较高的人类发展水平是以高生态足迹为代价,人均生态足迹均已超过地球人均可获得的生物承载力,依靠进口其他国家的生物承载力弥补超载。报告分析指出,因为人类对生态系统和生态功能的过度索取,地球出现了物种急剧丧失、生态严重超载、跨越"地球边界"、区域公平失衡等问题,正在危害着人类未来的安康、经济、食物安全、社会稳定乃至生存。因此,报告围绕"一个地球"生活,提出保护自然资源、提高生产效率、转变消费模式、引导资金流向和公平管理资源等一系列解决方案。[①]

《地球生命力报告·中国 2015》显示,由于人类活动、过度猎杀、气候变化,以及经济快速发展与城镇化驱动等原因,1970—2010 年,中国陆栖脊椎动物种群数量下降了 50%。其中:两栖爬行类物种下降幅度最大,达 97%,兽类物种下降了 50%;18 种灵长动物在 1955—2010 年种群数量下降了 83.83%,其中在 1970—2010 年下降了 62%;2010 年,中国的人均生态足迹为 2.2ghm²,小于全球人均值 2.6ghm²,但高于全球平均生物承载力(1.7ghm²),消耗的资源达到自身生物承载力的 2.2 倍,出现生态赤字,给中国带来一系列环境问题,[②]包括森林过度采伐、干旱、淡水不足、土壤侵蚀、

---

① 陈成忠,葛绪广,孙琳,等. 物种急剧丧失·生态严重超载·跨越"地球边界"·区域公平失衡·"一个地球"生活:《地球生命力报告 2014》解读[J]. 生态学报,2016,36(09):2779—2785.

② 黄仕科. 生态公益林在资源与环境再生产中的作用及建设探讨[J]. 现代园艺,2021,44(13):53,199—200.

生物多样性丧失以及大气中二氧化碳增多等；2012 年中国生产水足迹为 $1.17 \times 10^{12} \, m^3$，其中绿水足迹占 46%，蓝水足迹占 28%，灰水足迹占 26%，且社会生产活动对水资源的需求仍然有增加的趋势。[①]

目前，我国自然保护区管理也存在一些问题，主要有以下四个方面：[②]① 在提议和批准建立自然保护区过程中，缺乏社会影响报告，缺乏对社区的告知，缺乏社区代表的参与，缺乏权属问题的敏感性和有关听证安排；② 建立自然保护区过程中，对社区群众因资源征收、征用和其他限制措施造成的权益损失缺乏合理的补偿；③ 自然保护区建立以后，地方管护机构的能力支持跟不上，很多管理措施(如划界、确权、管理机构设置)不到位，影响自然保护区的法律权威；④ 保护区周边社区比较贫穷，当地政府的发展基础差，不同利益群体之间的利益冲突比较严重。

国际自然保护经历了从纯自然保护、抢救性保护、为人类生存而保护到实现人与自然和谐等阶段，从关注物种种群栖息地、威胁及驱动因素、生态系统服务到社会生态系统的演变。[③]经过近 200 年的探索，人类终于迈向了以珍惜自然和可持续发展为核心的新文明，自然这一人类依存的综合体终于成为被广泛保护的对象，这是人类文明的自省和进步。人类必须寻找环境、社会和经济利益相协调的发展路径，采取保护自然资源和生态环境的具体行动，在地球生物承载力范围内使用和分享自然资源，实现维护生态安全、促进生态文明和社会经济永续发展、保障人与自然和谐共生的目标，因此自然保护也必将是一个长期实践和探索的课题。

---

① 段雯娟. 研究报告《地球生命力报告·中国 2015》显示：经济发达省份是生态财富"穷光蛋"[J]. 地球，2016(2)：47—49.

② 李小云，左停，唐丽霞. 中国自然保护区共管指南[M]. 北京：中国农业出版社，2009：22—23.

③ 雷光春，曾晴. 世界自然保护的发展趋势对我国国家公园体制建设的启示[J]. 生物多样性，2014，22(04)：423—425.

第四节 国家公园的自然遗产保护角色与趋势

从梭罗的环境伦理雏形,到约翰·缪尔的森林保存及物种平等,再至 20 世纪利奥波德的土地伦理和生态完整性,绘成了美国环境文学地景的一幅大致蓝图,形成后来在美国兴起的荒野保护运动和建立国家公园的重要思想基础。[①] 作为自然保护的一种重要形式,国家公园兴起于美国,曾被誉为"美国有史以来最有创意的构想"。自 1872 年世界上第一个国家公园——黄石国家公园设立以来,这个概念扩散到世界 200 多个国家和地区,全球生物多样性和文化多样性在上万个国家公园内得以有效保护保存。根据《保护地球 2014 年报告》,符合世界自然保护联盟分类标准的自然保护地中大约 26.6% 的面积属于国家公园类别,占地球表面积约 500 万平方千米。[②] 如今,国家公园数量仍在持续增长,且各国的管理模式也逐步走向成熟。

[①] John Muir. Our National Parks[M]. Michigan: Scholarly Publishing,1970.
[②] 杨锐等. 国家公园与自然保护地研究[M]. 北京:中国建筑工业出版社,2016:前言.

一、国家公园概念的起源

探究国家公园思想的起源,可追溯至欧洲文艺复兴时期皇室狩猎的场所。1810 年国家公园思想的雏形慢慢出现,当时的英国诗人威廉·华兹华斯将英格兰的湖区(Lake District)描述为"国家的瑰宝",提出任何人都应有权利享有国家的自然景致。当时他并没有使用"国家公园"(National Park)作为专有名词来叙述,而是以"国有资产"(National Property)来表述。在政治民主化的推进下,原本帝国王室为游乐而设立的保护区(狩猎场),由原先仅供少数人使用的专用地转变为大众的共同资产。1832 年美国艺术家乔治·卡特琳(George Catlin)首先提出了"国家公园"这个名词。当时,卡特琳十分担忧美国西部开发会破坏原有的自然环境(荒野生态系),导致美洲野牛面临灭绝和印第安文明消失,于是他呼吁政府制定保护政策,设立一个宏伟的国家级公园(America's Magnificent National Parks),这座公园里面有人类也有动植物,同时保有原始自然景致。从华兹华斯到卡特琳,他们通过对自然景致的观察表达出人与环境和谐相处的愿望。

国家公园的兴起记录了 19 世纪美国的发展由东部海岸向内陆与大西部转移的一段"拓荒史",也反映了人类对自然的认识由"天然自然""人化自然"到"生态自然"的发展过程。19 世纪前,美国内陆与大西部处于原始自然状态,而当东部居民西迁时,却目睹了拓荒中对自然的破坏,进而激发了自然保护意识的觉醒。欧洲浪漫主义者基于对自然系统在人类长期活动中消长的认识,开始对大自然持有新的态度,认为美丽与健康远胜于冷漠与抑郁。与此同时,美国新英格兰地区的民众也发现原本优美的乡村,逐渐转型成为多烟污染的小镇。于是,当时的诗人作家梭罗 (Thoreau) 和埃默森 (Emerson) 倡导回归自然,认为这是现代人唯一的心灵补偿。这样的主张迅速得到广大民众的响应,标志着人们环境意识的萌芽。自然思想也从原有的人类生存权益偏向,逐渐转为对生物多样性的重视,涵盖了人与自然协调共生的理念。这是人们生态保护思想上的一个大转变。环境保护意识的增长催生了国家公园的诞生与建设。

最初一群生态爱好者有感于美国优胜美地风景区山谷中的红杉遭到滥伐而敦请国会予以保护,这一行动为后来的国家公园奠定下基础。1872年黄石国家公园由美国政府法令明文规定而成立,成为全球首个国家公园。黄石国家公园的构想并非像卡特琳当初为了保护当地居民生活环境和荒野生态而建立,而是一个为了"公众利益"和"娱乐目的"的场所,但因其具备国家代表性,兼顾了自然保育和人文文化的功能,彰显了政治、经济和文化等特征,而使美国这一政策当时在国际独树一帜。之后在约翰·缪尔的推进下,经国会授权,优胜美地也以法案的形式建为州立公园,并将黄石国家公园的一个重要部分划给加州作为公共事业、休闲娱乐之用。20世纪初,美国国家公园发展得到了政治家的支持,美国总统西奥多·罗斯福在其任内批准了5个国家公园,建立了53个野生动物保护区、16个国家纪念保护区,并使森林保护区扩大了一倍。[①] 罗斯福说:"作为一个国家,我们不但要想到目前享受极大的繁荣,同时要考虑到这种繁荣是建立在合理运用的基础上,以保证未来的更大成功。"[②]这样的发展理念确立了国家公园自然保护的重要地位。

总之,19世纪美国由早期的农耕经济发展国转为世界上最大的产品和服务提供国,人口快速成长,且城市化大幅提升。数据显示,在从1790年至1920年的130年里美国城市化水平提高了46%。美国作为一个经济快速崛起的国家,非常需要一个以保护为核心的国家公园来保全其自然资源。

---

① 陈苹苹. 美国国家公园的经验及其启示[J]. 合肥学院学报(自然科学版),2004(02):55—58.

② 李钊. 美国国家公园的国家责任与大众享用机会:美国仙纳度(Shenandoah)国家公园考察[J]. 农业科技与信息(现代园林),2011(02):11—15.

二、国家公园的内涵与功能

自 1872 年黄石国家公园诞生至今 150 年的发展实践,国家公园已由美国一个国家扩展到全球 193 个国家和地区,发展成为由自然保护地体系、世界遗产、人与生物圈保护区等多种形式构成的保护区系统。具体来说,国家公园普遍被视为国家最具代表性的区域:拥有大面积的自然环境,不但有独特的生态多样性,还保留了完整的地景及生态系统,既是族群数量稀少或特殊物种的重要栖息地,也是人文史迹的重要区域。① 因此,各国的国家公园都被赋予了遗产资源保存和维护的重要责任。

然而,各国对国家公园或保护区的定义与名称不尽相同,如日本和韩国称之为国立公园;设置标准也不一致,各国除依据各自国家的资源特性和代表性及其政体差异,赋予国家公园保护自然资源的使命以外,还将人类遗址、历史古迹、特殊文化、特殊景观等纳入其中,如英国国家公园以保留田园、乡野为主。不过各国遵循的理念大体是相近的,即通过法律和有效手段对保护区及自然资源进行保护和管理。直到 2008 年,才由世界自然保护联盟(IUCN)统一对保护区进行定义,并对其设立宗旨进行诠释。

(一) 国家公园概念的演进

国家公园概念的整合和发展可溯至 1913 年的国际自然保护研讨会,当时的与会国家曾建议共同筹备一个国际性的自然保护团体,但此构想直到 1948 年才实现,正式成立了世界自然保护联盟(IUCN),其成员遍及 400 个政府机构和民间保护团体。IUCN 成为全球自然保护的支柱和代言人,负责推动世界环境事务。1958 年 IUCN 成立国际国家公园委员会(International Commission on National Park),协助推动世界国家公园的发展。

国际国家公园委员会成立后,面对的首要问题是"缺乏国家公园的认定

① 王叔瑜,林文和. 公立自然和人文公园约聘雇人力绩效评估指标之建立[J]. 武汉职业技术学院学报,2013,12(03):14—20.

标准"。当时,部分国家对国家公园的定义松散或缺乏具体合理的定义,尤其是"类似的保护区"一词,从永久的保护区到临时圈地的荒芜地,可以用任何方式去解释,使得国家公园丧失原有的功能与价值。

因此,国际国家公园委员会提出国家公园应以"提供人类精神启示、文化和福祉为宗旨"。1959 年,联合国依据这一观念要求 IUCN 确立国家公园认定的标准和定义。1969 年 IUCN 对国家公园的定义得到了全球学术组织的普遍认同,即"一个国家公园,是这样一片比较广大的区域:① 它有一个或多个生态系统,通常没有或很少受到人类占据及开发的影响,这里的物种具有科学的、教育的或游憩的特定作用,或者这里存在着具有高度美学价值的自然景观:② 在这里,国家最高管理机构一旦有可能,就采取措施,在整个范围内阻止或取缔人类的占据和开发并切实尊重这里的生态、地貌或美学实体,以此证明国家公园的设立:③ 到此观光须以游憩、教育及文化陶冶为目的,并得到批准。"[①]IUCN 还定立了世界国家公园标准及名录,要求国家公园的设立必须符合三项准则:

(1) 由中央立法保护资源,由一个国家的最高权责机构负责,严禁一切狩猎、农耕、放牧、伐木。

(2) 明确范围限制,每平方千米人口少于 50 人者,最小面积为 5000 公顷;每平方千米大于 50 人者,最小面积为 1250 公顷。

(3) 需要有足够的专业人员和预算保护这些资源。

IUCN 于 1994 年公布了"自然保护地分类体系",国家公园属于保护地体系六类中的第 II 类,并定义国家公园为:大面积的自然或接近自然的区域,用以保护大尺度的生态过程,以及相关的物种和生态系统特征。这些自然保护地提供了环境和文化兼容的精神享受、科研、教育、娱乐和参观的机

---

① 王建刚. 论我国国家公园的法律适用[C]//生态文明与林业法治:2010 全国环境资源法学研讨会(年会)论文集(上册),2010:538—542.

会。[①] 与 1969 年的定义相比,1994 年的定义虽然文字更简练,少了管理方面的要求,但基本内涵一致。2019 年中共中央办公厅和国务院办公厅出台的《关于建立以国家公园为主体的自然保护地体系的指导意见》将我国的自然保护地按生态价值和保护强度高低,分为国家公园、自然保护区和自然公园三类,并定义了我国所要建立的国家公园:是指以保护具有国家代表性的自然生态系统为主要目的,实现自然资源科学保护和合理利用的特定陆域或海域,是我国自然生态系统中最重要、自然景观最独特、自然遗产最精华、生物多样性最富集的部分,保护范围大,生态过程完整,具有全球价值、国家象征,国民认同度高。[②]

国家公园作为保护区的类型之一,目的是为了保护世界级或国家代表性的珍贵自然资源或文化资产,并通过国家的最高权责机构进行立法保护,使"自然资源合理经营使用"。为此,国家公园重点关注完整的生态系统维护,兼顾通过开展旅游对当地经济发展做出贡献,并需要对自然保护地周边区域进行协同管理,对游(访)客进行管理。[③] IUCN 的定义赋予国家公园明确的设立宗旨,是为了长期保护自然、原野地景、原生动植物、特殊生态体系以及人文史迹而设置的完整生态系,[④]并提供相应的娱乐,使之免于被破坏,能够为后代子孙所享用。这个概念为各国遵循共同理念,并根据本国国情修正、形成不同的管理模式提供了依据。我国的国家公园定义遵循自然生态系统原真性、整体性、系统性及其内在规律,借鉴国际经验,并依据我国的管理目标与效能要求,旨在建设具有中国特色的国家公园,形成符合中国实

①　Nigel Dudley. IUCN 自然保护地管理类型指南[M]. 朱春权,欧阳志云等译. 北京:中国林业出版社,2016:33.

②　中共中央办公厅,国务院办公厅. 关于建立以国家公园为主体的自然保护地体系的指导意见[R]. 中华人民共和国国务院公报,2019(19):16—21.

③　Nigel Dudley. IUCN 自然保护地管理类型指南[M]. 朱春权,欧阳志云等译. 北京:中国林业出版社,2016:33—35.

④　王叔瑜,林文和. 公立自然和人文公园约聘雇人力绩效评估指标之建立[J]. 武汉职业技术学院学报,2013,12(03):14—20.

际的自然保护地体系。

(二) 联合国认定的国家公园设置标准

1974 年 IUCN 出版《世界各国国家公园及同类保护区名录》,规定了国家公园的认定条件:

(1) 大面积的自然或近自然的区域,国家公园的面积不得小于 1000 公顷,具有优美景观的特殊生态或特殊地形,具有国家代表性,且未经人类开采、聚居或开发建设的区域。

(2) 为长期保护自然、原野景观、原生物种、特殊生态体系所设立的保护区。设立的目的是为了保护大尺度的生态过程及相关的物种和生态系统,并将其归为第二类保护区。

(3) 由国家的最高权属机构采取措施,限制开发工业区、商业区、聚居的地区,禁止砍伐林木、采矿、发电、农耕、放牧、狩猎等行为的地区,同时有效维护生态景观。

(4) 在一定范围内允许游客在特别的情况下进入,维护目前的自然状态,并作为现代和未来世代科学研究、教育、游憩、启发灵感的地区。[①]

IUCN《世界各国国家公园及同类保护区名册》是目前全球公认和通用的重要文件。从其认定的条件中可知,国家公园保护面积相对较大,虽强调了资源的国家代表性、特殊性、优美性和生态系统未经开采的原真性,明确了可供研究、教育和娱乐之用,且法律保障、有效管理和面积范围是其设置条件的核心:

1. 有专属的法律保障

国家公园的法定保护必须以中央立法为依据,且应具有永久性而足够的约束力来达到保护和设置国家公园的目标。

2. 实行有效的管理

多数的国家公园都是由国家直属管理,仅有少部分因政治体系的不同,

---

① IUCN. 世界各国国家公园及同类保护区名录[R]. 1974.

才由省级机构管辖。一个国家公园的管理保护,需要有充足的经费和人力,才能达到有效的资源管理。但因各个国家公园利用密度和面积大小不同,尚无明确的制定标准。一般的情况下,若位于人口密度为 50 人/平方千米以下的区域,每 1 万公顷至少需设一名管理监督人员;每 1000 公顷(10 平方千米)经营管理费用每年至少需投入 50 美元的经费。当人口密度大于 50 人/平方千米时,每 4000 公顷至少需配置一名专职管理监督人员;每 500 公顷每年至少需投入 100 美元作为经营管理的费用。

3. 有明确的面积范围

依据国际通用标准,国家公园设立的最小面积需为 1000 公顷,且全部必须是以保护自然为主的地带,即是严格自然区(Strict Natural Zone)、治理保护区(Managed Natural Zone)、旷野区(Wilderness Area)。已开发或改变为行政区、旅游发展的地区,不计算在这个最小面积内,而岛屿或生物学上的特殊自然保护区除外。

对国家公园内资源的开采利用和经营管理,IUCN 也做了相应的要求。资源开发或开采利用一般包括开矿、林木、植物的采集、狩猎、水库、发电、灌溉设施兴建等,而国家公园内的自然资源是禁止开发的,所禁止开发行为主要指农耕、住宅、工商业占用等行为。但是,因为国家公园具有教育、文化和游憩及开展旅游的目标和功能,有些提供旅游利用的项目不应视为资源开发,包括:① 兴建交通设施、划设住宿用地或旅游服务等相关设施,但不得分散在受保护的区域内,应给予合理的设置且限制在最小面积内;② 依照实际需求适当建设公共设施或建筑,也应限制在最小面积内;③ 为维护重要的动植物以达成保育目的所采取的管控措施,如野生动植物的总量控制,可依照标准适当开放猎捕。

(三) 国家公园的主要功能

国家公园是基于保护资源而设立的,也是人类对环境利用的明智选择。因此,其地理区域应具备独特的地形地貌景观或动植物生态系统,值得大众前往观赏、研究与游憩休闲,以增进对大自然奥秘的了解、培养个人欣赏山水之美的高尚情操。国家公园管理单位藉由系统化的经营与管理,对园区内的环境与生物有明确的掌握,随时监控园内的状况与变化,并评估经营管理的成效,达到保护特殊的自然环境与生物多样性的目的。因此,国家公园的主要功能有四个方面:

1. 提供环境的保护

国家公园拥有成熟的生态系统,拥有生态演替中最稳定的群落阶段、特殊与独特的生物群落、物种多样性和稳定性高。这样的生态系统可缓解经济社会发展及城市开发所造成的生物机能耗损,给予以粮食作物生产为目的的农业生态体系以互补的中和作用。国家公园由国家最高权责部门直接有效地管理和经营,能有效保护自然资源和生态环境,进而对大众的生活品质和国土安全都有正面的效益。

2. 遗传物质的保存

自然生态系统中,每一阶段的每一生物都是经长时间演替作用的遗存者,无论是动物还是植物都具有利用价值和生态功能。恣意的开采或不当行为持续进行,将加快生物灭绝速度,导致生态系统瓦解,冲击人类的生存环境。因此,国家公园具有保存自然和孕育丰富生物基因库的功能,保存园区内自然遗产,包括自然生态系、原生物种、自然景观、地形地质、人文史迹等的永续性,以供国民及后代子孙所共拥共享,并增进国土安全与水土涵养,确保人类生活环境质量。

3. 提供民众游憩和繁荣地方经济

自然山水具有天然的寓教于乐的功能,可陶冶人的性情,启发人的心智和灵感。国家公园保留着完整的自然景致,在不违反自然生态保育的目标下,选择园区内景观优美、足以启发国民智识及陶冶性情的地区,提供自然教育及户外游憩活动,有益于培养国民欣赏自然、爱护自然的性情,树立环境伦理意识。国家公园"不以开发或资源掠夺为手段,而是以不破坏大自然为前提,提供旅游的收益"。本质上国家公园属于非大规模开发的景区,但适度开发游览和配套膳食、住宿等旅游项目,可带来经济收入,进而带动地方经济发展与繁荣,服务地方社会发展。

4. 促进科学研究和环境教育

国家公园丰富的地形、地质、气候、土壤、河流、溪谷、山岳及其不同的地景地貌,经严加保护,自然环境可长期处在原始状态,其间的动植物也可不受人为干扰而改变,是可以作为科学研究的户外天然实验室,也可提供社会大众开展环境教育的最佳机会,供人们接触自然、学习和了解生态系统。

可见,国家公园是自然保护的重要形式。国家公园的设立,除了保育自然与人文资源、提供研究与教育、环境生态解说及游憩娱乐的功能之外,还会积极影响并转化当地社会与经济活动。国家公园虽然不以追求最大经济效益为目标,但是能为提升有深度的高质量游憩体验而提供相关服务,进而成为地方经济发展的来源和新型就业领域,经济活动也可能通过生态旅游活动由农渔业转为服务业。地方民众的生活会因国家公园的设置而发生制度性转变,进而使原有自然空间的各类文化得以一种新的形态保存和延续。

三、世界国家公园运动发展趋势

21 世纪以来,全球自然保护形势仍然严峻。据世界自然基金会(World Wide Fund for Nature,WWF)《地球生命力报告 2012》统计,过去四十年地球生命力下降了 28%,状态"很不健康",31% 的物种受到威胁。[①] 2000 年 9 月,联合国千年首脑会议就消除贫穷、饥饿、疾病、文盲、环境恶化及对妇女的歧视等计划提出具体目标和指标,并提出要将可持续发展原则纳入各国的国家发展政策和方案,以实现环境可持续能力的建设目标,提出有效消除

① 雷光春,曾晴. 世界自然保护的发展趋势对我国国家公园体制建设的启示[J]. 生物多样性,2014,22(4):423—425.

环境资源流失的状况^①以及减少生物多样性的丧失等要求。国家公园在新世纪世界自然保护的浪潮中必将继续发挥重要作用,并且作为一种自然保护模式,其管理内涵将不断丰富和成熟,在以下四个方面可以预见获得新发展。

1. 可持续发展理念主导自然资源永续利用

世界各国将在 WWF 提出的"一个地球"理念下,以可持续发展理论主导自然遗产资源及生物多样性的保育,推进在地球限度内管理、使用和分享自然资源,加强生态系统保护与自然环境改善,以达到自然资源的永续利用和永续发展目标。国家公园将在科学调整自然保护策略和自然保护体系构建,以及引导人类逐步从纯自然保护走向人与自然和谐发展的生态文明建设中发挥平台作用。

2. 国家公园管理向科学化和现代化发展

国家公园管理将依照 1972 年《世界遗产公约》和 1982 年第三届世界国家公园大会《巴厘宣言》,通过扩大和加强全球以及地区性的国家公园和保护区网建设,在确保物种生存和生态系统完整性的前提下,实现生态环境与精神文化、科学研究、环境教育、休憩娱乐等多种功能的和谐统一,使自然保护地域成为具有精神和文化价值的自然地域。各国国家公园管理组织将自然资源保护与发展科学和技术研究作为自然资源保护的重要问题,应用生态学、地质学、生物学、自然地理学、管理学等多学科合作的方式,开展跨学科研究,促进自然保护工作从关注物种种群栖息地、威胁因素、驱动因素,向生态系统服务和社会生态系统建设转变与提升,^②国家公园管理学将成为一门研究目标明确、科学内涵丰富、管理模式多元成熟、管理技术现代化、实践性强、具有标志人类生态文明进步意义的科学。

---

① 胡成龙. 煤炭城市循环经济发展状况评价体系研究[D]. 中南大学,2012.

② 雷光春,曾晴. 世界自然保护的发展趋势对我国国家公园体制建设的启示[J]. 生物多样性,2014,22(4):423—425.

3. 国家公园积极引导与环境和谐的经济发展模式

国家公园管理模式将充分体现"减量化、再利用、资源化"的循环经济三大原则,运用生态学规律来指导国家公园区域内的各种保护和经济生产活动,采取低开采、高利用、低排放的方式,引导国家公园内的经济活动按照"资源-产品-再生资源"的减轻自然环境负荷的模式运行,谋求在构筑自然资源永续利用、环境健康和谐、经济可持续发展社会中发挥责任。

4. 公园社区参与成为自然保护的主要力量

社区参与自然保护的重要性达成普遍共识,因此社区发展、人口增长、产业发展将被广泛纳入遗产地自然保护规划。各级政府将尊重和保护原住居民的民族习俗与传统文化,调动和吸引全体社区居民参与公园自然保护事业,发展公园社区环境友好的先进生产技术与生活方式,使原住居民参与自然遗产保护的动力和责任心与发展经济、改善生活等遗产地社区发展的目标保持高度一致,从而使社区成为自然保护的中坚力量。随着社会崇尚自然、保护自然、回归自然理念的深入人心,企业、学者、非政府组织也将广泛参与,志愿者制度将不断健全完善。

第三章

全球代表性国家公园管理模式

　　国家公园体系的构建必须适应各国本土环境与需求,但在建设之初,仍应先研讨其他国家的发展经验,以扬长避短,为我所用。国家公园的发展已遍及全球,各国和地区皆结合各自的政治体制、文化背景、经济水平和资源禀赋形成了不同发展路径和特色。为了梳理不同环境条件下的管理模式及其所发挥的不同成效,本研究选择美洲地区的美国模式、东亚地区的日本模式和欧洲地区的法国模式,探析美国、日本和法国三个国家的国家公园管理运行状况,逐一了解其管理模式的结构、成效和优缺点,以及利益相关方在管理组织结构中的角色与地位、保护形式与事权分工如何安排、解决了哪些问题与产生了什么问题,以期对中国国家公园建设有所启示和借鉴。

第一节　美国国家公园管理模式

美国是全世界最早创建国家公园的国家,历经百余年来的发展,目前拥有一套极完整却又颇为复杂的国家公园体系,分为自然区域、历史区域和游憩区域三大类,涵盖 20 种类型,总数达到 418 处,合计面积达 3424.31 万公顷(8461.65 万英亩),[①]其中国家公园 59 处,面积 2108.21 万公顷(5209.5万英亩)。由于美国国体属于联邦制,施政以法律建构为基础,所以国家公园的肇建、管理与保护,无一不受到法律条文规范的限制,并按照法律规定的程序来组织。但是美国的国家公园发展也不是一步到位的,而是历经长时间的探索,才达到如今的规模。因此,研究美国国家公园制度发展历程、国家公园管理模式及其形成、特色与不足,对于推动我国国家公园体制建设工作有着积极的借鉴意义。

---

① 　1 英亩(acre)=4.046856×10³ 平方米=0.4046856 公顷(ha).

一、美国国家公园管理体系发展历程

我国学者对美国国家公园管理体系的发展历程做了几种归纳,如朱璇从公园发展的角度分为萌芽(1831—1916 年)、成型(1916—1933 年)、停滞(1933—1963 年)和再发展(1963 年至今)四阶段;[①]周密将其分为探索初步创立(1872—1915 年)、建立管理机构(1916—1963 年)、功能不断丰富三阶段(1964 年至今);[②]苏扬等则从体系发展的角度分为创立(1916—1933 年)、发展(1933—1940 年)、反复(1940—1963 年)、注重生态保护(1963—1985 年)、教育发展与公众参与五阶段(1985 年至今)。[③]

(一)创立阶段(1916—1933 年)

1872 年黄石国家公园成立后,美国又陆续成立了其他公园,但其时缺乏统一的管理和规范,各公园之间未建立联系机制,存在各行其是的乱象。于是在各界努力下,内政部长于 1915 年召集跨部首长会议,讨论成立专责机构。1916 年 8 月颁布《国家公园管理局组织法》,成立美国国家公园管理局。[④] 此时,国家公园虽然具有保护与利用两种使命,但两者之间的关系与协调存在许多不确定性甚至争议,且国家公园缺乏足够的专职人员,无法承担维护公园的工作任务。1917 年美国参加第一次世界大战,负责管理黄石等多处国家公园的军队被抽调到战场,国家公园管理局开始建立专业化的巡警(Ranger)制度,担负园区安全、保护野生动物、森林防火等任务。1929 年,第二任局长霍勒斯·奥尔布赖特(Horace M. Albright)在其任期内将国家公园的管理体系制度化,包括穿制服的公园巡警、提供公园资讯和解说服

---

① 朱璇. 美国国家公园运动和国家公园系统的发展历程[J]. 风景园林,2006(6):22—25.

② 周密. 美国国家公园制度及对我国发展优质旅游的启示[C]//中国旅游科学年会论文集,2018-04.

③ 苏扬,汪昌极. 美国自然文化遗产管理经验及对中国有关改革的启示[J]. 中国园林,2005,21(8):46—53.

④ 张朝枝,保继刚. 美国与日本世界遗产地管理案例比较与启示[J]. 世界地理研究,2005(4):105—112.

务、强调专业化的公园经营管理、建立与公园合作的协会等。他还通过广泛的人际关系,提升了国家公园管理局的地位,将国家公园的管理触角延伸至历史古迹。1933 年罗斯福总统(Franklin D. Roosevelt)决定将总统专属休憩地转交给国家公园管理局,并将战争部与农业部所掌管的联邦政府公园、纪念地、国家公墓与华盛顿特区公园及博物馆,全部移交给国家公园管理局。同时,各州开始建设州立公园体系,以缓解国家公园的旅游压力。①

(二)发展阶段(1933—1940 年)

受 20 世纪 30 年代经济大萧条影响,公园内的游憩人数大减,旅馆和服务业均缩小了经营范围。在此背景下,罗斯福总统推动平民保育团吸纳失业人群,协助国家公园建设,截至 1941 年共有 300 万青年参与建设与维护国家公园的道路、排水、露营区等设施。随着罗斯福总统将多类纪念地、公园移交给国家公园管理局,国家公园体系规模迅速扩大。为了实现对历史文化资源和休闲地的统一管理,1935 年和 1936 年又颁布了《历史地段法案》和《公园、风景路和休闲地法案》,将历史文化资源和休闲地纳入国家公园体系。

(三)反复阶段(1940—1963 年)

1941 年美国参加第二次世界大战后,国家公园管理局人员裁减三分之二,管理局本部因建筑物被征用也搬迁至芝加哥,多数公园管理权让渡给军队使用,国家公园发展停滞。"二战"过后,随着经济高速增长,国家公园再度恢复运作,旅客逐年增加,但因财政开支仍在恢复期,预算与人员依旧受限,园区年久失修,设施损坏老旧,情势日渐恶化而未有改善。1956 年,国家公园管理局提出使命 66 计划(Mission66),要在 1966 年全面整修换新并强化各国家公园的服务设施,包括游客中心、联络道路、住宿设施和解说系统等,提高国家公园的游憩和教育功能。② 这十年间,联邦政府共投入 10 亿

① 苏杨,汪昌极. 美国自然文化遗产管理经验及对中国有关改革的启示[J]. 中国园林,2005,21(8):46—53.

② National Park Service[EB/OL]. (2019-06-28)[2022-02-25]. https://www.nps.gov/parkhistory/hisnps/NPSHistory/mission66.pdf

美元,增设了 150 个国家公园博物馆与游客中心,并设立哈伯斯菲利与大峡谷 2 个训练中心,还强化了对员工的专业教育,各类社会捐赠资金和志愿者服务也显著增多。

(四)注重生态保护阶段(1963—1985 年)

20 世纪 60 年代,美国公民的环境意识逐渐觉醒并不断增强,社会各界对工业污染与生态破坏以及国家公园的保护重点、保护方式、经营方式纷纷提出批评,因而国家公园政策向注重保护自然生态系统调整,重心从游憩服务转向生态保育。1964 年国会通过荒野保护法,建立国家荒野保护系统,要求新设置的国家公园必须先通过国家荒野区的潜力评估。同年还通过土地与水资源保护法,设立水土保育基金,安排经费购买新的公园用地。1965 年出台特许经营法,开启管理与经营相分离的新模式,准许将国家公园内经营项目以特许形式委托企业经营,而管理局则从特许经营的项目收入中提取一定比例,以获取改善公园所需的管理资金。1972 年黄石国家公园成立 100 周年庆时,美国总统尼克松(Richard M. Nixon)在黄石公园内举办了第一届世界国家公园大会,邀请 83 国与会,蔚为盛事。但之后哈兹格突遭尼克松免职,之后的九年间,出于政治原因陆续更换了 4 位局长,国家公园管理局内部人心惶惶,原有的工作道德感和敬业精神亦逐渐幻灭。1980 年罗素·迪克森(Russell E. Dickenson)接任国家公园管理局局长,国家公园系统的运作终于逐渐回归稳定。美国国会于 1980 年通过阿拉斯加国家利益土地保护法,一举将当地 4468 万公顷土地皆纳入永久保护,是原来国家公园体系总面积的两倍之多,使国家公园管理局管辖的保护区域巨幅扩增。

(五)教育发展与公众参阶段(1985 年至今)

1984 年里根政府以及之后的几届政府,不断压缩国家公园系统的人员编制和联邦财政预算。内政部长瓦特(James Watt)提出修正国家公园管理局的政策方向,意图减少其保育角色。此后的二十年间,国家公园游憩功能区域不断扩张,保护区域逐渐缩减。更为糟糕的是,进入 21 世纪,美国国家公园长期处于严重预算不足,每年经费缺口近 5 亿美元,导致人力流失、设施关闭。2005 年内政部推出国家公园基本政策修订文件,提出冬季开放雪车通行,放宽私人船只与观光飞机航行的限制。[①] 奥巴马总统 2016 年曾提到了气候变化对国家公园环境造成的影响,并论及国家公园的经济价值和保育的重要性。[②] 但 1985 年以后公众对公园作为科研科普基地的需要却显著增加,于是国家公园开始强化其教育功能,推行志愿者参与机制,与各种非政府组织、有愿意扶持公益事业的公司和基金开展合作,国家公园成为美国面向公众及其青少年学生等开展科学、历史、环境和爱国主义教育的主要场所。

上述五阶段发展历程如表 3-1 所示。

表 3-1　美国国家公园管理体系发展历程

阶　　段		主要事件与成果
第一阶段	1916—1933 年 创立阶段	① 国家公园管理局成立 ② 颁布《国家公园组织法》 ③ 国家公园数量显著增长,统一管理管理范围扩张 ④ 国家公园管理范围涵盖自然和文化遗产 ⑤ 联邦政府导向下,各州建立州立公园体系
第二阶段	1933—1940 年 发展阶段	① 经济大萧条影响国家公园建设 ② 总统签署命令,国防部、农业部等所属的各类公园、纪念地、战场公园等划归国家公园管理局管理 ③ 颁布实施《历史地段法案》《公园、风景路和休闲地法案》,历史文化资源和休闲地加入国家公园体系
第三阶段	1940—1963 年 反复阶段	① 二战阻碍国家公园发展,管理局成功抵制厂商开发公园内自然资源的要求 ② 服务设施日益完善,成为美国人生活中重要休闲地 ③ 66 计划全面强化国家公园系统 ④ 国家公园接受捐赠资金和志愿者服务增多

---

① 游登良. 国家公园与世界遗产概论. 台北：华立图书公司,2016.

② The White House President Barack Obama[EB/OL]. (2016-06-18)[2022-03-24]. https：//obamawhitehouse. archives. gov/the-press-office/2016/06/18/remarks-president-sentinel-bridge

续表

	阶　　段	主要事件与成果
第四阶段	1963—1985 年注重生态保护阶段	① 哈兹格时代的迅速成长 ② 资源管理政策向注重保护自然生态系统调整 ③ 大幅编列预算购买国家公园用地 ④ 颁布《国家公园管理局特许事业决议法案》
第五阶段	1985 年至今教育发展与公众参与阶段	① 阿拉斯加国家利益土地法扩充保护区域 ② 资源保护与资源开发的对立 ③ 强化爱国主义教育功能 ④ 推进志愿者参与机制,强调非政府组织、公司及基金等开展合作 ⑤ 经济景气循环与政府财政赤字的问题 ⑥ 气候变化等环境议题对未来的影响

二、美国国家公园体系与管理组织架构

(一) 类型与数量

1933 年联邦政府重组后,美国国家公园体系的类型和数量明显增加,除了界定为国家公园以外,还包括纪念公园、历史公园、战争公园等类型,按性质分为自然资源区域、历史资源区域与游憩资源区域三大类 20 种类型,数量 418 个(表 3-2),代表了美国具有全国意义的自然和文化遗产,视为美妙娱乐活动的载体、遗产教育的课堂和流传给子孙后代的宝贵财富,构成符合最高公众利益和保护自然遗产完整性的国家公园体系。

表 3-2　美国国家公园类型与数量(截至 2018 年)[①]

类　　型	数量/处	面积/公顷
国家战场(National Battlefield)	11	29 691.07
国家战场公园(National Battlefield Park)	4	
国家军事公园(National Military Park)	1	
国家战场遗址(National Battlefield Site)	9	

---

① 李如生. 美国国家公园管理体制[M]. 北京:中国建筑工业出版社,2005:1—2.

续表

类　　　型	数量/处	面积/公顷
国家历史公园（National Historical Park）	52	
国家历史遗址（National Historic Site）	77	90 259.62
国际历史遗址（International Historic Site）	1	
国家湖岸（National Lakeshore）	4	92 742.02
国家纪念区（National Memorial）	29	4 344.35
国家纪念地（National Monument）	88	820 760.1
国家公园（National Park）	60	21 125 511
国家景观道路（National Parkway）	4	72 474.40
国家保护区（National Preserve）	19	9 841 088.5
国家保留区（National Reserve）	2	
国家游憩区（National Recreation Area）	18	1 499 310.1
国家河流（National River）	5	
国家野生风景河道及航道（National Wild and Scenic River and Riverway）	10	309 565.81
国家风景步道（National Scenic Trail）	3	99 944.36
国家海岸（National Seashore）	10	241 569.69
其他（Other Designations）	11	15 745.14
总　　　数	418	34 243 007

① 根据李如生《美国国家公园管理体制》等文献整理

（二）管理组织架构

根据美国联邦体制，国家公园体系由隶属于内政部的国家公园管理局掌管，在局长之下，有两位副局长分别主管运营业务与对外关系。在运营事务中分设自然资源与科学室、文化资源与合作室、解说与志愿事务室、人力资源事务室、游（访）客及资源保护室、规划设施及土地室、商业服务室、信息资源室、伙伴及公民参与室等单位。公关事务下则设有法律及国会事务室、国际事务室、信息部等单位（如图 3-1）。另因管理处所散布全国各地，数量多且范围极广，又依照地理区域分设首都地区、东北部地区、中部地区、中西部地区、太平洋及西部地区、东南部地区、阿拉斯加地区等 7 个地区管理局，①

---

① 夏云娇. 国外地质公园相关立法制度对我国立法的启示：以美国、加拿大为例[J]. 武汉理工大学学报（社会科学版），2006(05)：721—726.

各辖管若干州(如表 3-3),以达到有效管理的目的。

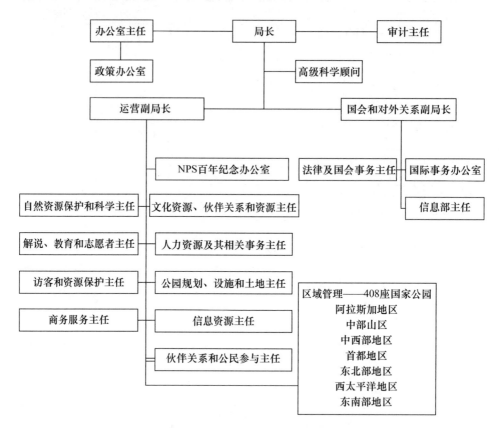

图 3-1　美国国家公园管理局组织架构①

国家公园管理局下还设有丹佛服务中心(Denver Service Center)与哈伯斯菲利中心(Harpers Ferry Center)。丹佛服务中心设立于 1975 年,专责国家公园体系下各管理处的经营管理规划与相关设施的设计工作,凡博物馆、游客中心、办公处所、道路系统等建筑和设施的设计、施工的业务皆属此中心。在完善成熟的法律法规体系支撑下,该中心负责的美国国家公园规划体系形成了以科学研究为基础,层次清晰、逻辑关系强且灵活性高,专业

---

　　① 蔚东英. 国家公园管理体制的国别比较研究:以美国,加拿大,德国,英国,新西兰,南非,法国,俄罗斯,韩国,日本 10 个国家为例[J]. 2021(2017-3):89—98.

团队提供专业服务,公众参与决策的特点。[①]哈伯斯菲利中心则负责各公园的解说与教育等服务事项的规划和训练,多媒体放映、宣传折页等软硬件设备以及相关人员的训练等,都由该中心来执行。

表 3-3　美国国家公园管理局地区局一览[②]

	地区局	分管区域
国家公园管理局	首都地区	哥伦比亚特区、马里兰州、弗吉尼亚州、西弗吉尼亚州
	东北部地区	康涅狄格州、缅因州、马萨诸塞州、新罕布什尔州、新泽西州、纽约州、罗德岛州、佛蒙特州
	中部地区	亚历桑那州、科罗拉多州、蒙大拿州、新墨西哥州、俄克拉荷马州、犹他州、怀俄明州
	中西部地区	阿肯色州、伊力诺依州、印第安纳州、爱荷华州、堪萨斯州、密歇根州、明尼苏达州、密苏里州、内布拉斯加州、北达科他州、俄亥俄州、南达科他州、威斯康星州
	太平洋及西部地区	加利福尼亚州、夏威夷州、爱达荷州、内华达州、俄勒冈州、华盛顿州
	东南部地区	亚拉巴马州、佛罗里达州、佐治亚州、肯塔基州、路易斯安那州、密西西比州、北卡罗莱纳州、南卡罗来纳州、田纳西州、波多黎各、维京群岛
	阿拉斯加区	阿拉斯加

每座国家公园设置专责管理机构,配置人员负责日常运营与维护工作。通常管理处除设置处长与助理处长外,还分设室组办事,包括行政管理室、公共事务组、讲解组、维修组、资源管理组、特许经营组与执法组等单位(如图 3-2)。执法组的工作是国家公园日常的重心,各处公园皆有为数不少的巡护人员,他们穿着统一的制服,依照各自的任务,分别担任违法取缔、保护自然资源、维护游客安全以及解说服务,是国家公园最接近游客的第一线管理人员,也是美国国家公园最具特色的形象代表。

---

① 李云,唐芳林,孙鸿雁等. 美国国家公园规划体系的借鉴[J]. 林业建设,2019(5):6—12.

② 朱华晟,陈婉婧,任灵芝. 美国国家公园的管理体制[J]. 城市问题,2013(5):92.

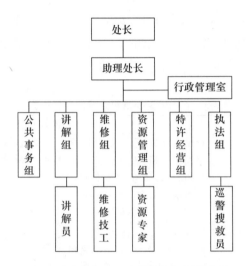

图 3-2　美国国家公园管理处组织结构①

三、美国国家公园管理模式评述

（一）美国国家公园管理模式的成因

美国国家公园概念及其庞大体系的形成,与其政治、经济、历史、人文等多方面密切相关,其管理模式也与美国不同于欧亚大陆国家的特殊地理环境和社会结构相关,是美国独特的政治、社会条件与地理、历史环境下造就出来的特殊产物,究其成因,可归纳为如下几点:

1. 联邦体制造就了集中式的国家公园管理体制

美国所实行的联邦制最大特点虽然是分权,亦即主权由联邦和各州共享,但是根据联邦宪法,美国联邦政府在管理州际和对外代表国家等事务上,都拥有至高无上的权力。在专属国家的领域中,国家利益完全超越各州利益,权力无可争议地归属联邦政府。国家公园是在国家领土范围内具有国家代表意义的特定区域,因此,其设立权和管理权当然属于联邦政府,经费由联邦政府预算支出。为了避免侵夺各州权力与私人财产,国家公园的

---

①　National Park Service[EB/OL]．(2019-06-28)[2022-02-20]．https：//www.nps.gov/aboutus/organizational-structure.htm

范围以国有土地为主体,若有必要划入州有或私有土地,原则上亦应通过联邦政府使用联邦经费征购。

2. 崇尚法律优先的原则形成系统化的法规制度

联邦体制下,美国联邦政府与州政府的权力同时行使,因此联邦政府有联邦宪法和三权分立的机关,各州也有州宪法和三权分立的机关,许多领域都可能形成两者权力平行或利益重叠的结果。为了避免联邦和州两级政府发生冲突,则必须通过极其繁复的法律来加以规范。国家公园体制是一种建立在法律优先的前提下,通过采取立法等措施,施行自然保护和管理的方式。从最初设立单一国家公园的黄石国家公园法,到组建联邦管理机构的国家公园组织法,以及日后针对特定对象的各项单行保护法律,如1970年国家公园管理局一般授权法和1978年修正案,共同构成美国国家公园系统的法规保障制度。

3. 浓厚的商业文化为管理与经营分离体制奠定基础

美国自开国以来即具有浓厚的商业文化基础,市场经济与自由竞争是其商业文化的具体表现。在社会经济运行中,各种资源进入市场,由市场供求和价格引导资源在各个部门和企业之间自由流动与配置,普遍强调自由竞争的有效性和公平性,其间的经济行为主体受到市场竞争法则制约和相关法律保障。政府的角色则是从法律上创造出适宜的外部环境,为各经济主体提供平等竞争的机会。因此,美国国家公园体系运营体制与其他政府机构一样,采取严格的管理与经营相分离的制度,国家公园管理局与其附属单位都不直接提供游客商业服务项目,仅负责相关项目的规划、招标和监督工作,通过特许经营和商业使用授权的形式授权企业提供服务。[①] 此种形式有效界定了管理者和经营者的各自角色,管理和经营职责彼此分离,较好地避免了政企不分、管理者涉足经济利益的问题以及管理过程中只重经济效

---

① 杨彦锋. 国家公园:他山之石与中国实践[M]. 北京:中国旅游出版社,2018.

益、轻资源保护的弊端,①一定程度上有助于开发和保护之间的平衡发展。

(二) 美国国家公园管理模式的特色

美国国家公园体系经过一百多年的发展,逐步建立起一套政府主导、多方力量参与、公私互相合作的管理体系,其管理权与经营权分开、垂直统一的管理体系、完整的法律体系和监督机制、资金来源多样性、特许经营权制度、相对科学的规划决策较好地体现出与管理目标、管理手段、管理能力相适应,其管理方针通过一般管理计划、策略计划、实施计划、公园年度绩效计划与公园年度绩效报告等 4 个层级的管理计划来实现。无疑,美国国家公园管理模式(图 3-3)为世界各国国家公园建设和管理提供了重要参考。

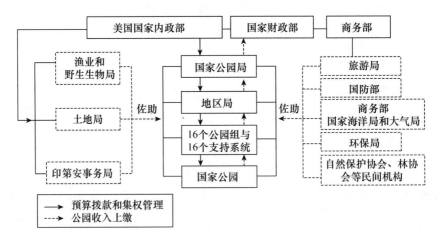

图 3-3 美国国家公园管理模式②

1. 拥有国家主导的制度与法律保障

黄石国家公园建立时就以法律形式规定了其为全民所有的理念,黄石法案确定了它是"为了人民利益和休闲娱乐"。1916 年的《国家公园管理局法》也提到,国家公园要保存风景、自然、历史遗迹和野生生命,并保证这些

---

① 孟宪民. 美国国家公园体系的管理经验:兼谈对中国风景名胜区的启示[J]. 世界林业研究,2007(1):75—79.

② 刘玉芝. 美国的国家公园治理模式特征及其启示[J]. 环境保护,2011(5):68—70.

资源和生物多样性不受损害地传给后代。[①] 1992 年《美国国家公园 21 世纪议程》进一步明确国家公园管理局的核心目标,就是让国家的历史遗迹文化特征和自然环境,助力人们形成共同的国家意识。美国国家公园采取的是典型的中央集权式管理体制,由代表联邦政府的国家公园管理局全面主导相关工作,地方政府无权介入。其工作是在国会通过的法令框架下依法进行,其他公私机构或个人都不能在没有获得国家公园管理局同意的情况下随意参与。

从美国国家公园相关法律沿革(表 3-4)中,可见其法律规章的建设轨迹,法律与制度的双重保障是国家公园体系运作的最重要环节。美国国家公园的法律体系历经百余年得到不断完善,做到制度扩展与法律推陈出新与时俱进。每一座国家公园都有独立的立法,国家公园管理局以联邦法律为依据制定各项政策。从国家公园的公益理念,到资金机制、管理机制、经营机制和监督机制,均以法律形式加以规定,为管理运行的制度设计提供了前提保障。[②]

表 3-4　美国国家公园立法历史沿革[③]

年份	法律名称
1872	黄石国家公园法(Yellows tone National Park Act)
1906	古迹遗址保护法(Antiquities Act)
1916	组织法(成立国家公园管理局)(National Park Service Organic Act)
1933	组织法修正案(Reorganization Act)
1935	历史遗址保护法(Preservation of Historic Sites Act)
1963	户外游憩法(Outdoor Recreation Act)
1964	野生动物保护法(Wilderness Act)
1964	土地与水资源保护法(Land and Water Conservation Fund Act)
1965	特许经营法(Concessions Policy Act)

① 郝耀华. 中国国家公园:从概念到实践[J]. 人与生物圈,2017(4):6—13.

② 苏杨,汪昌极. 美国自然文化遗产管理经验及对中国有关改革的启示[J]. 中国园林,2005(08):46—53.

③ 李如生. 美国国家公园管理体制[M]. 北京:中国建筑工业出版社,2005:185.

年份	法律名称
1966	国家历史保护法(National Historic Preservation Act)
1968	国家步道系统法(National Trails System Act)
1968	野生与风景河流法(Wild and Scenic Rivers Act)
1969	公园志愿者法(Volunteers in Park Act)
1970	一般授权法(National Park Service General Authorities Act)
1970	国家环境政策法(National Environment Policy Act)
1972	海洋哺乳动物保护法(Marine Mammal Protection Act)
1973	濒危物种法(Endangered Species Act)
1974	考古及历史保护法(Archeological and Historic Preservation Act)
1976	资源保护与恢复法(Resources Conservation and Recovery Act)
1976	历史复原抵税法(Historic Rehabilitation Tax Credit Act)
1978	国家公园与游憩法(National Park and Recreation Act)
1979	考古资源保护法(Archeological Resources Protection Act)
1980	阿拉斯加国家土地资产保护法(Alaska National Interest Lands Conservation Act)
1990	美国原住民坟墓保护和移民法(Native American Graves Protection and Repatriations Act)
1998	国家公园综合管理法(National Park Omnibus Management Act)
2008	综合自然资源法(Consolidated Natural Resources Act)

2. 拥有土地所有权和资源管理权[1]

美国国家公园体系管理区域内的土地权,绝大部分都属于联邦政府所有。因此,园区内土地及全部的资源,包括森林、岩石、植披、矿产乃至野生动物等,均由国家公园管理局统管,且环境保护与管理所需经费都由联邦政府给予预算支持,避免了受地方政府或其他机构、企业、个人的牵制。因此,尽管国家公园周边环境变化大,公园内部受到的扰动仍是最小,自然景观和人文历史遗址的完整性得到有效保护,能为人民提供更加适当的教育和休憩处所。[2]

---

[1] 周密. 美国国家公园制度及对我国发展优质旅游的启示[C]//中国旅游科学年会论文集. 2018-04.

[2] 周密. 美国国家公园制度及对我国发展优质旅游的启示[C]//中国旅游科学年会论文集. 2018.

3. 拥有多渠道的资金保障

美国国家公园系统庞大,范围辽阔,每年所需的维护资金与人力成本相当高,为此,需要通过多元化资金来源确保国家公园资金需求:① 24 部联邦法律,62 种规则、标准和命令,保证国家遗产资源拥有联邦政府经常性财政支出的支持;② 建立了成熟的社会捐赠机制。[①] 政府财政的支持占国家公园所需经费的大部分,以 2017 财政年度来看,国家公园管理局的预算达到 29.32 亿美元。经国会同意成立于 1967 年的国家公园基金(National Park Foundation)提供了 1.58 亿美元的捐赠。[②] 国家公园基金的运作不限于金钱,捐赠土地扩充园区面积也是一种方式,也鼓励其他合作形式,如投入资金以换取在园区内销售产品、宣传广告和从事特许经营活动等。门票收入也是国家公园的经费来源之一,但所占的份额不大,因为为了鼓励国民多参访国家公园,门票仍维持一贯的低价政策。

4. 推行特许经营机制

为了应对商业服务设施和活动进入国家公园后给生态环境带来的潜在威胁,1965 年美国国会通过了《国家公园管理局特许事业决议法案》,决定在国家公园体系内推行商业项目特许经营制度,[③]以期规范公园内的商业经营活动,将经营行为约束在环境许可的范围内。该法案规定国家公园管理局、地方管理局和特许经营者为该制度参与主体,地方管理局依据《游客商服设施业态规划》管理管辖范围内的业态,并根据合同的条款对特许经营者的经营活动进行管理。特许经营合同期限一般为 3～5 年,不签长期合同,管理者通过对特许经营者的评估来确定合同履行是否到位,是否延长经营合同。特许经营项目有明确的范围或界限,给游客提供的服务仅限于不会

---

① 刘玉芝. 美国的国家公园治理模式特征及其启示[J]. 环境保护,2011(5):68—70.

② 周密. 美国国家公园制度及对我国发展优质旅游的启示[C]//中国旅游科学年会论文集. 2018.

③ 苏杨. 美国自然文化遗产管理经验及对我国的启示[J]. 世界环境,2005(2):36—39.

消耗公园生态资源特别是核心资源的项目,[①]如公园的餐饮、住宿等旅游服务设施以及旅游纪念品等,经营者在经营规模、经营质量、价格水平等方面必须接受管理者的监管。[②]

5. 志愿者制度助力推展工作

美国国家公园体系的员工总数虽多达 2.2 万人,但仍无法负担日益繁重的工作。国会于 1969 年通过公园志愿者法,有效缓解了国家公园人力不足的困境。志愿者在应募并经过训练后,主要在各地的国家公园担任讲解、翻译与民众教育等工作。经过近五十年来的发展,国家公园管理局通过"公园志愿者项目"的宣传,以及与其他志愿者团体合作,促进了国家公园志愿者规模的持续增长,登录在案的志愿者达到 33.9 万人,每年提供的志愿工作时间多达 800 万工作时,不但降低了国家公园的管理成本,也于无形中提高了服务的质量。[③]

6. 强调公众参与保护

美国公众参与环保的热情一向极高,非政府组织、科研机构、个体志愿者虽然没有实际的管理权,但其往往更加注重环境保护,在与更加关注资源开发的私人财团的较量中,影响着国会关于国家公园政策的最终走向。[④] 全国性组织如环境保护基金会(Environment Defense Fund)、世界自然基金会(World Wildlife Fund)等,以及其他关注特定园区的特定区域性团体,均凭各自的影响力和大量宣传,吸引更多的资金和志愿者投入到国家公园保育的行列。这类团体也会通过舆论和游说,促进国家公园的立法工作,对国家

---

① 王蕾,苏杨. 从美国国家公园管理体系看中国国家公园的发展[M]. 大自然,2012(5):15—16.

② 安超. 美国国家公园的特许经营制度及其对中国风景名胜区转让经营的借鉴意义[J].中国园林,2015(2):28—31.

③ 周密. 美国国家公园制度及对我国发展优质旅游的启示[C]//中国旅游科学年会论文集. 2018.

④ 朱华晟,陈婉婧,任灵芝. 美国国家公园的管理体制[J]. 城市问题,2013(5):92.

公园管理产生深远的影响。

（三）美国国家公园管理模式的不足

管理模式的不足表现于：① 与国家公园体系过于庞大有关。为了有效保护国家自然环境和文化遗产,国家公园管理局及其附属单位掌管的职责范围日趋膨胀,保管的土地面积仍在持续扩张。② 人力、财力、物力有限,不能随着保护地面积的增加而增长,致使国家公园管理和保护工作面临的问题也持续增加,甚至急速恶化,出现环境污染、交通堵塞、经费短缺、人力不足、治安事故、政商勾结等诸多问题。③ 部分企业的资金雄厚,影响力大,当其经济利益因公园保护需要而受到阻挠时,便与国家公园发生冲突,阻挠环保政策的制定与实施,一些破坏环境的特许经营项目或周边经济开发项目经常因受经济实力雄厚的私营企业反对而无法取缔。[①] ④ 游客数量增加带来更多设施和道路遭到毁损、带进更多垃圾、等候行列更长等问题。美国国家公园体系于1916年形成时,美国人口仅约1亿人,但至2018年人口已增长三倍,达到3.29亿人。而在国家公园体系创建满一百年的2016年,造访各处国家公园的人数已达3.25亿人次,导致许多国家公园宣称将采取游客管制计划,如锡安国家公园(Zion National Park)的游客自2010年以来已成长一倍,不得不采取每日入园人数限量管制。坐落于丹佛市外围的落矶山脉国家公园(Rocky Mountain National Park)在夏季时段对园内两条主要道路采取车辆数量管制措施。综上可见,美国国家公园管理模式仍需不断完善。

（四）美国国家公园管理模式给我们的启示

现阶段我国的国家公园建设处于试点阶段,制度与法律等都有待于进一步完善,有关各方之间的关系也尚待厘清。美国国家公园制度的经验值得我们借鉴。

---

① 朱华晟,陈婉婧,任灵芝. 美国国家公园的管理体制[J]. 城市问题,2013(5)：93—94.

1. 确定土地所有权属

美国国家公园体系中的园区和保护区,绝大部分土地皆为国有土地,因此可以由联邦政府依照全国性规划,加以保护和利用,这也是能够由国家统一管理的主要原因。我国目前国家公园试点区域涵盖各级保护区、风景区等,土地权属极为分散,如何有效整合,有待政策确定和贯彻执行。

2. 建立完善的制度与法律保障

美国的遗产保护建立在完善的法律体系之上,[①]制度完整与法律保障是美国国家公园体系的一大特色,由于制度的层级和分工明确,人力与物资运用皆能顺利到位,相关的法律涵盖全国各级园区和保护区,也能明确相关各方的权利和义务,事权冲突的问题都依靠法令程序解决。对于我国来说,如何建立统一的管理体制以及完善有关的法令,都是在国家公园建设过程中无可回避的首要问题。

3. 建立持续的资金投入机制

美国国家公园所需的建设与维护经费,主要来源是联邦政府的预算投入,2010 年联邦政府拨款占国家公园管理局总经费的 70% 左右,还有国家公园基金、特许经营回馈、私人捐赠与园区收入等多样化渠道,为国家公园的运营管理提供了重要的资金保障。[②] 但是近年来由于美国政府财政赤字导致年度预算削减,直接冲击了国家公园的运营。我国在国家公园建设时,须考虑如何建立妥当的园区经费支持,确保其达到正常运作与有效保护的目标。

4. 广泛调动民间机构和公众参与

民间积极参与是美国国家公园之所以能够成功的原因之一。国家与地方各阶层和各种类型的机构、组织和个人,只要对国家公园领域的事物有兴

---

① 苏杨,汪昌极. 美国自然文化遗产管理经验及对中国有关改革的启示[J]. 中国园林,2005,21(8):49.

② 朱华晟,陈婉婧,任灵芝. 美国国家公园的管理体制[J]. 城市问题,2013(5):91.

趣,都可利用各种渠道加入国家公园管理与保护的行列,特别是志愿者工作方面,吸引广大民众积极参与,补充了国家公园所需的人力,也宣传了国家公园属于全国民众的意识。中国未来的国家公园如何与各式各样的机构、组织有效联系,如何整合社会零散资源,如何建立起高效的志愿者制度,都需要给予重视和研究。

5. 避免过度商业化和经济利益侵蚀

国家公园的目的是保护属于全民所有的珍贵的自然和文化资源,确保其流传给后代子孙。由于利益的驱使,美国国家公园及其资源也常遭到财团的觊觎,动用政商关系迫使相关部门开放利用,导致不少纷争。对于我国来说,过去各级保护区和风景区也常受经济利益影响,资源误用乱采的情况层出不穷,生态环境遭受破坏,国家公园建设中如何避免类似的问题发生,值得深思与妥善预防。

第二节　日本国家公园管理模式

日本是一个山多平地少的岛国,四周被太平洋环抱,处于地震活跃带,降雨量十分充沛,自然景观变化丰富,独特的生态环境使日本政府极为重视环境保护工作。[①] 加上日本人民有到野外游玩的传统和喜好,推动了日本政府对古迹和风景胜地的科学保护。因此,当美国等国家如火如荼地创建国家公园工程时,日本也相继建立了国家公园体系。日本国家公园统称自然公园,由国立公园、国定公园、都道府县立自然公园三级三类构成,由环境大臣或都道府县知事根据《自然公园法》指定,以"国立公园"最具代表性,最富于生态和景观之美。截至 2017 年,日本自然公园共计 401 个,占日本国土总面积的 14.73%,其中:国立公园 34 个,国定公园 56 个,都道府县立自然公园 311 个。[②] 日本国家公园发展起步较早,且与我国地缘相近,文化渊源深厚,其国家公园体系的形成过程、管理模式及其特点,对于我国国家公园体制建设有着积极的借鉴意义。

[①] 徐国士,黄文卿,游登良. 国家公园概论[M]. 台北:明文出版社,1997.

[②] 日本环境省. 国立公园の仕組み-美しい日本の自然とその継承[EB/OL]. (2018-04-15)[2022-04-21]. http://www.env.go.jp/nature/np/pamph5/index.html

一、日本公园发展及其管理体系演变

1868 年(明治元年)日本富士山和日光地区一带的民间团体就向日本国会提出设置公园的申请,但这些申请未被受理。[①] 直到 1873 年(明治六年),日本太政官才公告"从原来为民众所喜爱之社、寺、名胜古迹等上等土地划为官有免租之公园",正式开启了日本近代"公园"制度。[②] 此后,经历了提出国立公园概念(1911—1926 年)、正式创建(1927—1938 年)、被迫暂停(1939—1945 年)以及正式确立自然公园体系(1957—1970 年)、自然公园体系走向成熟(1971 年至今)[③]等阶段,其管理的法律依据、组织架构也随各发展阶段所秉持的理念而不断变化,并逐渐形成自己的管理模式。

1931 年日本正式颁布《国立公园法》,首次提出设立国立公园的三个目的:其一,对公园内具有保育与精神价值的资源予以完善保护,留供后世子孙享用;其二,公园可作为国民游憩、修养、保健的场所;其三,公园可供作研究教育使用。[④] 日本国立公园的管理便在此目的的指导下运行。1938 年成立厚生省,并建立公共保健科,直接管理国立公园。"二战"结束后,改变公共保健科直接管理国立公园的做法,单独设立了国立公园部,专门负责国立公园的管理,国立公园建设由此步入正轨。[⑤] 1949 年又做了两件具有划时代意义的事:① 创建了国定公园制度;② 重新修订了《国立公园法》,设置了特别保护地区制度。自此,日本国立公园发展进入一个全新时期。1957 年日本政府颁布《自然公园法》以取代《国立公园法》,并将国立公园、国定公园、都道府县立公园统称为"自然公园",正式确立了自然公园体系,都道府

---

① 许浩. 日本国立公园发展、体系与特点[J]. 世界林业研究,2013,26(6):69—74.

② 徐国士,黄文卿,游登良. 国家公园概论[M]. 台北:明文出版社,1997.

③ 郑文娟,等. 日本国家公园体制发展,规划,管理及启示[J]. 东北亚经济研究,2018,2(3):100—111.

④ 徐国士,黄文卿,游登良. 国家公园概论[M]. 台北:明文出版社,1997.

⑤ 苏雁. 日本国家公园的建设与管理[J]. 经营管理者,2009(23):222.

县立自然公园被正式收编,结束了都道府县立自然公园用地管理无明文规定的历史,解决事权不统一、自然公园管理造成混乱等问题,以顺应环境保护、自然保育的国际潮流。

为了更加顺畅地管理新成立的自然公园体系,1964 年厚生省新设了国立公园局,进一步扩大了自然公园对生态系统保护的范围,并拥有更为强大的行政支持,自然生态环境保护意识也更为深刻。1971 年日本政府成立了环境省,由总理大臣直接领导,逐渐形成了以环境省为核心、各行政部门配合、都道府县共同支撑的环境行政体系。原来分散在厚生省自然公园管理部门、鸟兽保护管理部门、农林管理部门的行政权力也进一步得到归并,形成新的自然保护管理部门,即环境省自然保护局。自然公园最高行政管理权力由此正式由厚生省转移到环境省。

二、公园管理组织架构

(一) 管理机构设置

日本自然公园管理体系中,国立公园及自然保护区系由环境省直接管理,国定公园及都道府县自然公园均由都道府县管理并由环境省督导。中央主管机关是环境省,省下设有一部六局,其中自然环境局为国立公园的主管机关,其下设五课,分为总务课、自然环境计划课、国立公园课、野生生物课、自然环境建设课等,[1]国立公园课下则有 11 个国立公园管理事务所及 75 处国立公园管理员事务所。[2] 日本自然公园管理体系如图 3-4 所示。

公园具体管理人员由自然保护官、自然保护官助理以及公园志愿者、自然公园指导员构成。

---

[1]　日本环境省:《環境省の組織(内部部局)》[EB/OL].（2018-04-15）[2022-04-21].　http：//www.env.go.jp/annai/soshiki/bukyoku.html

[2]　日本环境省:《日本の国立公園事務所等一覧》[EB/OL].（2018-04-15）[2022-04-21].　http：//www.env.go.jp/park/office.html

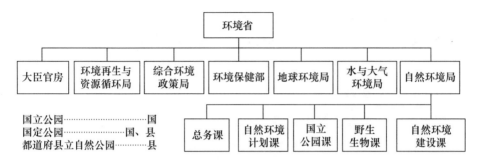

图 3-4 日本自然公园管理体系
资料来源于日本国立公园官方网站

1. 自然保护官

自然保护官类似于美国国家公园里的"巡山",是国家公务员,隶属环境省管辖,其工作职责包括:审查、许可和批准各种公园利用行为,颁发各种许可证,以防止自然被开发活动破坏;负责公园项目开发和分区规划,指定园区中设施的安排,定期审查分区规划,以适应自然环境变化;负责公园管理的调查和巡逻,调查自然环境的保护、研究和使用情况,防止违反自然公园法的任何行为;深入了解自然人的需求,实施公园行政管理,改善设施,确保游客的安全性与舒适性;推动实施自然恢复项目,促进自然再生,与非营利组织和地方居民通力合作,恢复被破坏了的自然环境;组织每年 8 月第一个星期日"全国同时清洁日"活动,美化和保护自然环境,创建舒适的公园环境;利用国家公园游客中心等基地,举办各种活动,如自然观察与工艺制作等,促进人们与大自然的接触,推动环境教育;组织与社区居民合作,保护国家公园森林、河流等自然环境;负责自然环境保护区和世界自然遗产区的保护与管理;保护珍稀野生动物和监管外来物种。

2. 自然保护官助理

自然保护官助理主要负责国家公园的巡逻、勘测、自然观察、自然解说等野外工作,联络自然公园指导员等,以及国家公园的场地管理工作。

3. 公园志愿者

公园志愿者主要协助开展环境美化、自然观察、设施维护等活动。公园志愿者招募工作由各地区环境部门进行，但在招聘时要求志愿者接受培训。

4. 自然公园指导员

属于各级公园推荐并由环境省直接任命的公园志愿者，任期 2 年，其工作主要职责是为游客提供各种咨询、野外生存指导、环境解说，并收集设施使用、垃圾处理情况等信息。

(二) 公园协作管理组织

除官方的自然公园管理部门外，日本民间的自然公园社会协作管理组织从 20 世纪 50—60 年代起逐步形成 2000 年以后全方位的社会协作体系。具有一定能力的一般社团法人或非营利组织作为一支重要力量参与公园管理，包括基于景观保护协议管理自然景观土地、管理和维修公园设施、收集和提供公园管理信息或材料、促进适当使用调查研究的结果与建议等，广泛参与清洁、科普、信息搜集、灾害救助、生物多样性保护、环境教育等领域，为自然公园管理提供补充力量。1949 年《国立公园法》修订确立的"受益者负担"原则，促使社会资本加大对自然公园公益保护等活动的支持力度和广度，多数社会协作组织通过吸纳企业、财团法人为会员收取会费等方式筹集经费，用于支持公益活动，[①]从而构成了国家、地方与民间三大资金来源，保障自然公园可持续发展。国立公园的管理组织由环境大臣指定，国定公园的管理组织由都道府县知事指定。代表性协作管理组织有：公益财团法人阿苏格林斯托克斯（管理麻生九州国立公园·阿苏地区）、自然公园基金会（管理知床国立公园·知床地区等 14 个公园 18 区）、知床基金会（管理知床国立公园/知床地区）、浅间足球国际自然学校（管理信越高原国立公园/浅间地区）。

---

① 杜文武，吴伟，李可欣. 日本自然公园的体系与历程研究[J]. 中国园林，2018，34(5)：76—82.

三、公园管理机制

日本国家公园管理采用的是一种混合式管理模式,即中央政府部门参与管理,地方政府也有一定的自主权,而且私营和民间机构也参与公园的建设与管理。[①] 2000 年,推进地方分权改正、审查基准的法令化,进一步确保自然公园体系的正常稳健运营。

(1) 土地管理方面。日本国立公园的土地所有权分为国有地、公有地和私有地三种,现有公园土地中国有地 131.95 万公顷,占比 60.2%;公有地 28.14 万公顷,占比 12.8%;私有地 56.93 万公顷,占比 26.0%;所有权区分不明的土地 0.66 万公顷,占比 0.3%。对私有土地上的活动则采取给予一定限制的做法,对违法者,可处以 6 个月以下的徒刑或 50 万日元的罚款。[②]

(2) 资金方面。自 1994 年起自然公园作为公共事业正式纳入国家预算体系,经费主要来源于国家拨款和地方政府筹款,由此奠定了国立公园稳定的财政基础。[③]

(3) 保护与利用方面。日本建立国家公园规划制度,规划内容包括保护规划和利用规划。依保护对象的重要程度,把公园分为特别保护区、特别地域、普通地域和海中公园地区。在特别保护区,禁止一切可能对自然环境造成干扰或影响的行为或活动。在特别地域,需要遵循分区的使用规则,未经许可区内的建筑物不得新建和改建,土地形状也不得随意变更。[④] 普通区域起缓冲和隔离作用,但仍需事前申请才可发生建设项目。公园空间利用主要规划安排在集中服务区,包括配置公园所需的道路、宾馆、停车场、滑雪

①　张玉钧. 日本国家公园的选定、规划与管理模式[C]//2014 年中国公园协会成立 20 周年优秀文集,2014.

②　王晓鸿. 海峡两岸风景区规划管理之比较研究:以国家公园(国家级重点风景名胜区)为例[D]. 同济大学,2006.

③　许浩. 日本国立公园发展、体系与特点[J]. 世界林业研究,2013,26(6):69—74.

④　张玉钧. 日本国家公园的选定、规划与管理模式[C]//2014 年中国公园协会成立 20 周年优秀文集,2014.

场等设施。①

（4）机制运行上。多采取法令的方式，如 2002 年政府出台了生物多样性保护、风景地保护、动物管理规制等法令，确保相关运行机制到位实施。为了防止外来生物对本地生态系统的干扰，2005 年又颁布了禁止在国立公园核心地区引入动植物的规定。②

2006 年日本环境省成立了"国家公园指定与管理研究委员会"，于 2007年审查了《关于国家公园指定和管理的建议》，明确国家公园制度"要求中央政府、地方政府、当地居民、私人企业、非政府组织、土地所有者、土地使用者等各种主体，通过角色分工来共同管理和运营"，③呼吁不同利益相关者均要参与到国家公园管理工作中。为此，在国家公园日常管理中，建立了一种各类利益相关者共同参与治理的理事会机制，以应对日益增长的生态保护与公园利用双重压力。根据服务范围、功能等特征，国家公园理事会分为四种主要类型：个别课题应对型、个别区域应对型、广域联络调整型和广域综合管理型。2015 年针对传统理事会运行的不足，对理事会进行了改革。按照"对象主题"和"对象区域范围"两大要素，整合成四类更为高效的模式，即"以整体公园为对象的综合型理事会""以特定区域为对象的综合型理事会""以整体公园为对象的个别课题应对型理事会""以特定区域为对象的个别课题应对型理事会"。④

---

① 张玉钧. 日本国家公园的选定、规划与管理模式［C］//2014 年中国公园协会成立 20 周年优秀文集,2014.

② 同上.

③ 日本环境省自然环境局国立公园课. 国立公園における協働型管理運営を進めるための提言［EB/OL］. 日本环境省官网,(2015-7-28)[2021-12-21]. https://www.env.go.jp

④ 郑文娟,等,许丽娜. 日本国家公园设立理事会的经验与启示［J］. 环境保护,2018,46(23)：69—72.

四、日本国家公园管理模式的启示

日本因其独特的岛国地理位置和自然资源开发利用受限等原因,自然资源管理模式采取空间载体统一管控、资源分类管理、重视战略规划、强化综合协调、资源管理与环境管理有效衔接等做法,体现了世界前沿的公共管理趋势:① 精简机构,集中管理,强调经济性和效率性;② 转变政府角色,由主导型变为一站式无缝服务型政府;③ 小政府、大社会,事权下放,实现国土资源的全民化管理。[①] 除此以外,日本国家公园管理模式的借鉴意义还表现在以下三个方面:

(一) 管理高效源于分散到集中的顶层设计

梳理日本国家公园管理体制的发展,可知其管理始于 1927 年民间成立国立公园协会,1929 年成立内务省国立公园委员会,1948 年厚生省单独设立国立公园部,1964 年成立国立公园局,1971 年国家公园管理权由厚生省等部门转移至环境省。这是一个由下至上、由兼管到专职、由分散管理到综合管理的过程。国家公园资源的重要性、国家代表性决定了管理模式的权利在上层,方式必须是集中的、整体的,且要做到有章可循、有法可依,必须有专项的国家公园立法。

(二) 管理制度重在于协调相关者的核心利益

日本国土面积较小,但土地分为国有地、公有地、民有地等多种,且国家公园内私有土地占比高达 26%,围绕土地所有权的核心利益关系复杂,给国家公园管理带来很大难度。日本国家公园采用不分土地所有权、严格服从统一的"区域自然公园体系"土地利用规划制度,并且建立利益相关者共同参与的理事会机制,通过不同实体之间的"合作管理",有效地协调了国家公园内的居民日常生活、农林业发展与国家公园管理之间的矛盾。

---

① 高辉,柳群义,王小烈等. 中国自然资源安全与管理[M]. 北京:地质出版社,2021:238—239.

（三）志愿者参与有利于建立国家公园社会治理制度

日本国家公园的志愿者制度较好地吸纳民间团体、公益性组织共同参与国家公园治理，既解决了公园内游客人数不断增加、员工不足的问题，也充分体现了国家公园作为国家公共资源的社会治理必然，体现了资源保护前提下人人享有欣赏自然美景和游憩活动的权利，从而高效地维持国家公园的正常运营，引导游客自律活动，从制度上确保环境保护与游憩利用的协调性。

第三节　法国国家公园管理模式

　　法国国家公园的起源可追溯至 19 世纪初,但直到 20 世纪 60 年代才颁布《国家公园法》,正式建立国家公园体制。1963 年 7 月,法国建立首座国家公园瓦娜色国家公园(La Vanoise),迄今共设立了 10 个国家公园,分属高山草甸、山地森林、地中海沿岸及岛屿、热带雨林、火山群岛等 5 种生态类型,涵盖了法国本土和海外省境内多种不同形态的陆地与海洋生态系统。2006年法国政府借鉴其"大区自然公园"(parc naturel regional)的成功经验,进行国家公园管理体制改革,经十多年的探索,形成了一套特色与成效鲜明的国家公园管理体系。[①]

一、法国国家公园发展历程

(一) 筹建阶段

　　受美国建立黄石国家公园的影响,法国社会人士曾于 1913 年创立了法国及殖民地国家公园协会,但因遭到自然保护科学家的反对而搁置。19 世

　　[①] 肖晓丹. 法国国家公园管理模式改革探析[J]. 法语国家与地区研究(中法文),2019 (2):9.

纪 20 年代,法国的羱羊被认定为灭绝动物,岩羚羊的情况也不容乐观,法国人从而认识到:物种栖息地和物种必须同时保护才有成效,必须建立羱羊和岩羚羊保护区,才能真正避免羱羊和岩羚羊灭绝。于是法国开始正式建立保护区。1936 年 12 月,萨瓦(Savoie)地区第三狩猎区负责人向巴黎森林及水保护组织(Conservateur des Eaux et Forêts)申请建立羱羊公园,申请书中第一次出现了"国家公园"这个词。

20 世纪 50 年代,法国建设三个国家公园规划项目,即阿尔卑斯俱乐部规划项目(Club Alpin Francais,CAF)、库蒂里耶(Couturier)规划项目和博纳瓦尔镇文化公园规划(Projet de Parc National Culturel,PPNC)。前两个规划项目的目的是让羱羊在法国领土上永久生存下来,并以最快的速度建立一个小规模的公园;第三个规划项目的目标是在法国更广泛的范围内建立国家公园。但是初期博纳瓦尔镇居民担心公园建设影响他们的捕猎生计,反对在居住范围之内建立国家公园。为此,为了获取居民对国家公园建设的支持,政府启动"文化公园规划",力图通过恢复传统活动,扶植养殖业和传统手工业,关注山区居民生计,让居民受益于"文化公园规划"。[①] 于是到 20 世纪 50 年代中期,居民对建立国家公园的热忱不断增强。1957 年,法国国家资源管理部委托城市建筑师丹尼·普拉德尔(Denys Pradelle)开展关于建立瓦努瓦斯国家公园的前期调研。他提出,要在国家公园的地理范围之内需要划定同心圆的两个区域:一个是核心保护区,严格禁止人类活动尤其是狩猎活动;另一个是周边缓冲区,可以享受和实施发展政策,如允许狩猎活动以及地区发展政策。这样,自然主义者和狩猎协会等个人或组织,都可以在国家公园的范围内找到表达和实施各自理念的载体与空间。可见,此阶段推动法国建立国家公园的不是政府,而是热爱和尊重自然的社会人士。

① 向微. 法国国家公园建构的起源[J]. 旅游科学,2017,31(3):89—98.

（二）建立阶段

法国国家公园的建立和管理走的是一条依法依规的路子。1960年7月22日法国国民议会通过狩猎法案，允许在一部分领土范围内进行狩猎，规定要保护其范围内的动植物、地层、大气、水等诸生态要素不受人为干预而有所改变。该法案还划定了对公园进行具有代表性管理的"周边区域"，此后法国才出现了真正意义上的"国家公园"概念。1963年建立了第一个国家公园——瓦努瓦斯国家公园。1960—1970年，法国建立了土地管理协会、森林管理委员会，颁布了土地法等，国家公园建设不仅有法规还有组织机构的保障，既为山地牧民放牧提供高山牧场，也为游览者提供休闲空间，还为科学工作者开展观察和研究活动提供了条件。这一时期，法国国家公园的管理主要借鉴美国国家公园的中央直管模式。

法国国家公园经历四十多年的发展，也逐渐暴露出诸多管理问题，如虽执行中央政府垂直管理，基层利益却难保障、力量难介入，中央与地方之间关系的不协调不仅加重了中央的负担，也使来自社区的抗议和破坏层出不穷。[①] 于是，2006年法国环保部启动了国家公园体制改革，由法国政府颁布"关于国家公园、自然海岸公园和地区自然公园的第2006—436号法例"，[②]修订和完善了1960年法令的"法律工具的现代化""管理方式的完善与社会的可进入性""公园的核心区域和周边区域管理的宪章"三个方面内容，[③]建立由委员会主席和各国家公园负责人、法国大区协会和法国议会参议员任命的两名代表、自然保护部部长委任的两名合格在职人员和工会组织职工代表组成的国家公园公共管理机构，隶属于国家环保部，旨在加强各国公

---

① 陈叙图,金筱霆,苏杨. 法国国家公园体制改革的动因、经验及启示[N]. 环境保护,2017(19)：60—67.

② 法国政府. 法国"关于国家公园、自然海岸公园和地区自然公园的第2006—436号法例"[EB/OL]. (2006-04-14)[2021-12-21]. https：//www. legifrance. gouv. fr/affich-Texte. do? cid Texte＝JORFTEXT000000609487&categorie Lien＝id

③ 向微. 法国国家公园建构的起源[J]. 旅游科学,2017,31(3)：89—98.

园公共管理机构之间的交流,通过建立管理机构、制定管理政策,保障国家公园管理质量,探索公园文化的共性及其特性。法令还强调国家公园的重点任务是保护生物多样性,有效管理公园及其遗产资源,加强游客服务,尤其是与当地利益相关者的联系和沟通。

2007年2月23日,法国生态与可持续发展部发布了"关于国家公园基本执行原则的决议",进一步明晰了国家公园的概念与分区,完善了"国家公园宪章"的内容,并在操作层面上确立了国家公园的主要目标和基本原则,全面启动法国国家公园体制改革。该决议强调国家公园有关物质和非物质遗产的保护,以及对国家公园生态和资源多元价值的尊重和理解。

2017年1月1日法国成立"生物多样性署",由其负责整体保护、管理和修复法国的生态环境,统一管理10个国家公园,标志着法国自然保护思想走向整体保护的新阶段。[①] 生物多样性署整合了国家公园联盟等自然保护地管理机构,从国家层面对自然保护地进行统一的战略规划。大区政府设立管理协调部门,与基金会、公民等利益相关者合作,共同保护与提升法国的陆地、水生和海洋生物多样性。

二、法国国家公园管理体系

2006年法国政府启动国家公园体制改革,逐步建立起以"核心区"和"加盟区"共同管理、国家主导下的多方合作治理、协商民主决策机制为典型特征的国家公园管理新模式。[②] 依据保护目标,法国国家公园一般分为核心保护区和加盟区,但并没有统一的分区标准,而是自然资源保护区的重点区域列为核心区,志愿加入国家公园保护管理的市镇则构成加盟区。国家公园与利益相关者协商,达成一致意见后签署协议,形成共同遵循的规定和标

---

① 张引,庄优波,杨锐. 法国国家公园管理和规划评述[J]. 中国园林,2018(7):36—41.
② 肖晓丹. 法国国家公园管理模式改革探析[J]. 法语国家与地区研究,2019(2):11—18,91.

准,管理经费由国家或欧盟承担。法国国家公园管理秉承"生命共同体"的理念,认为人类传统的放牧活动是维持生态系统稳定的重要因素,这种半自然生境是国家公园首要的保护目标,因此,在国家公园管理部门的监督下,当地居民可以开展经营性活动,比如旅游观光、餐饮服务、纪念品销售等,并采取国家公园品牌认证的方式,保障和提高所提供的产品和服务的价值。[①]

(一) 管理组织构架[②]

法国国家公园的管理体制由中央层面和国家公园单元层面构成。

(1) 中央层面上。法国国家公园管理局作为生物多样性署的下属机构,负责统筹协调 10 个国家公园的工作,主要任务包括 4 个方面:① 向各个国家公园管委会提供政策和技术支持;② 制定国际和全国层面的国家公园公共政策;③ 在国际和全国论坛上代表法国国家公园;④ 管理国家公园的品牌和形象。成员组成上,国家公园联盟由各国家公园管委会的主任与副主任、董事会主席或代表、大区政府代表、议员和参议员、专家及工会代表等构成。

(2) 国家公园单元层面上。法国主要采用"董事会＋管委会＋咨询委员会"的管理体制。董事会负责民主协商和科学决策,管委会是保护管理政策的主要执行方,而咨询委员会负责提供专家咨询服务。

国家公园董事会主要由法国环境部代表、大区政府代表、科学家、社会人士等利益相关方构成,共同负责国家公园的遗产保护、土地规划和组织协调方面的审议和决策工作。国家公园董事会公开选举主席团,包括 1 名主席和 2 名副主席,负责董事会的统筹协调工作,任期为 6 年。董事会向法国环境部推荐 3 名管委会主任候选人,由环境部予以任命。

国家公园管委会是法国政府公共机构,其财权、人事任免权归法国环境

---

①　杨东民,何平,张贺全等.瑞士和法国国家公园等自然保护地的管理经验及启示[J].中国工程咨询,2019(8):89—92.

②　张引,庄优波,杨锐.法国国家公园管理和规划评述[J].中国园林,2018,34(07):36—41.

部所有,包括主任与副主任、执行秘书长与秘书处、服务部、土地部门和区域主管部门等。据不完全统计,单个国家公园管委会的管理人员为 70～100人。如比利牛斯国家公园管委会,包括主任与副主任、综合管理型秘书处、业务管理型 3 个服务部,空间管理型的贝阿恩(Béarn)、比戈尔(Bigorre)2个土地部门和 7 个区域主管部门,共 86 个管理人员,其组织构架如图 3-5 所示。

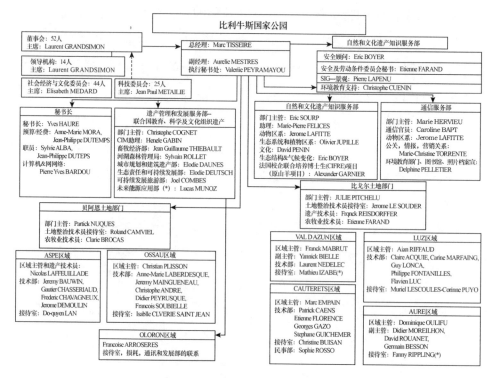

图 3-5　比利牛斯国家公园组织构架①

国家公园咨询委员会主要包括科学委员会和社会经济与文化委员会。前者主要由来自生命科学、地球科学等领域的专家构成,负责提供规划文件、森林管理、建设项目、旅游开发等专项的专家咨询服务;后者主要由公益

---

① Composition of the Board of Directors[EB/OL]. (2018-02-25)[2022-03-21]. http://www.pyrenees-parcnational.fr/fr/le-parc-national-des-pyrenees/letablissement-public/des-instances

组织、利益相关者、地方居民代表等构成,在宪章制定、合同签署、社区发展等方面发挥重要作用。根据特定的专项问题,部分国家公园还设有专题与地理委员会,由董事会成员、科学委员会代表、社会经济和文化委员会代表、大区政府代表、社会人士、当地居民和土地使用者等共同构成。

(二) 国家公园管理方式

指导国家公园规划、管理与建设的纲领性文件是法国国家公园宪章,由国家公园董事会牵头、利益相关方共同协商起草,并通过法国议会审议而立法形成。宪章起草参与者包含国家公园管委会工作人员、各市镇的代表、国家及大区政府代表、其他经济个体和居民等,宪章议会审议之前需上报法国环境部、广泛征求社会各界的意见。

1. 分区管理

按照宪章要求,国家公园分为核心区和加盟区(图 3-6),如海洋型国家

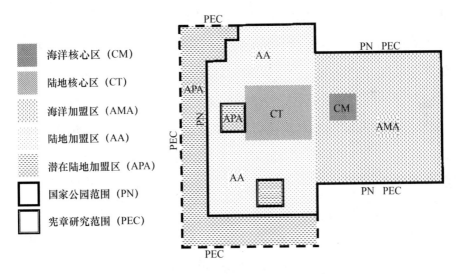

图 3-6　法国国家公园分区规划示意①

---

① The Organization of the Territory of a French National Park[EB/OL]. (2018-02-25) [2022-03-21]. http://www.parcsnationaux.fr/fr/des-decouvertes/les-parcs-nationaux-de-france/lorganisation-du-territoire-dun-parc-national-francais

公园,设立海洋核心区和海洋加盟区。核心区以资源保护为首要目标,兼顾生态保育和科研教育功能,其管理主要由国家公园管委会执行,人为活动通常受到限制。加盟区则主要以社区协调发展为出发点,由周边市镇与国家公园管委会签署自愿加盟协议,促进资源保护和经济发展的有机结合。加盟区市镇政府仍是加盟区发展的主要决策和实施方,管委会负责提供建议和支持。以"生命共同体"作为社区管理的核心理念,强调加盟区与核心区是一个整体,所有市镇居民都有保护自然资源和生物多样性的义务。加盟区市镇可以申请在宪章实施评估时(第 3 年)或修订时(第 15 年)退出国家公园,但在协议期间必须遵守协议规定,享受国家公园市镇的优惠政策,履行对国家公园的保护义务。

法国环境部在"关于国家公园基本执行原则的决议"中指出加盟区市镇的一项基本义务——产业规划和土地利用应与国家公园土地规划相适应。与此同时,决议还明确了加盟区市镇享有获得国家公园市镇荣誉称号、经济与技术支持、中央财政预算和央地合作项目的特别优待、自然人和法人税收减免等 4 项权力。该决议为法国国家公园协调与加盟区市镇间关系明确了原则和方针,有利于市镇生态产品与服务的发展。以赛文山脉国家公园为例,国家公园要求加盟区市镇履行 10 项基本义务,包括城市规划文件一致性、动态管制机动车行驶、禁止广告宣传、向群众普及宪章、逐渐减少并禁止杀虫剂使用等。

2. 规划管理

法国国家公园宪章作为国家公园的土地规划与资源管理导则,按照"问题—目标—方针—措施"四级逻辑形成一个清晰的管理框架,是法国国家公园管理模式的重要基础。宪章主体内容包括 4 个方面:① 实施土地资源评估,在评估基础上确定国家公园的保护价值、保护问题、保护目标与方针、共同保护计划及合约措施,进而确立完整的规划目标体系;② 确立核心区具体的保护目标、方针和实施途径,配合组织国家公园规章管理条例的实施;

③ 针对不同的保护目标确立管委会、加盟市镇、各级政府、其他相关机构的职责划分,制订核心区和加盟区的共同保护目标与计划,以配合签署市镇协议实施;④ 宪章作为实施途径和评估依据,国家公园管委会、加盟市镇、大区和省政府三方以三年为期限签订实施协议,并组织有效评估。例如,圭亚那国家公园宪章提出 3 个目标,并分别在国家公园加盟区、核心区将其细化成 15 个方针;对每一项方针,宪章会提供相应的空间应用建议,拆解为若干个子目标与相应措施。

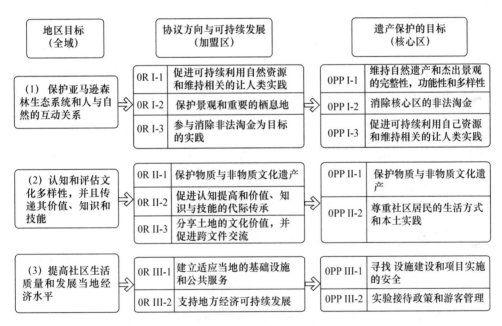

图 3-7 圭亚那国家公园规划目标体系①

法国国家公园的四级规划目标清晰,逻辑严密,具体的实施措施也十分详细。且四级规划目标是由各方代表和利益相关者共同商议达成的,各方意见一致,保证了宪章具有公平性和较好的群众基础。从圭亚那国家公园规划目标体系(图 3-7)设置中可见,目标体系不仅层次清晰,且内涵丰富,强

---

① The Charter of Guyana National Park[EB/OL]. (2013-10-30)[2022-03-25]. http://www.parc-amazonien-guyane.fr/assets/charte_pag_approuvee_28102013.pdf

调了整体生态系统、人与自然的互动关系、文化价值传递、社区生活质量、游客管理和可持续发展目标等内容,而且各要素间联系紧密,整体性突出。这种多层次的规划目标,使国家公园管委会在开展保护管理工作过程中表现出较强的目标感、全局观和执行力,因此,更容易得到市镇政府和社区居民的支持与配合。

三、法国国家公园管理模式评述

(一) 主要特色

1. 市镇与公园管委会互利共治

改革之后的法国国家公园不仅形成了能平衡各方关系的"共抓大保护"体制,[①]还构建了绿色发展机制,使各种关系处在较为平衡的状态中,因此具有内生性和可持续性。为了平衡自然保护与地方发展之间的矛盾,法国国家公园主要采用了内外纵横多向式治理结构(图 3-8),达到了上下分工、左右协调、里外共赢的效果。这种模式的运行是通过董事会的形式,使大区政府、省政府、所有加盟市镇及公园管委会等管理者之间,在决策过程中达成各方力量均衡;[②]在大区政府的指导和统筹安排下,处于同一个生态系统的市镇以加盟区的形式纳入大区公园的统一管理,以利益相关者谈判形成的宪章作为加盟区所有市镇之间在国土空间治理方面共同遵守的契约,并与公园管委会一道负责其具体实施。这样,虽然公园管委会基本没有加盟区内的规划权、执法权等,但是通过宪章实现了统一管理,形成了市镇与公园管委会的互利共治。[③] 同时,加盟区的设置并非以实现某种特定管理目标为

---

① 苏红巧,苏杨,王宇飞. 法国国家公园体制改革镜鉴[J]. 中国经济报告,2018(1):68—71.

② 张立,吕金鑫. 祁连山国家公园管理体制的改革与创新探讨[C]//新时代环境资源法新发展——自然保护地法律问题研究:中国法学会环境资源法学研究会 2019 年年会论文集(中). 2019:275—281.

③ 苏红巧,苏杨,王宇飞. 法国国家公园体制改革镜鉴[J]. 中国经济报告,2018(1):68—71.

目的,也不因资源的差异而区别对待,而是为了尽可能地以民主协商的方式扩大同一生态系统下国家公园的空间范围,最大限度地完整保护生态系统和当地原住民文化的原真性。

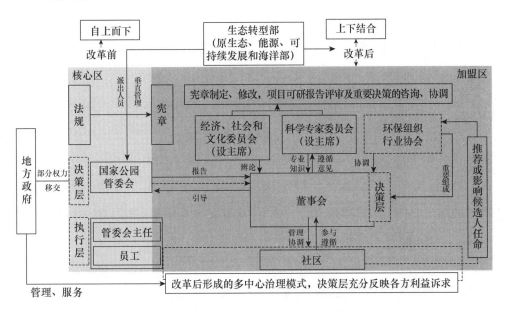

图 3-8　法国国家公园上下结合的治理结构①

2. 特许经营机制以国家公园产品品牌增值体系为核心

法国国家公园特许经营机制有三大亮点:① 精细化的行业划分和行为清单;② 国家公园产品品牌增值体系;③ 管委会提供技术援助和科学研究。② 国家公园联盟为不同的行业分别出台了相应的"准入规则",依据行业划分和行为清单详细列出了管理的具体标准,包括对申请人的自身条件和生产全过程的行为要求。"准入规则"涉及提供服务或生产作业全过程的各个环节,把原则性要求与具体实例相结合,不仅涉及面广,而且要素周全具

① 苏红巧,苏杨,王宇飞. 法国国家公园体制改革镜鉴[J]. 中国经济报告,2018(1):68—71.

② 芈峤,王颖,黄晓姝. 自然保护地社区发展与全民共享[N]. 青海日报,2019-08-22(007).

体。国家公园还通过产品品牌定位了管理方和社区的利益共同点,使得特许经营得以规范化和精细化,并在品牌效应作用下促进产品体系增值,实现了最低限度资源使用获取最佳经济效益、最大范围吸纳地方企业和个体自愿加盟、最大限度实现保护与发展共赢的目标。

(二)主要不足

1."公园-空间"资源规划利用过程中冲突不断

法国国家公园的空间不完全都是国有的,如瓦努瓦兹国家公园10%的公园面积、梅康图尔国家公园15%的公园面积,尤其是塞文国家公园60%的公园面积都是私有的,同时,土地的使用者也不再是传统意义上的使用者。因此,随着自然主义者强调对生态系统的保护,如护林员强调对自然空间的保护、狩猎者提出对动物的保护、城市规划师和建筑师将国家公园分区的概念引入规划、户外休闲组织强调行走和身体锻炼的特殊空间以及市镇强调狩猎放牧等传统生活方式的权利,导致私有的土地空间难以适应国家公园对自然空间保护的要求,冲突在所难免。

2.国家公园资源使用权矛盾客观存在

法国国家公园中土地性质属于法国国家森林总署管辖的国有土地,只有在取得国家相关机构同意后,其"公园-空间"的主要功能才能生效。这种"公园-空间"与规划空间、自然空间、牧场空间、森林空间相互叠加,导致空间利用上出现矛盾和冲突。尽管国家森林总署与国家公园管理机构合作甚好,森林生态系统保护作为首要目的得以落实,但是,与森林道路建设、森林管理模式之间仍然存在冲突。如生活在塞文山脉国家公园的山地农民认为他们对森林资源拥有绝对的使用权,公园建设阻碍了他们的狩猎活动。位于边境线上的国家公园,尤其是高山公园,有一部分被国家用作射击场或者士兵练习场,也存在使用冲突,虽然这种冲突不激烈。

(三)主要启示

法国国家公园经五十多年的探索,特别是其大区自然公园的建设与管理中的做法,积累了自然生态环境保护方面的丰富经验,[①]对中国国家公园建设具有重要启示。

1. 自然保护以严密的法律体系为保障

法国自然保护工作从自然保护区到国家公园、大区自然公园,再到敏感自然空间和生态保护区的各个阶段,均有一系列的法律对参与者权利与责任加以约定和规范,涉及的领域既有上下级之间的指导关系,也有平行系统之间的协调关系,而且还根据发展的不同阶段和不同诉求对法律内容进行灵活修订,使法律保障作用得以充分发挥,将自然保护纳入法律规范。

2. 平衡生态保护与地区发展的关系

针对法国大区自然公园的边缘地区(甚至是核心区)都有村镇的客观现实,法国通过采取品牌建设、特许经营或者挖掘、保护、提升地方文化遗产价值等手段,将环境保护带来的生态优势转化为产品的品质优势,确保地区经济社会发展与环境保护不发生对立和冲突。我国虽然幅员辽阔,但人口众多,绝大多数的保护区也都与村镇交叠,关系到乡村百姓重要的生计依托,保护与发展的矛盾突出。法国平衡保护与发展关系的策略与做法可资借鉴。

3. 充分调动地方参与自然空间保护的积极性

社区参与,共同分担责任,共享利益,关系自然空间有效保护和可持续发展战略能否真正落实。法国通过各方签署宪章的方式,把地方政府(包括大区、省、市镇、市镇联合体)和社团、学术团体、居民代表等社会力量聚合起来,将法治精神与社区自觉性结合起来,广泛调动利益相关者参与其中,从而解决保护与发展之间的矛盾,妥善解决生态资源丰富且脆弱地区农民的生计问题,达到区域协调发展的目的,也是法国比较成功的做法。

---

① 杨辰,王茜,周俭. 环境保护与地区发展的平衡之道:法国的大区自然公园制度与实践[J]. 规划师,2019,35(17):36—43.

第四章

中国现行自然遗产地保护管理模式与挑战

中国自然遗产保护思想自古一脉相承,保护与管理实践也在各个时代留下了深刻的烙印和丰富的经验。中华人民共和国成立以来,自然遗产资源管理工作经历了遗产地从无到有、遗产地规模从小到大、遗产地保护管理从点到面、遗产保护关注从少数专业人士到全国范围的普遍公众、保护管理从单纯借鉴国际经验到广泛开展自身科研实践并产生国际影响力的过程。[①]中央政府于 1950 年 6 月 30 日颁布了《中华人民共和国土地改革法》,根据第 18 条规定,将大森林收归国有,由人民政府负责管理经营。同年,中央政府颁布了《关于禁止砍伐铁路沿线树木的通令》《各级部队不得自行采伐森林的通令》,将自然保护工作落实在森林、铁路沿线的具体地块上。1956 年中国第一个自然保护区——鼎湖山自然保护区在广东省建立。可见,党和政府对自然保护工作极其重视,既重视物质空间的规划与设置,也重视保护立法和资源管理,并落实在具体的操作环节。随着我国自然保护工作的开展,尤其是改革开放和加入自然保护的有关国际公约以来,我国自然保护出现了地质公园、森林公园、风景名胜区、自然遗产地等多种形式,管理模式也呈现多样化,但随之伴生了"九龙治水""政出多门"等现象,尤其是旅游产业等发展,引发了生态保护与资源利用矛盾等问题,为实施国家公园为主体的自然保护地体系建设战略,凸显了其必要性和紧迫性。为此,本章着重回顾和梳理我国现行自然遗产管理模式,并选择福建武夷山、青海三江源等遗产地为重点,以生态文明思想、可持续发展和制度经济学等理论为指导,分析政府、社区、企业等利益相关方在现行管理模式中,所承担的资源权属、法律规章、保护利用、资金保障等方面的管理职能及其所发挥的作用,进而厘清不足与挑战,以便更好地推进我国国家公园管理模式的构建与实施。

① 杨锐,王应临,庄优波. 中国的世界自然与混合遗产保护管理之回顾和展望[J]. 中国园林,2012,28(08):55—62.

第一节　自然资源权属管理

　　根据我国《宪法》和相关法律,自然资源属于国家和集体所有。但是,国家所有权虽由国务院代理,自然资源资产管理和行政监督职责大多是由各级政府和有关资源管理部门具体行使。自然资源因种类、价值、用途的多样性和差异性,管理内容从自然属性和经济属性两个角度区分,可分为对自然资源的管理和对自然资源资产的管理,因此,管理过程也就极为复杂;加之在我国现行管理体制下,各级政府和有关资源管理部门对自然资源的生态价值和经济价值的理解与把握尺度不同,管理方式呈现多样化,管理效率不甚理想。我国自然资源管理方式大致可分为多部门分散管理和趋向统一集中管理,虽然期间也经历过相对集中与适度分离相结合管理阶段。[①]

一、多部门分散管理

　　自然遗产资源因其脆弱性、稀缺性和非人工再造性而显重要,但是对其管理却相对困难,因为尽管我国一度实行的是政府占主导地位的计划经济,

---

但是对公共资源特别是自然文化遗产资源的管理,却长期以来没有明确的制度安排,因此,处在一种部门管理条条多头、地方政府块块强势的多部门分散管理的状态中。①

(一)部门管理条条多头、政出多门

国家自然文化遗产资源产权名义上属于全民所有,实际上国家缺少一个专门的、稳定的权威机构代表国家行使所有权职能,造成所有者的事实缺位和虚化。改革开放以来,我国相继出台了诸如《风景名胜区管理暂行条例》《中华人民共和国自然保护区管理条例》和《森林公园管理办法》等一系列行政法规,虽然彰显了政府珍视国家自然文化遗产资源、加强保护自然文化遗产资源的决心,体现了国家决策层的远见卓识,但是因为资源产权并未从法律层面上给予准确规定,管理主体分属当时的建设部、环保部、林业局等多个不同部门,出现多头管理的局面,且各部门对相关的暂行条例或管理办法理解不同,造成出台的管理细则在目标上混乱、内容上相左,具体执行单位常常无所适从。加之改革开放之初,各地发展经济诉求占上风,资源保护在经济利用目标作用下往往不同程度地居于次要位置,出现重经济利益、轻生态环境效益等问题,自然资源遗产保护措施不到位。

如2003年,国家计委、建设部等9个部、委、局联合发布《关于加强和改善世界遗产保护管理工作的意见》,意味着这些部门都可以管理中国的世界遗产地,但是从职能上看,这些部门的行政职能只是与世界遗产的保护搭上边,因为世界自然遗产保护涉及文物保护、建设规划、国土开发、财政划拨、环境保护、文教宣传等多个领域,②因而涉及建设、土地、环保、农业、林业、水利和旅游等多个部门的交叉管理(图4-1)。

① 张光瑞.2003—2005年中国旅游发展:分析与预测[M].北京:社会科学文献出版社,2005:195—207.
② 朱清,黄德林.从立法上加强对自然遗产保护的若干建议[J].行政与法(吉林省行政学院学报),2005(10):90—92.

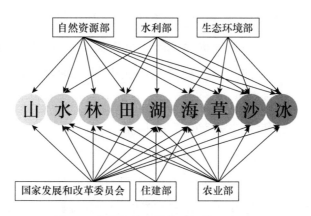

图 4-1　中国自然资源管理权属图（部分）

注：参照郭威《自然资源管理体制改革研究》

多头交叉管理经常造成遗产资源开发时各部门一哄而上，非常踊跃，而一旦出现保护问题，各部门就开始互相推诿，没有一个部门能有效地负起责任，[①]出现"既管又不管"的混乱局面。如风景名胜、文物、森林等资源名义上属于国家所有，但实际上中央、省、市、县各级政府及其部门都在行使管理职能。《自然保护区条例》《野生植物保护条例》规定国务院环境保护行政主管部门负责全国自然保护区和野生植物的综合管理工作，但是各级环保部门都面临管理能力不足的问题，协调功能不能正常发挥。县级环保部门的生态保护管理处建立时间短，管理人员少，专业知识不够，缺乏经验，且经费严重不足。由于管理能力不足，监督执法的威信受到挑战，出现其他部门不与之合作或配合的现象。因此，行政级别较低的部门在管理实践中出现管不动的"真空"地带。

1998 年国务院机构改革，中国第一次对部分自然资源管理职能进行国家层面的集中整合。本次改革撤销了原国家地质矿产部、土地管理局、海洋局和测绘局，组建国土资源部，集中行使原来分散在上述部门的土地、矿产、

---

① 朱清，黄德林. 从立法上加强对自然遗产保护的若干建议[J]. 行政与法（吉林省行政学院学报），2005(10)：90—92.

海洋资源等自然资源的规划、管理、保护和合理利用的管理职能。1998年1月,中国文物学会在苏州召开世界遗产研究委员会筹备大会;同年12月,北京大学成立世界遗产研究中心,标志着中国开始出现全国层面的官方和民间研究机构。至此中国遗产保护管理工作进入高速发展阶段。

(二) 地方政府块块强势,纷争利益

自然遗产属于国家所有,国家所有是通过政府的行政管理机构来实现的。中国的遗产管理既涉及地方的"点状"管理,又涉及从中央到地方以专业为线的"线性"管理(图4-2)。但是,管理实践中对某一遗产的管理无法在线和点之间进行具体划分,既依赖于法律法规的规定,更多的则是各方利益博弈的结果。在这个过程中,多个利益集团看好自然文化遗产资源的资产特性以及收益大、风险小甚至无风险,纷纷向自然文化遗产资源伸手,出现各部门对产权的争夺与分割、遗产所在地政府的强势介入等现象。

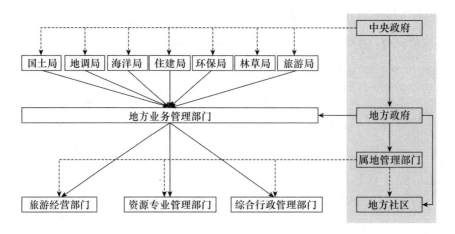

图4-2　自然遗产管理机构略图[①]

行政部门既是资源的所有者、监护者,又是资源的管理者、经营者。利益驱动下,从部门到地方,有单位和个人知法违法,名为保护、实为垄断,条

---

① 杨锐,王应临,庄优波. 中国的世界自然与混合遗产保护管理之回顾和展望[J]. 中国园林,2012,28(08):55—62.

块分割、各据一方。产权关系和权能划分不清还导致中央政府和地方政府在实际资源处置权与所有者形式处置权之间存在法理逻辑冲突。政府不同机构之间权力边界不明确,实际管理中存在混乱或者缺位的现象。政府与企业,特别是国有企业之间自然遗产使用和保护的权利、义务关系模糊。[①]

职能交叉形成典型的"九龙治水"格局。如国家发展和改革委员会承担组织编制主题功能规划职责,住房和城乡建设部承担城乡规划职责,国土资源部负责国土规划和土地规划,生态环境部负责流域污染防治规划和饮用水水源环境保护,水利部负责组织编制国家确定的重要江河湖海的流域综合治理规划、防洪规划等重大水利工程规划。不同部门侧重点、价值取向不同,导致规划边界不清。比如,三江源自然保护区属于生态功能区,但城市和乡村、河流也分布其中,发展过程中常有冲突发生。自然遗产资源需要监管时,往往有利争着上,无利相互推。同时,在具体的管理过程中缺乏必要的协作和沟通,直接导致了自然遗产资源管理效能减弱,自然资源遭到进一步破坏。

二、趋向统一集中管理

2013 年 11 月 12 日,《中共中央关于全面深化改革若干重大问题的决定》提出:"健全国家自然资源资产管理体制,统一行使全民所有自然资源资产所有者职责。完善自然资源监管体制,统一行使所有国土空间用途管制职责。"[②]习近平总书记在党的十八届三中全会上对此文件做了进一步说明:"总的思路是按照所有者和管理者分开和一件事由一个部门管理的原则,落实全民所有自然资源资产所有权,建立统一行使全民所有自然资源资产所有权人职责的体制。""国家对全民所有自然资源资产行使所有权并进

---

①　自然资源部咨询研究中心:关于当前自然资源管理中几个基本问题的研究[N]. 中国自然资源报,2017.

②　中共中央关于全面深化改革若干重大问题的决定[N]. 人民日报,2013-11-16(1).

行管理和国家对国土范围内自然资源行使监督权是不同的,前者是所有权意义上的权利,后者是管理者意义上的权利,……国有自然资源资产所有权人和国家自然资源管理者相互独立,相互配合、相互监督。"①此文件为自然资源的管理体制改革提供了具有前瞻性的制度安排。随着生态文明体制改革的顶层设计的推进,相关法律法规逐步在摸索中不断完善,遗产地的保护和管理工作得到了高度重视和发展,自然资源管理趋向统一集中。

2015年5月,中共中央和国务院出台《关于加快推进生态文明建设的意见》《生态文明体制改革总体方案》,系统部署生态文明建设并整体推进,随之自然资源管理体制改革工作也被提上重要议事日程。《关于加快推进生态文明建设的意见》第十九条规定:"健全自然资源资产产权制度和用途管制制度。对水流、森林、山岭、草原、荒地、滩涂等自然生态空间进行统一确权登记,明确国土空间的自然资源资产所有者、监管者及其责任。完善自然资源资产用途管制制度,明确各类国土空间开发、利用、保护边界,实现能源、水资源、矿产资源按质量分级、梯级利用。严格节能评估审查、水资源论证和取水许可制度。坚持并完善最严格的耕地保护和节约用地制度,强化土地利用总体规划和年度计划管控,加强土地用途转用许可管理。完善矿产资源规划制度,强化矿产开发准入管理。有序推进国家自然资源资产管理体制改革。"②该规定从行政体制、管理政策和法律方面对自然资源以及遗产地保护做出了明确的规划和指导。

《生态文明体制改革总体方案》第五条提出:"建立统一的确权登记系统。坚持资源公有、物权法定,清晰界定全部国土空间各类自然资源资产的产权主体。对水流、森林、山岭、草原、荒地、滩涂等所有自然生态空间统一进行确权登记,逐步划清全民所有和集体所有之间的边界,划清全民所有、

---

① 中共中央. 关于全面深化改革若干重大问题的决定[N]. 人民日报,2013-11-16(1).

② 中共中央,国务院. 关于加快推进生态文明建设的意见[J]. 水资源开发与管理,2015(3):1—7.

不同层级政府行使所有权的边界,划清不同集体所有者的边界。推进确权登记法治化。"①此条明确了资源开发中人地关系矛盾的总体解决思路。第七条规定要按照所有者和监管者分开和一件事情由一个部门负责的原则,"健全国家自然资源资产管理体制。整合分散的全民所有自然资源资产所有者职责,组建对全民所有的矿藏、水流、森林、山岭、草原、荒地、海域、滩涂等各类自然资源统一行使所有权的机构。"②自然资源是大自然的赐予,资源资产具有公有性质,属于全民所有。这有助于推进全民参与的社会共有的自然文化遗产资源的管理体制。第八条规定了中央政府对哪些资源拥有所有权问题:"中央政府主要对石油天然气、贵重稀有矿产资源、重点国有林区、大江大河大湖和跨境河流、生态功能重要的湿地草原、海域滩涂、珍稀野生动植物种和部分国家公园等直接行使所有权。"第十五条提出要实现多规合一,完善空间布局与边界划定:"市县空间规划要统一土地分类标准,根据主体功能定位和省级空间规划要求,划定生产空间、生活空间、生态空间,明确城镇建设区、工业区、农村居民点等的开发边界,以及耕地、林地、草原、河流、湖泊、湿地等的保护边界,加强对城市地下空间的统筹规划。"③《关于加快推进生态文明建设的意见》和《生态文明体制改革总体方案》按照"山水林田湖草是一个生命共同体"的理念,遵循生态系统的整体性、系统性及其内在规律,统筹自然生态各要素、山上山下、地上地下、陆地海洋以及流域上下游,着力推进整体保护、系统修复、综合治理,④解决我国自然资源多部门分散管理的状态。以上条款明确界定了具有战略意义的自然资源的归属权和管理权,规定具有国家战略意义的自然资源统一由中央直接管理,将从根本上解决自然资源管理"九龙治水"的问题。

在国家公园为主体的自然保护地体系建设中,国家公园社区共管机制是缓

---

① 中共中央,国务院. 生态文明体制改革总体方案[N]. 经济日报,2015-09-22(2).

② 同上.

③ 同上.

④ 同上.

解人地矛盾、解决资源分散管理、协调社区相关利益的重要举措,对于实现保护目标、促进环境公平、保障社区权益、降低管理成本具有重要意义。从理论上分析,中央政府(国家林草局、财政局等部门)、NPA、农民集体(含村民委员会、农户与村民),以及地方政府、非政府组织、企业、公众等其他主体(图 4-3),在国家公园土地利用、资源保护等方面都是具备合法权利的共管主体。社区共管机制建设是一个尚在探索、试验、改进和完善中的制度,具有良好的发展前景。[①]

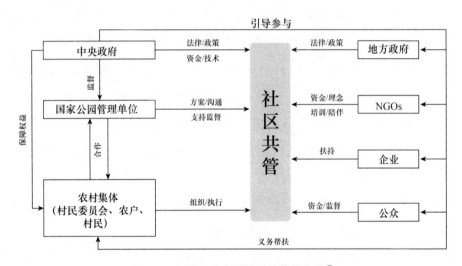

图 4-3　中国国家公园社区共管的主体[②]

《关于加快推进生态文明建设的意见》和《生态文明体制改革总体方案》为我国自然遗产地管理改革指明可方向,提供了总体思路和解决方案。在具体的自然遗产地管理和规划过程中,还要以发展的眼光看待自然遗产地的保护与管理及其产业的发展,根据社会生产力、发展需求、人文素质等方面的具体情况和变化,与时俱进地做出相关政策调整,建立科学有效的管理制度和管理模式,可以说尚在征途之中。

---

① 刘霞,张岩. 中国自然保护区社区共管理论研究综述[J]. 经济研究导刊,2011(12):193—195.

② 张引,杨锐. 中国国家公园社区共管机制构建框架研究[J]. 中国园林,2021,37(11):98—103.

第二节　立法与执法管理

　　我国在自然遗产保护与管理中重视法律法规体系的建设,不仅有国家法律、行政法规、地方法规、遗产地专项法规,不同管理层级也均有自然遗产地保护和发展的规划,如上位规划、总体规划、专项规划、详细规划等(表4-1)。主要分为以下几个层次。

一、《宪法》中的相关法律规范

　　《宪法》第九条规定:"矿藏、水流、森林、山岭、草原、荒地、滩涂等自然资源都属于国家所有即全民所有;……国家保障自然资源的合理利用,保护珍贵的动物和植物。禁止任何组织或者个人用任何手段侵占或者破坏自然资源。"根据此规定,国家对自然资源享有所有权,因此必须制定法律和各种政策,保障自然资源得到依法依规的合理利用。森林法、草原法等法律都规定了保护这些自然资源的措施。保护珍贵的动物和植物,也是保护和合理利用自然资源的重要内容。《宪法》第二十二条规定了对文化遗产的保护原则,重要历史文化遗产由国家负责保护。本章第一节所提及的《关于加快推进生态文明建设的意见》和《生态文明体制改革总体方案》对《宪法》涉及的自然遗产资源的归属权和管理给予了更为详尽的最新描述,也为我国新时期自然资源管理建立更为科学完善的现代化法律法规体系提供的依据。

表4-1　中国遗产保护相关法律法规列表(部分)及遗产地相关规划文件列表(部分)①

遗产保护相关法律法规列表(部分)		遗产地相关规划文件列表(部分)	
类　别	名　称	类　别	规划名称
国家法律	中华人民共和国文物保护法	上位规划类	区域层面"十二五"规划
	中华人民共和国环境保护法		市县级总体规划
	中华人民共和国森林法		村镇体系规划
	中华人民共和国野生动物保护法	总体规划类	遗产地保护管理规划
	中华人民共和国城乡规划法		风景名胜区总体规划
	中华人民共和国土地管理法		自然保护区总体规划
行政法规	风景名胜区条例		地质公园总体规划
	自然保护区条例		森林公园总体规划
	历史文化名城名镇名村保护条例	专项规划类	旅游发展规划
	地质遗迹保护管理规定		保护专项规划
地方法规	四川省世界遗产保护条例		科研专项规划
	山东省风景名胜区管理条例		重点工程建设规划
遗产地专项法规	江西省三清山风景名胜区管理条例		近期建设规划
	黄山风景名胜区管理条例		防灾避险规划
	泰山风景名胜区保护管理条例		风貌整治规划
	福建省"中国丹霞"自然遗产保护办法	详细规划类	旅游服务基地详细规划
	湖南省武陵源世界自然遗产保护条例		社区居民点详细规划
	云南省三江并流世界自然遗产地保护条例		景区详细规划

二、普通法律与行政法规

我国制定的与自然遗产资源保护和管理有关的法律法规主要有《环境保护法》《土地法》《自然保护区法》《城市规划法》《森林法》《草原法》《水法》《渔业法》《野生动物保护法》《文物保护法》及其实施细则等。② 相较发达国

---

① 杨锐,王应临,庄优波.中国的世界自然与混合遗产保护管理之回顾和展望[J].中国园林,2012,28(08):55—62.

② 马明飞.自然遗产管理体制的法律思考[J].河南省政法管理干部学院学报,2010,25(02):188—192.

家,我国自然资源管理立法体系尚不够成熟,表现在以下两个方面:

(1)法律效力偏低。有关自然遗产资源保护的法律依据大多属于行政部门的法规或规章,或地方制定的地方性法规与规章。这些部门或地方性法规及规章虽然具有针对性,对部门和当地的单个或者部分自然资源保护与管理能够起到一定作用,但效力过低,且效力范围只限于一定区域,①能起到的作用十分有限。

(2)尚没有一部自然文化遗产保护与管理的正式法律。《文物保护法》是针对文化遗产,如革命遗址、古文化遗址、古墓葬、古建筑、石窟寺、石刻等文物保护的国家大法,而风景名胜区、自然保护区、森林公园等自然遗产、自然与文化双重遗产的保护和发展缺乏根本性法律依据,大量的管理政策都源于法律规范效率较低的行政法规文件,造成自然文化遗产管理政策随意性较大的现象。

国务院于1985年颁布的《风景名胜区管理暂行条例》,至2006年竟然"暂行"了整整二十年。1998年,联合国教科文组织的系统考察组在考察了我国泰山等五个世界遗产地后指出:"中国的世界双重和自然遗产景区,尤其是那些国家级风景区,虽然已有国务院颁发的各种规定和命令,还需要有进一步的立法。"由此可知,不论在专家的眼里,还是实际情况,我国现行的"条例"和"办法"仅仅是些"弱"法律文件,而我国自然文化遗产资源的过去、现在和将来,需要的是一部或若干部"强"的法律法规,构建强有力且完善的法制体系。

三、地方性法规与规章

地方政府为自然遗产资源保护和开发出台了条例或规章,如《四川省世界遗产保护条例》《福建省武夷山世界文化和自然遗产保护条例》《湖南省武

---

① 马明飞. 自然遗产管理体制的法律思考[J]. 河南省政法管理干部学院学报,2010,25(2):188—192.

陵源世界自然遗产保护条例》。四川省是我国早期拥有世界自然遗产项目最多的省份,2002 年出台了《四川省世界遗产保护条例》。该条例 26 条,为四川省遗产资源的整体管理、协调各部门力量参与管理提供了法律保障,规范了具体的保护与开发管理。该条例是国内第一个关于遗产资源保护的地方性法规,为四川省世界遗产保护和发展提供了有效的法律保障与法规约束,[①]开创了公众参与立法的新形式,具有重要的现实意义。之后,福建省也相继出台了《福建省世界遗产保护条例》《武夷山世界自然与文化双遗产保护条例》,说明我国从国家到地方政府均高度重视自然遗产资源的保护和管理。地方性法规为完善我国自然资源管理制度,包括机构设置、责任与义务的落实发挥了重要的补充作用,暂时性地局部解决了保护管理运行的具体操作中存在的法律问题。

四、遗产地专项法规

遗产地专项法规是针对特定遗产地的实际情况而颁布的法规,颁布主体从国务院至地方政府均有,如《泰山风景名胜区保护管理条例》《湖南省武陵源世界自然遗产保护条例》《云南省三江并流世界自然遗产地保护条例》《福建省"中国丹霞"自然遗产保护办法》等。这些专项法规为我国自然遗产资源保护与利用管理发挥了积极的作用。

根据世界各国保护自然文化遗产资源的经验,最为重要且关键的是,国家以正式法律文件确定遗产的属性,明确管理机构体系和遗产管理经费在国家公共支出中的财政地位,规定规范自然文化遗产地所有经营性与竞争性行为的规制。然而我国现有相关法律规章与国家、地方经济发展和资源保护管理现状不相适应:规定与执行相矛盾。

(1) 一方面国家主管部门为永续利用起见,要求景区保护好此类资源,

---

① 苏全有,王明宏. 对我国的世界遗产问题的冷思考[J]. 世界遗产论坛,2009(00):33—38.

另一方面又要求遗产地管理部门以山养山、靠山吃山,自己解决管理经费来源,这种自相矛盾的规定只能使行政法规和遗产地总体规划成为形同虚设的文件,而不能真正成为约束社会公众行为的准绳。

(2) 执法不严。遗产地缺少强有力的执法主体,执行力度低,如遗产地自己监督自己的开发行为;因行政上由所辖市(县)领导,遗产地对地方决策几乎没有反对的能力。

第三节　资源保护与利用管理方式

　　伴随着人口数量的增加以及工业规模的扩大,社会对于自然资源的利用量逐年上升。由于管理方法不当、利用过程中不注意保护生态环境或过度利用,自然资源以及生态环境受人为负面因素影响严重,生态环境出现明显的恶化,甚至出现严重的环境污染问题。我国在生态资源保护和利用方式上有需要检讨之处。

一、保护与利用所遵循的理念

　　我国现行的自然遗产管理遵循"保护第一,开发第二"的理念,因此在制度上强调遗产的"保护",而现实需要解决的问题则是如何有效地"利用"遗产,即遗产如何开发和经营的问题。有观点认为自然遗产是纯公益性的,因此完全反对经营自然遗产,这种观点完全忽视了自然遗产的经济价值以及遗产产业发展的趋势,也与现实情况不相符。[①] 也有观点承认遗产开发的重要性,提出遗产旅游开发要在保护的前提下进行,即"保护第一,开发第二"

---

　　① Morrison D A,Buckney R T,Bewick B J. Conservation Conflicts over Burning Bush in South-eastern Australia[J]. Biological Conservation,1996,76(2): 167—175.

的观点,力图解决保护与开发的冲突。自然遗产资源管理便在解决保护与利用冲突中探索前行。实际上保护与利用冲突是一个复杂的问题,所有冲突均围绕利益这一核心展开,不仅有人与人之间、人与企业之间的冲突,还包括生物多样性冲突、资源保护冲突、土地利用冲突、人兽冲突等多种类型(图 4-4)。

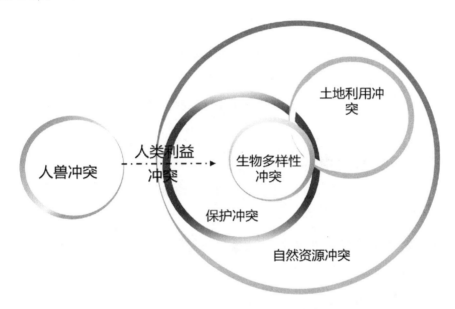

图 4-4　保护与利用关系及其冲突[①]

目前理论界流行的"保护第一,开发第二"观点在实践中确实很难实现,因为在具体条件下自然遗产地的"保护"与"开发"使命并不是处于同等重要的地位,而是一种主要和次要的关系,并且取决于遗产地多方利益相关者博弈中"保护"和"开发"哪个胜出,其结果在现实面前总是背离了"保护第一"原则。遗产旅游地往往资源丰富,但交通条件和经济条件落后,如陕西华阳古城、云南丽江古城,甚至福建泰宁丹霞自然遗产地,当地政府的主要诉求

①　彭钦一,杨锐.保护冲突研究综述:概念、研究进展与治理策略[J].风景园林,2021,28(12):53—57.

是通过资源的开发利用,带动地方经济发展,让当地百姓变得富裕,居民也期望从资源开发利用中获得经济效益,"开发"使命占上风,"保护"位居其次。实际上,该遗产地如果不进行旅游开发,其向公众展示利用的使命无法实现,其保护使命也不可能落到实处,因为居民在未认识到古城民居的经济利用价值时,部分建筑的结构和立面遭到了破坏,自然资源也会遭受自然力的破坏。社区居民只有认识到遗产资源能带来实实在在的经济利益时,他们才会有承担保护责任的主动性和自觉性。因此,自然遗产资源的二重目标或使命并不是同等重要、是平行发展的,[①]自然遗产保护与利用必须考虑社区居民的参与,协调好利益相关者的利益诉求,逐渐成为一种共识。

二、开发利用中的负面问题

由于多头分散管理,各个管理部门在经济利益驱使下各自为政,自然资源过度开发或利用方式不当,在一定程度上造成了自然遗产地或保护区内管理的混乱,破坏了自然资源和生态平衡。[②] 负面问题主要有以下几个方面。

(一) 建设性破坏

按照管理规章的要求,自然遗产景区内的任何建设都必须在科学评判的基础上再采取合适的方案展开。然而,在早期却出现了自然遗产景区内大兴土木、兴建水利、引入外来物种的行为,不仅影响景观视觉上的美感,还造成生态环境的破坏。如联合国教科文组织官员在张家界武陵源视察时,发现该自然遗产地出现了"城市化倾向"的建设性破坏,特别是在天子山山顶上的索道和户外电梯项目,被认为破坏武陵源核心景区的生物多样性和自然风貌。联合国给予"黄牌"警告,使当地重新认识到情况的严重性,斥巨

---

① 胡北明. 基于利益相关者角度剖析我国遗产旅游地管理体制的改革[D]. 四川大学, 2006.

② 王浩. 我国自然保护区可持续发展管理模式研究[D]. 南京林业大学,2005.

资重新恢复核心景区内的原始风貌。其他典型反面案例还有泰山劈山修路、黄山山顶上修建多家豪华宾馆等。[①] 这些建设性破坏均违反了遗产保护性的原则。

（二）开发性破坏

同质化开发、不当开发、过度开发等人为破坏行为，包括非法捕猎捕捞、砍伐盗伐、外来物种入侵等，都会破坏自然生态环境及其遗产资源的原真性和完整性。旅游经济快速发展的背景下，受地方政府发展经济的影响，项目开发伴生诸多急功近利、低水平的同质化现象，"千景一面"的小景区不断涌现，既无法满足游客的品质诉求，也浪费资源，破坏生态环境。砍伐盗伐等行为时有发生，改变了动植物栖息地的环境，对动植物种群、群落和景观多样性造成不利影响，外来物种引入改变了原有物种的生态平衡。据统计，中国已知的外来入侵物种至少包括 300 种入侵植物，40 种入侵动物，11 种入侵微生物，已成为中国农业、林业、牧业生产和生物多样性保护的头号敌人。开发不当的案例也不少，如有数百年历史的峨眉山金顶，由于建设了电视发射塔，周边原本极为茂密的原始冷杉受到强烈的电磁波辐射出现落叶枯萎。自然保护区周边的生产、生活活动，如工业项目、居民生活垃圾也对保护区的生态环境和森林植被造成不好的影响。

（三）旅游性破坏

自然遗产地是旅游的热点景区，一到"黄金周"、寒暑假更是人潮涌动，出现人满为患的现象，超环境容量的接待导致自然遗产资源严重破坏。如九寨沟景区每日环境容量是 6000 人，而在早期的旅游旺季，该景区每日进沟人数超过 2 万人。黄山每日可接待游客的上限是 1.4 万人，实际上每日进山的人数也都超过 2.5 万人。[②] 有些景区长期处于超负荷接待的状态下，皆因在经济利益的驱使下保护战略落实不到位、管理不规范、规划指导不科

---

① 崔健. 世界自然遗产资源保护与开发的中外比较研究[D]. 南京理工大学，2011.

② 崔健. 世界自然遗产资源保护与开发的中外比较研究[D]. 南京理工大学，2011.

学造成的。由于我国加入世界遗产组织较晚,相关政策及管理研究也较晚,自然遗产地开发生态旅游的经验不足。我国自然遗产地的管理体制虽然经历了几次改革,但并未紧跟社会经济发展带来的形势变化,财政、行政管理和法治条件未得到根本改观,旅游收入是当地社区和政府的财源之一,旅游性破坏禁而不止。旅游活动虽在一定程度上能够满足人民群众的美好生活诉求,但距离优质生态产品也尚有较大差距,旅游开发的负面影响仍然存在。

第四节　资金保障方式

　　资金投入是自然资源保护与管理的重要内容,实际上资金不足是各国自然保护事业的客观存在,我国自然保护也不例外。以自然保护区为例,中华人民共和国成立以来的七十多年间,自然保护区数量和面积大幅增加,自然资源得到了有力保护,但许多保护区的日常工作经费及建设经费、科研经费得不到充分保障,导致实际运行中管理力量不足、队伍不稳、设备落后。自然保护区常常为了生存而集管理与经营于一身,以求解决经费短缺问题,严重影响保护区管理工作。

一、资金来源

　　中国自然保护区采取的是分级所有、分级投资的管理体制,自然保护资金投入主要来自中央、省级和地方三级政府财政。1999年、2004年、2005三年全国自然保护区投入总水平在4.05亿~10.46亿元,约合460~698元/平方千米。近年来中国政府加大了资金投入力度,2014年自然保护区的投入水平已经达到2005年(10.46亿元,2014价格水平)的5.86倍,这主要得益于财政专项资金的显著增长。必须指出的是,财政专项资金未包括保护区人员工资和公务费用等基本运行费用。据估算,2013 年我国 1262 个国家级和省级自然保护区的管理运行经费投入约为 21.95 亿元。[①] 合并上述两项资金,2014 年,各级政府实际向自然保护区支出的财政经费可能在 82 亿元以上,国家级和省级自然保护区财政投入水平达 6119 元/平方千米。

资源保护需要资金作后盾,但国家对资源保护的资金投入明显不足,也没有形成一个确保资金来源的渠道和机制。以林业资源建设投资为例,2015 年林业方面总投资 4257 万元,国家预算资金占比最高,约 45%,自筹资金占比 38%(图 4-5)。2011—2019 年总投资仅增长 71.91%,用于生态修复治理投资仅增长 82.41%(表 4-2)。对于我国广袤的森林面积而言,投入资金可谓杯水车薪。对比 2011—2019 年国内生产总值(GDP)增长 103.07%,旅游人次增长 185.59%,旅游总花费增长 196.56%,自然保护资金投入未能与社会发展同步,经济的快速发展和旅游人次的增加无形中给自然遗产地保护带来更大的压力。

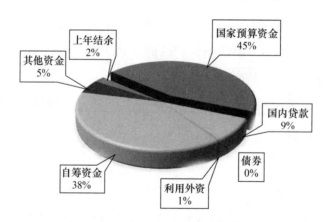

图 4-5 2015 年国家林业投资资金来源情况

数据来源:国家统计局,中国统计年鉴 2016

---

① 钱者东,郭辰,吴儒华,梁宇彤,杨泉光,潘子平,潘鸿,高军,蒋明康. 中国自然保护区经济投入特征与问题分析[J]. 生态与农村环境学报,2016,32(1):35—40.

表 4-2　2011—2020 年中国林业投资支出完成情况

单位：元

年份	年度完成投资	生态修复治理	林草加工制造	林草服务保障管理	林业民生工程	其他投入
2020	47 168 172	24 415 077	10 491 847	12 261 248	—	—
2019	45 255 868	23 758 869	8 962 720	12 534 379	—	—
2018	48 171 343	21 257 493	6 084 415	19 263 251	—	1 566 184
2017	48 002 639	20 162 948	6 143 511	20 077 573	—	1 618 607
2016	45 095 738	21 100 041	4 033 827	17 419 315	—	2 542 555
2015	42 574 507	20 172 014	2 272 730	15 646 727	1 030 254	3 779 695
2014	43 255 140	19 479 662	2 327 390	16 200 261	1 532 407	3 715 420
2013	37 822 690	18 705 774	2 216 819	10 776 201	1 868 405	4 255 491
2012	33 420 880	16 041 174	2 228 758	8 207 093	2 454 630	4 489 225
2011	26 326 068	13 024 982	3 006 631	5 224 114	—	5 070 341

＊数据来源：国家统计局

　　除了自然保护区,旅游类资源保护也缺乏资金作支撑,由于缺乏足够的前期资金投入景区开发,门票收入无法按比例要求用于资源保护。据对武陵源的调查发现,门票未涨价之前的 158 元中,用于遗产地保护的仅 8 元,保护资金严重不足,使世界自然遗产地基本处于粗开发阶段。[①] 而且资源保护的职责不明,经营管理者认为保护投入是国家的责任,而非自己的责任,景区经营收入大多用于日常工作或其他投资,保护资金的投入很少。[②] 由于景区缺乏做强、做大的资本能力,资源得不到开发转化为产品,旅游发展缓慢,无法形成规模和水平,与连年攀升的数万亿旅游总消费不成比例(图 4-6)。

　　再以森林公园建设及其保护资金为例,这方面财政投入的比例更低。中国林业统计年鉴公布的数据显示,财政投入、自筹资金和社会资金占比中,财政投入排名均最低(图 4-7)。

----

① 贾平. 我国世界自然遗产地的保护和利用研究初探[J]. 湖北民族学院学报(哲学社会科学版),2006(03)：48—51.

② 张朝枝. 世界遗产地管理体制之争及其理论实质[J]. 商业研究,2006(08)：175—179.

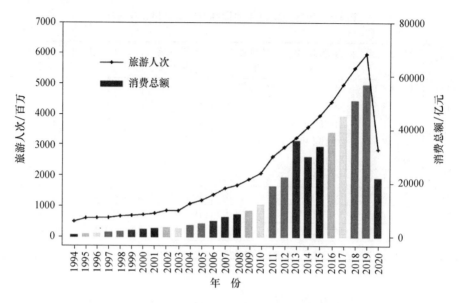

图 4-6 1994—2020 年中国国内旅游人次与旅游总消费动态

数据来源：国家统计局

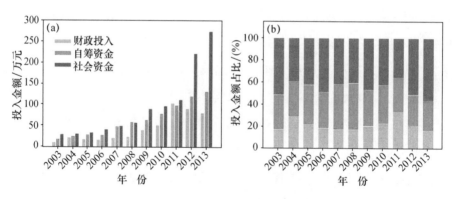

图 4-7 2003—2013 年森林公园资金来源结构

数据来源：中国林业统计年鉴

二、资金支出

我国自然遗产保护的资金来源渠道较为狭窄,多为自然遗产所在地政府财政拨款,既没有设立自然遗产保护资金专业机构,缺乏专业人才有效管理和运筹保护基金,也没有建立民间组织慈善捐款的渠道,很容易出现资金短缺或资金不到位等问题。在国家资金投入不足、资金保障不足的情况下,遗产地大多依靠旅游收入来维持,且地方政府和投资公司常以提高收入为目的,不加节制地进行旅游开发,忽视对遗产地资源和环境保护,出现项目人工化和生态环境遭破坏现象。

据相关调查,江西三清山 20 年间旅游总投资为 2.16 亿元,投入总量严重不足,致使旅游基础设施建设跟不上旅游业自身发展的需要,旅游环境保护工作进展缓慢。[①]泰宁世界地质公园自 2005 年成立至 2013 年,共得到国土资源部补助资金 2000 万元,用于项目建设、宣传、人才培训等项目,而风景名胜区、森林公园的管理部门却从未给予资金投入或补助支持,偶尔向上级相关行政管理部门争取的补助资金多为零星小额,且非法定。有些旅游条件较好的景区,包括历史文化遗址类旅游区,越来越多地通过提高门票价格来提高自养能力,一时间门票经济被人们所诟病。可见,由于国家在自然遗产资源和生态环境管理上投入资金不足,在部门和地方的经济利益驱动下,生态效益和社会效益往往被忽视,不仅亟待保护、抢救的遗产得不到及时修缮,还使遗产资源保护与发展沦为空谈。

三、资金保障的相关立法

(一) 国家法规

我国相关法规对自然保护的资金投入均有明确要求,如《自然保护区条例》第二十三条规定:管理自然保护区所需经费,由自然保护区所在地的县级以上地方人民政府安排。国家对国家级自然保护区的管理,给予适当的资金补助。第二十七条规定:自然保护区核心区内原有居民确有必要迁出

---

① 宋云霞. 世界自然遗产地的保护与可持续发展研究[D]. 中国地质大学(北京),2011.

的,由自然保护区所在地的地方人民政府予以妥善安置。[①] 再如 2006 年 9 月 6 日国务院颁布的《风景名胜区条例》第三十八条规定:风景名胜区的门票收入和风景名胜资源有偿使用费,实行收支两条线管理。风景名胜区的门票收入和风景名胜资源有偿使用费应当专门用于风景名胜资源的保护和管理以及风景名胜区内财产的所有权人、使用权人损失的补偿。具体管理办法由国务院财政部门、价格主管部门会同国务院建设主管部门等有关部门制订。[②] 但这些条文没有明确所在地政府投入数额或当地 GDP 占比要求,也没有指定旅游收入的景区建设和生态保护支出的具体占比,国家给予国家级保护区适当补助,从上至下均是模糊的投入概念,而自然保护中生态影响是一个漫长的演化过程,在资金保障不充分的条件下,非应急性项目往往被忽视,资金不足成为一个常年积累的问题。

在 2022 年 6 月 1 日国家林业和草原局发布的《国家公园管理暂行办法》中,第七条规定:国家公园管理机构依职能负责国家公园建设管理资金预算编制、执行。严格依法依规使用各类资金,加强各类资金统筹使用,落实预算绩效管理,提升资金使用效益。第十九条规定:国家公园管理机构应当按照依法、自愿、有偿的原则,探索通过租赁、合作、设立保护地役权等方式对国家公园内集体所有土地及其附属资源实施管理,在确保维护产权人权益前提下,探索通过赎买、置换等方式将集体所有商品林或其他集体资产转为全民所有自然资源资产,实现统一保护。这些规定较之过去的法规更具体,资金来源更广更明确,具有操作方法保障,可以期待未来自然保护经费会得到缓解。

(二) 地方法规

我国自然遗产保护资金主要依靠所在地方政府财政拨款,地方政府

① 中华人民共和国自然保护区条例[J]. 中华人民共和国国务院公报,1994(24):991—998.

② 国务院. 风景名胜区条例[J]. 中华人民共和国国务院公报,2006(32):9—13.

也制订了相应的地方法规,为自然保护提供了资金投入的依据。如《重庆市武隆喀斯特世界自然遗产保护办法》第二十五条规定:"武隆喀斯特世界自然遗产保护经费纳入县级财政预算。武隆喀斯特世界自然遗产地景区门票收入属政府非税收入,实行收支两条线管理,任何单位和个人不得挪用。"[①]《湖南省武陵源世界自然遗产保护条例》第三十六条规定:"省人民政府和市、区人民政府应当逐步增加对武陵源世界自然遗产保护的资金投入。设立武陵源世界自然遗产保护专项经费。保护专项经费可以通过国家补助、社会赞助、国际援助和征收资源有偿使用费等多种渠道筹集。资源有偿使用费的设立和征收办法由省人民政府按照国家有关规定办理。"[②]因而,有些地方政府为了获得资金支持,还想方设法拓展多种的资金来源渠道,但实际上自然保护地所在地大多处于经济欠发达地区,地方政府财政困难,无法提供充分而有力的资金保障,执行上级资金保障政策因而力不从心,贯彻也不到位。

---

① 重庆市人民政府. 重庆市武隆喀斯特世界自然遗产保护办法[R]. 2009-12-28.

② 湖南省人大常委会. 湖南省武陵源世界自然遗产保护条例[R]. 2001-01-01 发布,2018-07 修订.

第五节　案例管理实践分析

本研究选择福建(江西)武夷山和青海三江源为案例,进一步分析自然资源管理方式所取得的成效和不足。武夷山地处中国东部人口密集区域,跨闽赣两省,是世界自然和文化遗产地、福建省重要的旅游目的地,保护与利用矛盾突出;青海三江源地处青藏高原腹地,是长江、黄河和澜沧江的源头汇水区,中国乃至亚洲的"水塔",生态意义重大,受自然和人类活动双重影响日益突出,大面积传统的无人区逐渐变成有人区,且两个案例地已经成为我国首批国家公园,因此具有一定的代表性和典型性,可窥见现行自然遗产管理方式存在问题之全豹。

一、武夷山:分散管理之下的社区共管模式

福建武夷山保护区内有武夷山市星村镇和建阳市黄坑镇共 32 个居民点,以及周边 4 个县市、6 个乡镇、13 个村(场),居民近 10700 人,主要从事毛竹、茶叶及种养殖业,建有茶叶加工企业和毛竹加工企业,是村民经济收入的主要来源,村民还利用生态资源开发经营生态旅游,从事旅游餐饮业的

餐馆 16 家。^① 因此,区内及周边地区大量居民的生计依赖、优美景观资源的旅游开发利用与自然保护区的严格管理之间存在冲突,且武夷山脉跨闽赣两省,在没有强有力的上位行政管理作用下,两省自然保护与管理政策及其手段方式略有不同,管理效率差异明显,武夷山自然遗产管理呈现出关系复杂、矛盾多样的特点。

（一）地方管理规章未与纵横向法规无缝对接

自然保护管理方面除了执行国家相关法律法规,党的十八大以前武夷山自然保护区主要执行 1990 年颁发的地方法规《福建省武夷山国家级自然保护区管理办法》(以下简称《管理办法》)。^② 该《管理办法》对自然资源管理、环境保护、资源调查、旅游规划和开发、资金管理等进行了规定,为保护区的生态保护管理工作提供了法律依据,也为武夷山保持世界生物圈保护区,地球同纬度地区保护最好、物种最丰富的区域生态系统提供了积极保障。此后又制定了相关的具体规定,使保护区管理较早地做到有法可依。但是该《管理办法》在实践中却存在明显不足:

1. 未充分吸收上位法的关键要求

《管理办法》于 1990 年颁布,先于《中华人民共和国自然保护区条例》(1994 年)和《福建省森林和野生动物类型自然保护区管理条例》(1995 年),一些条款未能充分吸收两个条例要求,如缺失联合执法机制、综合执法监管等规定。

2. 闽赣两省的管理规章与发展不同步

1984 年江西省先于福建省出台了《江西省武夷山自然保护区管理规定(试行)》,2016 年 4 月江西省第十二届人民代表大会常务委员会通过《江西武夷山国家级自然保护区条例》,明确了保护区的法律地位、管理责任和权

---

① 林盛. 福建武夷山国家级自然保护区科学管理和社区发展的关系分析[J]. 安徽农学通报,2007(11)：54—56.

② 福建省人民政府. 福建省武夷山国家级自然保护区管理办法[EB/OL]. (1990-07-18)[2022-02-21]. https://www.doc88.com/p-005843615178.html

限,规范政府及其部门对保护区的保护工作职责。而福建省1990年颁布了《管理办法》,2015年7月修订后仍是《管理办法》。1999年福建武夷山自然保护区成功列入世界自然和文化双遗产地名录,2002年5月福建省第九届人民代表大会常务委员会通过《福建省武夷山世界文化和自然遗产保护条例》,为武夷山双遗产地管理提供了依据。而江西省目前正在策划合并江西武夷山和井冈山申报世界自然和文化遗产。武夷山脉因不同片区行政隶属不同,执行不尽相同的规章和管理方式,呈现出不同的结果。

3. 平行规章之间侧重点不同

《管理办法》规定保护区由武夷山国家级自然保护区管理局负责管理,保护区管理局隶属省林业厅领导。2015年7月修订后的《管理办法》规定,保护区所在地的市、县(区)、乡(镇)人民政府、街道办事处按照各自职责做好保护管理工作,省林业主管部门负责监督管理,具体保护管理工作由保护区管理机构承担,县级以上人民政府环境保护、国土资源、住房和城乡建设、交通运输、水利、民政、工商、安全生产监督以及其他有关部门按照各自职责做好保护管理工作。[①] 对比2002年5月福建省第九届人民代表大会常务委员会通过的《福建省武夷山世界文化和自然遗产保护条例》,规定遗产保护管理工作由遗产所在地的县级以上地方人民政府文化、国土资源、林业、建设、环境保护等部门依照法定职责负责,武夷山风景名胜区、城村汉城遗址、自然保护区管理机构按照各自职责具体负责武夷山世界遗产的保护管理工作。[②] 条例还设立了遗产保护专项经费,用于武夷山世界遗产的保护管理。可见,不同规章规定的管理部门有差异。1988年福建省政府颁发《武夷山风景名胜区管理办法》,规定"风景旅游资源及其设施实行有偿利用,凡在风景名胜区营业的单位和个人,都要交纳风景资源保护费。风景资源保护费

---

① 福建省人民政府. 福建省武夷山国家级自然保护区管理办法[EB/OL]. (2015-07-31)[2021-12-21]. http://fjnews.fjsen.com/2018-01/05/content_20573540.htm

② 福建省人民政府. 福建省武夷山世界文化和自然遗产保护条例[J]. 福建省人民政府公报,2002(12):8—11.

专项用于游览设施的建设和维护",关注的是风景资源的有偿利用。2005年6月福建省政府出台《福建省武夷山景区保护管理办法》,则关注维护群众利益,规定因保护管理需要给当地群众生产、财产造成损失的,应当依法给予补偿。不同规章或条例要解决的问题不同,规定的内容固然可以不同,但因管理方式分散,边界不清,隶属不同,而出现多部门负责或相近部门交叉负责,且因部门之间管理价值观不同,管理理念和管理内容侧重点也不同,成为"九龙治水""政出多门"的根源,常常令管理基层无所适从。

4. 不能及时适应形势变化出现的新情况新问题

如有关村民建房办厂、道路交通、公共安全、环境整治、产业经营、民族宗教事务等问题,《管理办法》未明确规定和区分保护区管理机构与地方政府间的具体职责,导致职责不清、沟通不畅、协调性差,保护区内的一些违法违规行为无法得到有效解决。[①]

2015年7月27日福建省人民政府第44次常务会议通过新的《福建武夷山国家级自然保护区管理办法》。

(二)管理机构重叠与分隔并存致管理效率低

1979年4月福建武夷山国家级自然保护区经福建省政府批准建立后,7月成立福建省武夷山国家级自然保护区管理处,11月该保护区管理处隶属于福建省林业局,相当于县一级事业单位。1990年5月,福建省编委会批准该保护区管理处更名为福建武夷山国家级自然保护区管理局,[②]隶属福建省林业厅主管,为福建省财政核拨的事业单位,编制70人。保护区成立党委,管理局下设办公室、计财科、保护管理科、社区管理科和桐木、黄坑、大安、坪山、龙湖管理所及邵武办事处。保护区内还成立了森林公安分局,编制32名,五个管理所下设四个森林公安派出所和一个公安执勤点,还成立了一支

---

① 汪鹏.《福建武夷山国家级自然保护区管理办法》修订解读[J]. 福建林业,2015(6):4—5.

② 李庆晞. 基于层次分析法的行政事业单位财务绩效评价——以福建武夷山国家级自然保护区管理局为例[J]. 中国总会计师,2020(11):112—115.

由 20 人组成的专业扑火队伍。为做好保护区社区工作,1994 年福建武夷山国家级自然保护区成立了由福建省林业厅有关单位、保护区周边四县市的政府和林业主管部门,江西武夷山自然保护区及有关乡镇,区内及周边地区的乡镇村场和有关单位组成的福建武夷山国家级自然保护区联合保护委员会,作为保护区及周边地区生物多样性保护的协调机构,形成了"管理局—管理所—哨卡"和"联合保护委员会—联保小组—村、场"两线交织的三级保护管理网络体系。[①] 但未单独设立负责社区管理和协调的机构,保护区虽设社区管理科,风景名胜区管委会却并未设置专门的负责单位或人员,三级管理体系弱化为"管理局—执法大队"。

按照《福建省武夷山景区保护管理办法》,福建省人民政府设立武夷山景区保护管理协调委员会,负责协调武夷山景区保护管理的重大事宜,同时,武夷山市人民政府设立武夷山国家级风景名胜区管理委员会,武夷山景区实行相对集中行政处罚权,由景区管理机构行使。成为双世遗后,武夷山市政府又设立了武夷山世界遗产保护管理委员会办公室、武夷山市行政执法局世界遗产行政执法大队。这种职能相互重叠、责任彼此分隔的机构设置,导致部门之间推诿扯皮、管理监督不到位,既增加了行政管理成本,又降低了管理效率。

1981 年 5 月江西省也成立了江西武夷山自然保护区,隶属于江西省林业厅,核定编制 60 人,与福建省核对的编制规模相当。2002 年 7 月江西省武夷山自然保护区晋升为国家级自然保护区,管理处更名为江西武夷山国家级自然保护区管理局,直属江西省林业厅领导,为正处级单位,属全额拨款事业单位,经费列入省财政,编制仍为 60 人。因行政区划不同,同一个武夷山脉分属两个不同行政管理系统,随之管理制度设计和管理方式手段因地方行政本位而出现差异,难以体现山水林田湖草海作为一个生命共同体

---

① 林盛. 福建武夷山国家级自然保护区科学管理和社区发展的关系分析[J]. 安徽农学通报,2007(11):54—56.

所应有的管理整体性和系统性。

（三）制度缺陷和不足催化社区发展与保护矛盾

保护区内及周边地区居住有大量居民,生产生活主要依赖于保护区内的毛竹、茶叶、林下经济等非消耗型、可再生性强的森林资源。[①] 在社区居民生态保护意识不足、茶园建设技术提升与制度缺失形成鲜明对照之下,茶农敢毁林种茶,保护管理方视社区为对立方,加剧了社区发展与生态保护的矛盾,山上"茶林之争"和山下"人地矛盾"一时愈演愈烈。在茶叶丰厚的利润驱动下,2010年前后武夷山呈现"无山不种茶,无岩不产茶"之势,违章建设问题突出。究其原因:① 未设置独立的针对性管理机构;② 实行茶树"谁种谁有"的产权制度,林地使用权虚置;③ 自然保护地建设用地控制后,社区居民的用地需求和茶农生产扩张受限,未建立疏导和满足社区发展需求的机制。

于是,武夷山国家自然保护区探索社区发展、旅游经营与自然保护之间矛盾的处理方式,逐步形成以社区共管旅游开发为导向的管理经营模式,遵循"有效保护自然资源和自然环境,控制性地合理发展部分更新性强的资源"的方针,[②]探索社区经济发展的新途径,引导区内村民发展生产。不同类型自然保护地的管理机构因其保护对象和目标的差异,形成三种社区管理模式:(1) 以武夷山自然保护区为代表的"协同保护"模式。一方面控制社区生产生活对生物多样性保护的影响,另一方面帮助社区找到可持续发展的替代生计。(2) 以武夷山风景名胜区为代表的"协调发展"模式。除解决搬迁居民的补偿问题外,合理安排社区居民在景区内从事旅游服务业,平衡各方利益关系,旅游公司参与景区与社区经济补偿的谈判、企业用工、组织就业等。(3) 以九曲溪上游保护地带(不包含森林公园)为代表的"地方政

---

① 汪鹏.《福建武夷山国家级自然保护区管理办法》修订解读[J]. 福建林业,2015(6):4—5.

② 林盛. 福建武夷山国家级自然保护区科学管理和社区发展的关系分析[J]. 安徽农学通报,2007(11):54—56.

府行政管理"模式。星村镇政府林业站等相关部门负责社区的生产生活(如茶山开垦、建房审批)等工作。

这些共管模式一定程度上处理了当地经济社会发展和居民生产生活与资源保护的矛盾,促进了社区经济的发展与稳定,村民的人均年收入由建区时的 204 元上升到 2007 年的 3178 元,使得发展与保护矛盾得到暂时的缓解,但并未从根本上解决分散管理之下出现的制度性弊端,仍需要在国家公园建设期间加以总结和完善,从制度上解决法规、体制和机制等诸环节中存在的不足。

二、三江源:保护为核心的生态移民与生态补偿

三江源地处青藏高原腹地,为我国黄河、长江、澜沧江三大江河的源头,这里拥有丰富的生物多样性、物种多样性、基因多样性、遗传多样性和自然景观多样性,湖泊众多,河流密集,不仅是藏区最重要的生态功能区域、中国淡水资源的主要生态屏障和补给区,作为地球仅有的"第三极"景观,拥有世界"第三极"的湿地、森林、草原生态系统,也是全球气候与地质变化、变迁的典型区和敏感区,其大气环流和水汽循环的稳定,对全球气候影响至关重要。[1] 因此,三江源地区在中国生态保护中具有不可替代性和关键性,历来为党中央和地方政府所高度重视。

2000 年 5 月经青海省政府批准,三江源成立省级自然保护区,2003 年 1 月晋升为国家级自然保护区,[2]面积 36.6 万平方千米,是目前中国面积最大的自然保护区。三江源地区自然条件恶劣,生态环境较为脆弱,20 世纪 90 年代以来"生态难民"事件频见诸报道。2004 年起,国务院批准三江源地区实施"三江源自然保护区生态保护和建设工程项目",以实现人与自然的和

---

① 梅青. 三江源保护区建立纪实[J]. 森林与人类,2000(9):45—46.

② 刘国伟. 第二届"寻找中国好水"活动第二站启动 走进"中华水塔"三江源[J]. 环境与生活,2017(8):2—3,46—47.

谐发展为目标,推进三江源民生、经济、政治工程建设,改善三江源地区生态环境。自 2003 年晋升为国家级自然保护区至 2016 年开展国家公园体制试点工作前的十余年,国家累计向三江源投入资金接近 90 亿元,近 10 万牧民搬离草原,70 万户农牧民主动减少了牲畜养殖数量。[①] 人类干扰破坏三江源生态环境的行为大幅减少,但在生态环境得到保护的同时,却出现了人兽冲突等问题,牧民饱受野生动物肇事带来的痛苦。[②] 为此,生态移民、生态补偿、人与野生动物和谐共存等问题,是该保护区在保护生态环境的同时需要面对的重要课题。

(一) 保护规制与管理机构初建但未成体系

由于森林资源和野生动植物资源由国家林业局主管,自然保护区由环境保护局主管,三江源自然保护区后于林业体系建立,先期的三江源管理依据的是林业法律体系。青海省先后制定了《森林法》《野生动物保护法》《防沙治沙法》等相关法律的实施办法,颁布了禁牧、禁垦、禁采、禁捕令,各自治州制定了森林防火、森林病虫害防治、野生植物保护、退耕还林条例等方面的地方行政法规和制度,青海省林业局还制定 50 多款部门规章。林业法律法规基本覆盖了三江源地区林业生态建设的主要领域,为保护、发展和合理利用三江源森林、野生动植物和湿地资源,提供了法律保障。[③] 同时,三江源地区各自治州、县、乡逐步建立了林业行政执法监督机制,先后制定了《林业行政执法证件管理办法》《林业行政处罚程序规定》《林业行政执法监督办法》等具体办法。虽然 2005 年制定了《青海三江源自然保护区生态保护和建设总体规划》,但是三江源国家级自然保护区生态保护条例等法规并未及时出台,林业部门的产权、森林采伐限额管理、野生动植物经营利用、林业资

---

① 刘国伟. 第二届"寻找中国好水"活动第二站启动 走进"中华水塔"三江源[J]. 环境与生活,2017(08):2—3,46—47.

② 苏凯文,任婕,黄元,杨洁,温亚利. 自然保护地人兽冲突管理现状、挑战及建议[J]. 野生动物学报,2022,43(01):259—265.

③ 彭友锋. 三江源地区林业执法体系建设探析[J]. 攀登,2008(03):94—97.

金管理、国有森林资源管理等制度不能适应三江源国家级自然保护区生态保护和建设的要求,在法律规范上还存在盲区和空白点。

管理机构方面,2001 年 9 月成立了青海三江源自然保护区管理局。但是机构设置、人员编制并没有得到同步落实,且只有省一级设置了管理局,三江源区的州、县并未及时设立相应的管理机构或配备工作人员和设备。三江源保护区虽是冠名国家级,三江源管理局却是原青海省林业局的下属部门,且由于保护区分布在各个州县境内,地方政府对境内的土地和自然资源拥有管辖权,生态环境保护职能被人为地分割到林草、生态环境、农业农村等多个机构,[①]无法实施统一的管理。规制不健全还容易出现管理边界不清、管理真空地带,交叉管理造成相互推诿、该管不管的局面,影响管理效能发挥和保护效果。如保护区的管理和执法由州、县林业部门行使,依靠三江源地区 20 个森林公安机构、6 个木材检查站、20 个森林病虫害防治检疫站、40 个乡镇基层林业工作站的近 500 多人。[②] 管理职能不清、责任不落实、人员不足可见一斑。

(二)生态移民与生态补偿机制解决生计与保护冲突

进入 21 世纪,伴随着经济快速发展和全球气候变暖趋势,三江源地区河流干枯、冰川融化、湿地面积变少、雪线萎缩等生态恶化问题越发严重,亟须通过建立自然保护区加以改善。但是,地方政府对建立更多的自然保护区普遍没有积极性,因为自然保护区需要严格保护,与地方政府和社区利用资源发展经济之间的矛盾非常突出。三江源地区经济发展主要依赖畜牧业,然而为了维护国家生态安全大局,当地群众必须放弃传统的生计方式,以免畜牧业对生态环境造成的破坏,也意味着当地放弃了发展机会。自2003 年起三江源地区实施退牧还草工程,近 2700 户牧民举家搬迁,183 万

---

① 杨洁,肖和伟. 三江源生态面貌的展现和环境保护思考:析长篇报告文学《中华水塔》[J]. 环境保护,2022,50(05):73—74.

② 彭友锋. 三江源地区林业执法体系建设探析[J]. 攀登,2008(03):94—97.

公顷的草场被禁牧(占可利用草场面积的 30%),核减约 156 万只的牲畜(占全州总牲畜的 30%),原有基础设施被荒弃,牧民收入和地区财政收入大幅降低。① 根据发展规划,三江源地区首期七年间生态移民为 18 个核心区,涉及牧民 10 124 户,55 774 人;远期还需移民近 37 万人,区内保持 13.37 万人口。②

三江源生态移民工程是一项集中国发展战略、移民扶贫开发、环境保护与治理、产业调整、新牧区建设等多项内容为一体的综合性开发工程,关乎国家长远规划和可持续发展,是一项政府为主导的工程性移民,既有生态保护的目的,也有促进落后地区经济发展、改善贫困地区人民生活的富民目的。因此,牧区生态移民实施了一套较为特殊的迁移机制:① 近距离迁移为主,考虑到牧区地广人稀以及风俗习惯、生活方式等因素,迁入地基本上分布在三江源自然保护区核心区周边的结古镇、大武镇、称文镇等县级镇和乡级建制镇,以及交通便利的新居民点,也有迁移到四川、西藏的零星散户;② 采取整体搬迁、零散搬迁、已迁户安置、以草定畜等四种模式安置移民,整体搬迁、零散搬迁、已迁户安置中以城镇集中安置(66.8%)和适度聚集(19.8%)为主;③③ 给予生态移民补偿,牧民搬迁的经费由四部分构成,分别是中央政府、省政府拨付的资金以及地方州县政府的配套资金,另外牧民还需自筹一部分,④补偿期限起初是 5 年,后来改为 10 年。⑤

但是,在移民实施过程中还存在如下一些问题:

(1) 在生态补偿机制方面。虽然目前国家对生态保护和建设者在经济

---

① 乔卓玛,芦光珍,张建财. 建立完善"三江源"自然保护区生态保护与建设补偿机制的对策建议[J]. 草业与畜牧,2009(09):37—38,46.

② 尕丹才让. 三江源区生态移民研究[D]. 陕西师范大学,2013.

③ 索端智. 三江源生态移民的城镇化安置及其适应性研究[J]. 青海民族学院学报,2009,35(02):75—80.

④ 尕丹才让,李忠民. 牧区生态移民述评:以三江源国家级保护区为视角[J]. 青海师范大学学报(哲学社会科学版),2011,33(04):49—52.

⑤ 胡勇. 亟须建立和完善草原生态补偿机制[J]. 宏观经济管理,2009(06):40—42.

上给予一定补偿,但基本上是以工程项目建设投入为主,且投资项目不配套、标准偏低,尚未形成完善的综合补偿系统。[①] 地方的配套资金多因财力不足而缺位,补贴标准也较低,再生产领域未得到补偿。移民的自筹资金,由于"四配套"和小城镇建设等贷款多、负担重,这些贷款大部分牧户无力偿还,更没有自筹资金重建家园的能力。[②] 因此,在进一步增强国家投资为主体的生态补偿机制的同时,还需要建立生态补偿市场化机制,改变纵向单一补偿的格局,通过征收生态环境税等方式,扩充资金来源,为移民后续的基本生活、再生产和发展新产业提供资金保障。

(2) 在生计方面,牧民变成市民后最大的问题就是就业问题。由于受人力资本、资金、职业技能等约束,新进城的牧民干不了收入高、稳定性好的职业;修鞋、环卫等收入较好的职业,受习俗和传统观念影响又不愿意干。因此,完善社会就业保障体系,拓宽就业渠道,加强职业技能培训,为牧民提供就业指导和技术援助刻不容缓。

(3) 在生态文化保护方面。尚未给予足够的重视,游牧文化存在消失的危险。随着以游牧为物质载体的传统畜牧业生产的改变,传统的生产生活观念与方式也将发生变化,游牧文化在失去存在的基础后所造成的损失是不可估量的。因此,必须建立游牧文化的传承和发展机制,确保自然生态保护的同时文化生态也得到保护。

(三) 人兽冲突补偿缓解社区利益矛盾

在三江源生态保护过程中,另一个需要关注的管理问题就是人与兽作为社区利益相关方的冲突问题。在人兽冲突中,一方面是提高社区居民的人兽冲突风险防控意识,提高牧民对野生动物的包容度和对野生动物保护的积极性;另一方面是建立了家畜保险基金和肇事补偿政策,当地政府部门

---

① 乔卓玛,芦光珍,张建财. 建立完善"三江源"自然保护区生态保护与建设补偿机制的对策建议[J]. 草业与畜牧,2009(09):37—38,46.

② 李凌民. 三江源自然保护区生态移民的几点思考[J]. 青海学刊,2003(06):34—35.

与林业和草原部门实施野生动植物损害赔偿项目,以减少牧民的经济损失。给每头牛投保 18 元后,一旦发现损害,赔偿一头正常体型的牦牛为 1000～1200 元不等,赔偿一头牛犊为 500 元左右。但是,目前野生动物保护的相关法律中对于人兽冲突补偿的规定比较粗泛,不同地区间乃至不同时间中,所规定的内容存在差异,导致地方各级政府实施补偿的标准不一、要求不明确。人兽冲突生态补偿主要是针对野生动物侵袭人类及家畜的情形,采用购买保险的方式解决,牧民代表审核员调查取证的信息经人兽冲突保险基金审核通过,人兽冲突中的损失即可获得相应补偿。普通财物损害补偿尚无,因为取证、认定损失的程序难以操作。① 尚需建立健全体现政府主体责任的肇事补偿机制,完善人兽冲突基金管理制度,并简化赔偿流程、公开理赔程序、提高赔偿额度。

---

① 李鑫城. 三江源国家公园生态补偿机制现状研究[J]. 大陆桥视野,2021(12)：76—78.

第六节　现行管理模式面临的挑战

中华人民共和国建立以来,中国自然保护地建设取得了显著成绩,自然保护与管理工作也进行了积极有益的探索。但党的十八大以来,生态文明建设纳入中国特色社会主义"五位一体"总体布局,"绿水青山就是金山银山"的思想及"山水林田湖草是生命共同体"的理念,为中国社会经济发展展示了新图景,也给自然保护工作提出了更高要求。现行"九龙治水"式的管理模式已无法适应新时代对自然遗产资源保护与利用管理的新要求,自然资源管理改革面临着新的挑战。根据新制度经济学的制度变迁理论,"制度变迁可能是由对经济增长相联系的更为有效的制度绩效的需求所引致""可能是关于社会与经济行为、组织与变迁的知识供给进步的结果"。[①] 当前自然保护地体系和国家公园体制建设决定了我国自然保护新制度的需求与供给。然而,制度变迁就是利益重新调整的过程,必然有人因之获利,也有人利益受损,甚至是利益既得者受损。因此,新的制度建立初期,利益相关者

---

① (美)V. W. 拉坦. 诱致性制度变迁理论[M]//Ronald H. Coase, Armen Albert Alchian, Douglass C. North. 财产权利与制度变迁:产权学派和新制度学派译文集. 上海:三联书店. 1991.

发生冲突在所难免,此时的制度供给必须由政府强制推行。

一、生态文明系统观拓展了自然遗产和环境价值的新认知

党的十八大以来,在习近平生态文明思想指引下,自然遗产保护管理进入了新的历史发展阶段。"绿水青山就是金山银山"思想和"山水林田湖草是生命共同体"的理念,拓展了《保护世界文化和自然遗产公约》中强调的自然遗产具有突出的普遍价值的内涵和意义,赋予了森林、草原、湿地等自然生态系统作为国家公共资源的生态战略意义,并从生态文明人地共荣的系统观视角,赋予了自然资源和生态环境在生态文明建设和美丽中国建设中的重要地位。建立以国家公园为主体的自然保护地体系,为高效、规范管理和保护中国自然遗产、实现人与自然和谐共生提供了途径和抓手。为此:

(1)要从生态文明思想的高度认识自然遗产和生态环境的价值。自然保护地不仅在生物多样性、自然景观及自然遗迹保护以及维护国家生态安全上具有重要实践价值,而且对诠释和丰富生命共同体的系统观具有重要的理论价值。

(2)要更加科学地处理自然保护与利用的关系。杜绝盲目利用、过度开发自然遗产地,防止生态的人为破坏和自然资源退化,提高自然遗产地的自我恢复能力和发展能力,降低经济社会发展对遗产地资源的依赖,[①]切实维护遗产地的完整性和原真性。

(3)要坚持保护优先、生态为民,突出自然遗产资源的公益性,正确处理遗产地与周边社区等利益相关者的关系,保证自然保护地在我国经济社会可持续发展与和谐社会构建中发挥积极作用。

(4)要主动融入世界遗产事业发展。在吸纳国际先进理念和成熟技术的基础上,将中国传统的自然保护思想与新时代生态文明思想有机衔接,在"山水林田湖草是生命共同体"的系统思想指导下建立正确的生命价值观和

---

① 关志鸥. 保护世界自然遗产 推进生态文明建设[J]. 国土绿化,2021(07):8—9.

生态自然观,丰富和发展中国自然保护思想内涵,探索中国特色发展模式,分享中国自然保护的成功方案与经验。

二、社会经济转型发展提出了生态环境高质量的新要求

21世纪以来,中国经济社会发展全面进入加速转型期,尤其是"十四五"期间,按照统筹绿色发展和安全发展的要求,围绕建设人与自然和谐的现代化目标,中国坚持走绿色发展道路,通过转变经济发展方式和生活方式,推动生态环境保护高质量发展,进而推动经济社会的高质量发展。为此,尊重自然规律和生态阈值,守住自然生态安全边界,把经济活动、人的行为限制在自然资源和生态环境承载力范围内,成为经济可持续发展和生态环境高质量的基本要求。作为承载生态环境的公共资源,自然保护地能够为百姓提供优质的生态产品,能够很好地诠释党和政府以人民为中心的发展理念,提高自然保护地体系的建设和管理水平就成为我国生态环境治理体系和治理能力现代化建设的必答题。

三、自然遗产保护的现实和未来实践需要高质量的管理规制

世界各国的经验告诉我们,任何一种自然保护形式,不论是国家公园,还是遗产地或是自然保护区,均从立法和建章立制开始。高质量的规制既是自然保护理念的演绎,更是自然保护管理智慧的集中体现。中华人民共和国成立以来,我国自然保护地经历了从无到有、从小范围到大面积、从单一类型到多种类型、从保护地到区域生态安全屏障构建的发展历程,尤其是改革开放以来,发展更为规范和迅速。1985年加入《保护世界文化和自然遗产公约》后,中国认真履行公约义务,致力保护自然文化遗产和自然生态环境,成为世界遗产数量最多的国家,在规制建设方面也做了积极的努力,但总体来看,立法质量不高,管理规制缺失不少,自然保护管理工作的依法治理不到位。目前我国10个国家公园体制试点单位仅4个颁布了公园管理条

例,尚缺乏法律指导和政策支持。建立以国家公园为主体的新型自然保护地,必须从立法和规制建设入手,并为高质量立法做好大量探索和研究。

四、统一规范高效指明了新型自然保护地建设与管理新模式

传统的分散管理方式无法适应新型自然保护地建设的新要求。针对我国生态环境保护领域存在的各自为政、"九龙治水"、多头治理等问题,要按照《关于建立以国家公园为主体的自然保护地体系的指导意见》建立统一规范高效的管理体制的要求,整合优化自然保护地,创新自然保护地建设发展机制,从根本上治理自然保护地交叉重叠设置问题,使国家公园为主体的自然保护地体系具备分类科学、布局合理、保护有力、管理有效的特征。[①] 在完善的法律体系保障和统一集中的管理体制之下,自然保护地体系规范建设,达成生态环境的高效管理,自然保护地建设和管理从数量型向质量型、从粗放式向精细化转变。遵循符合生态文明思想的规划理念,应用先进的规划技术,做好保护与建设规划,设计优质生态产品,优化国土生态空间格局,科学统筹生态空间对社会经济发展的承载能力。

五、协调共管机制必须符合国家公园新型社区治理特征

自然保护地利益相关者众多,保护管理过程中需要生态补偿机制和协调共管机制。但目前生态补偿机制水平不高,生态补偿额度不能弥补当地社区居民所受损失,需要建立利益分享的法律机制以保障多元的补偿机制。同时,我国自然保护地尚未形成体系化的社区共管机制,保护地建设与社区生存发展矛盾突出,亟须研究改善社区与保护地关系的指导理论和方法手段,将社区纳入资源管理决策,建立符合社区居民"认知·态度·参与"行为逻辑的不同利益相关者参与建设与管理的深层机制,用以调和社区利益与

---

① 中共中央办公厅,国务院办公厅. 关于建立以国家公园为主体的自然保护地体系的指导意见[R]. 中华人民共和国国务院公报,2019(19):16—21.

保护地公共利益。

总之,中国自然保护地管理方式随着建设面积、类型、数量的增加和社会经济发展而有所变革,无论是采取多部门分散管理,还是相对集中管理,均是适应了当时的社会经济发展水平和资源重要性认知水平的一种制度选择,虽然也发挥了积极的管理作用,但从科学管理和资源可持续发展的角度来判断,仍存在不少问题。当前,自然保护地建设与管理需要应用正确的理论为指导,加快形成全新的自然资源管理制度和政策及其行动纲领,并借助先进的科学技术加以实现。在严格保护与旅游开发双重压力之下,如何保护好具有突出的普遍价值,乃至全球重要意义的自然遗产,同时兼顾地方经济发展和社区生计需求,是各级政府和自然保护机构所面临的共同挑战。

第五章

中国国家公园体制试点工作
进展与成效

2013 年 11 月中国共产党第十八届中央委员会第三次全体会议通过的《中共中央关于全面深化改革若干重大问题的决定》正式提出"建立国家公园体制",并纳入生态文明制度建设的重要范畴。2015 年 5 月 18 日国家发展和改革委、中央编办等 13 部门联合出台《建立国家公园体制试点方案》(以下简称《试点方案》),正式在 9 个省份启动"国家公园体制试点",旨在通过青海三江源、福建武夷山、浙江钱江源、湖南南山、湖北神农架、云南普达措、海南热带雨林、东北虎豹、大熊猫和祁连山 10 个试点的建设,形成可复制、可推广的保护管理模式。试点所在的 12 个省市按照《试点方案》要求,结合各试点的实际情况制订了各自的试点方案。

在习近平生态文明思想指导下,各试点的各项政策和措施均以生态保护为第一要务,践行"坚持人与自然和谐共生,绿水青山就是金山银山,像对待生命一样对待生态环境"[①]的理念和基本方略,按照绿色发展的现实要求和可持续发展的未来目标,稳步推进各项试点工作,引领严格的生态环境保护制度建设。2021 年 10 月 12 日,三江源、大熊猫、东北虎豹、海南热带雨林、武夷山正式成为我国首批国家公园。近六年试点期间,10 个试点的试点方案及其进展各有差异。课题组先后多次深入武夷山、祁连山等地进行实地调研,了解试点的基本情况和试点进展情况。为此,本章结合现场调研、相关研究文献、公园官网报道,就试点工作进展进行对比和梳理分析,总结试点工作中取得的成绩和经验,进一步厘清国家公园试点中存在的问题,以及体制建设和管理模式运行的特点与要求,以期为推进和优化中国国家公园建设与管理提出有价值的建议。

---

① 习近平. 决胜全面建成小康社会,夺取新时代中国特色社会主义伟大胜利——在中国共产党第十九次全国代表大会上的报告[R]. 2017-10-18.

第一节　生态文明思想引领的自然保护实践

一、习近平生态文明思想及其自然保护要求

2007 年党的十七大提出建设生态文明;2012 年党的十八大进一步将生态文明建设列入中国特色社会主义事业"五位一体"总体布局;2017 年党的十九大首次将"生态文明建设"载入党章,成为执政党的行动纲领,推进生态文明体制改革,加快生态文明制度体系完善。生态文明建设随着三个重要时间点加快推进。习近平生态文明思想中"人与自然是生命共同体"理念,生动阐释了人与自然的共生关系,告诫人类发展必须尊重自然、顺应自然、保护自然;"绿水青山就是金山银山"的理念,深刻剖析经济与生态在演进过程中的相互关系,集中诠释了生态良好与生产发展的互促转化关系,科学回答了生态文明建设的根据、途径和价值等重要问题。习近平生态文明思想引领我国生态环境保护和生产生活方式的历史性变革,从本体论、认识论、方法论等多个维度超越了现代西方环境理论,为我国推进绿色发展以及全球环境治理提供了强有力的思想武器,[①]展示了中国特色社会主义制度的比

[①]　王鹏伟,贺兰英. 习近平生态文明思想对现代西方环境理论的超越[J]. 理论导报,2021(10):9—11.

较优势,为实现全球可持续发展贡献了中国智慧和中国方案。

习总书记强调,"要像保护眼睛一样保护生态环境,像对待生命一样对待生态环境""绝不能以牺牲生态环境为代价换取一时的经济发展"。生态文明建设着力处理环境保护与经济发展之间的对立统一关系,通过加强系统集成、协同高效的制度建设,建立有利于形成绿色发展空间格局的区域统筹协调机制、资源开发利用与生态环境保护的统筹协调机制、生态环境保护与应对气候变化的统筹协调机制,综合治理大气、水、土壤污染等环境问题,并通过生态保护修复、资源节约集约利用等方式,落实生态环境和自然资源可持续发展。为此,社会经济发展不是掠夺自然的"竭泽而渔",环境保护也不是困守青山的"缘木求鱼",必须杜绝因过度利用、不当利用,造成水土流失、大气污染、生物多样性锐减等环境恶化问题,也必须在符合自然生态原则之下,和解人与自然的矛盾,达成人类的价值需求、价值规范和价值目标。

二、生态文明制度建设及其自然保护地地位

生态文明是建立在人类对自然社会深刻认识基础上的一种新的文化观和文明观。我国生态文明建设是在习近平生态文明思想指导下,通过理论创新、实践创新和制度创新,建立包括决策制度、评价制度、管理制度、考核制度等内容的生态文明制度体系,着力提高全党全国贯彻绿色发展理念的自觉性和主动性,全面有效地推进资源节约、生态环境治理,健全主体功能区制度,建立以国家公园为主体的自然保护地体系,加快建设美丽中国,让自然生态美景永驻人间,还自然以宁静、和谐、美丽。[①]

2017 年 10 月党的十九大提出"构建国土空间开发保护制度,完善主体功能配套政策,建立以国家公园为主体的自然保护地体系",标志着中国自然保护地体系将由当前的以自然保护区为主体转向以国家公园为主体的建

① 习近平. 在全国生态环境保护大会上的讲话[R]. 新华社. 2018-05-19.

设阶段。[①] 国家公园体制建设列入生态文明制度改革的重要内容,与自然资源资产产权、国土空间用途管制、资源有偿使用、生态补偿和生态损害责任追究等制度的改革与建设协同推进,构成自然保护地管理制度体系。自然保护地建设关系中华民族的永续发展,具有深远的战略意义。国家公园的首要功能是生态保护,目的是建立更加和谐的人与自然关系,通过建立健全保护与管理体制机制,优化国土空间格局,理顺各类自然保护地关系,调动全民更加广泛地参与自然保护,全民共享生态产品,[②]实现保护地资源永续利用,使国家公园成为美丽中国建设的稳固基石。

三、中国特色国家公园及其试点的目的

国家公园是美丽中国的"明信片",是国家形象代表和中华文明的最佳代言。根据《关于建立以国家公园为主体的自然保护地体系的指导意见》,国家公园是以保护具有国家代表性的自然生态系统为主要目的,实现自然资源科学保护和合理利用的特定陆域或海域,是我国自然生态系统中最重要、自然景观最独特、自然遗产最精华、生物多样性最富集部分,保护范围大,生态过程完整,具有全球价值、国家象征,国民认同度高的自然保护地。[③]中国特色国家公园就是要依据中国不同于其他国家和地区的指导思想、目标任务、资源禀赋和制度土壤,在习近平生态文明思想指引下,根植于中华文明的文化土壤和生态智慧,应用独特的自然地理、历史文化、民族特质和政治制度优势,形成能够合理平衡生态环境保护与资源开发利用关系的自然保护机制和管理模式。2015 年以来中国开展国家公园试点工作,其目的就是探索在中国独特的自然地理格局和丰富的生物多样性条件下,从国家

---

①　陈小玮. 三江源国家公园:美丽中国建设的生态范本[J]. 新西部,2020(Z4):13—20.

②　同上.

③　中共中央办公厅,国务院办公厅. 关于建立以国家公园为主体的自然保护地体系的指导意见 [R]. 中华人民共和国国务院公报,2019(19):16—21.

层面理顺自然保护的权责关系,解决管理部门多、职能交叉重叠等问题,协调自然保护与经济发展之间的矛盾,提高自然保护的有效性,提升生态系统服务功能,为国民提供亲近自然、体验自然、了解自然的福利和游憩机会,调动公众参与自然保护的积极性,增强民族自豪感,进而回答生态文明建设中的重大问题,破解人民对美好生活向往与不平衡不充分发展之间的矛盾,因此,是生态文明思想的重要实践。

第二节　国家公园试点目标与政策举措

　　根据《试点方案》,国家公园试点时间为三年,2017 年年底结束,试点目标是以国家级自然保护区、国家级风景名胜区、世界文化自然遗产、国家森林公园、国家地质公园等禁止开发区域为试点区域,基本解决自然保护机构重叠设置、管理多头交叉问题。完成试点之后,按照统一、规范、高效的要求,改革现行自然遗产资源管理体制和资金保障机制,建立新型的管理体制机制,明确自然资源资产产权归属,统筹协调保护和利用关系,形成可复制、可推广的保护管理模式。①《试点方案》要求试点省份在选择具体试点区域时,主要考虑要有代表性、典型性和可操作性。初期时,北京长城列在 10 个试点名单中,后调整为海南热带雨林,而试点完成时间实际上是 2020 年。2017 年 9 月中共中和国务院办公厅出台的《建立国家公园体制总体方案》中进一步明确了建立国家公园体制的主要目标是建成统一规范高效的中国特色国家公园体制,有效保护国家重要自然生态系统原真性、完整性,形成自然生态系统保护的新体制新模式,促进生态环境治理体系和治理能力现代

　　① 国家发展和改革委、中央编办等 13 部门. 建立国家公园体制试点方案[R]. 2015-05-18.

化,保障国家生态安全,实现人与自然和谐共生。①《总体方案》强调了中国特色、有效保护原真性和完整性、新体制新模式、治理体系、生态安全、人与自然和谐共生等内涵。

为有序推进国家公园体制试点,青海三江源、福建武夷山、浙江钱江源、湖南南山、湖北神农架、云南普达措、海南热带雨林、东北虎豹、大熊猫和祁连山 10 个试点先后根据《试点方案》和《总体方案》的总体要求,分别制定了各自的试点方案和总体规划,明确了各试点建设的总体目标、近中远期目标及其重点任务、工作计划、推进措施。各项试点工作在所在地省市各级政府的配合下扎实推进,取得了显著成效。2021 年 10 月 12 日,三江源、武夷山、海南热带雨林、东北虎豹、大熊猫 5 个试点正式成为我国首批国家公园,保护面积 23 万平方千米。在此就首批 5 个国家公园制定的总体规划所确立的总体目标和近中远期目标(表 6-1)以及推进步骤和措施(表 6-2)进行简要归纳,分析各试点对我国建设国家公园体制的理念认知以及对《试点方案》与《总体方案》的理解。

一、国家公园试点目标

目标是国家公园建设的总指挥棒。各公园总体规划从总体目标,到近中远期分期目标,均较好地贯彻习近平生态文明思想,突出生态保护、自然资源保护、生物多样性保护,明确按照建设生态文明制度和国家公园管理体制的要求,构建归属清晰、权责明确、监管有效的以国家公园为主体的自然保护地体系,着力彻底解决自然保护管理的碎片化问题。无论是试点还是真正建立国家公园,设立的目标均是以生态文明建设理论为基础,坚持“绿水青山就是金山银山”和“山水林田湖是一个生命共同体”的理念,建成现代化国家公园,从而坚守绿色发展和生态保护底线,保护自然生态原真性和完

① 陈小玮. 三江源国家公园:美丽中国建设的生态范本[J]. 新西部,2020(Z4):13—20.

整性,建设生态环境科研基地、生态体验和环境教育平台,不断完善科研监测体系,修复自然景观和生态系统,为人民提供优质生态产品,为子孙后代留下自然遗产。

各国家公园还结合各自的地处环境、资源特点和现状特征,提出了一些个性的目标,较好地规划了各公园不同时期的各有侧重的目标任务。如三江源作为"高寒生物自然种质资源库""中华水塔",提出要持续稳定江河径流量,稳定保持长江、黄河、澜沧江水质优良,提出建成青藏高原生态保护修复示范区,共建共享、人与自然和谐共生的先行区,青藏高原大自然保护展示和生态文化传承区。[①]武夷山国家公园提出要保护好世界同纬度最完整、最典型、面积最大的中亚热带原生性森林生态系统,使其成为科学研究的殿堂、自然体验与生态文化教育的基地及人与自然和谐共生、绿色发展的典范。海南热带雨林国家公园提出建成大尺度多层次的生态保护体系,有效保护热带雨林生态系统的原真性、完整性和多样性,稳定热带物种数量,明显改善濒危物种的生境条件,提升热带岛屿水源涵养功能,为海南自贸区、自贸港建设提供生态资源与环境保障。东北虎豹国家公园提出保护温带森林生态系统,稳步增长野生东北虎豹种群,加强虎豹栖息地连通性,成为中国生态文明建设的名片、国际野生动物保护负责任大国形象展示的窗口、野生动物保护国际合作的典范。[②]大熊猫国家公园建成大熊猫野生种群和同域其他珍稀物种保护区,形成以大熊猫为特色的生态文化,成为生态价值实现先行区、世界环境教育和生态展示样板。

其他五个试点也提出了相应的目标,如钱江源国家公园试点提出建成浙江省乃至长三角的大花园和国家重点生态功能区的保护典范。普达措国家公园试点提出保护典型的封闭型森林-湖泊-沼泽-草甸复合生态系统。祁

① 青海省人民政府. 三江源国家公园总体规划[R]. 2018-01.

② 国家林业局,吉林省人民政府,黑龙江省人民政府. 东北虎豹国家公园总体方案(2017—2025)[R]. 2017-12.

连山国家公园试点提出保护典型的寒温带山地针叶林、温带荒漠草原、高寒草甸复合生态系统。

表 5-1　首批国家公园总体规划目标一览

试点公园	主要内容	
三江源国家公园	总体目标	1. 山水林田湖草生态系统得到严格保护,满足生态保护第一要求的体制机制创新取得重大进展,国家公园科学管理体系形成,有效行使自然资源资产所有权和监管权,水土资源得到有效保护,生态服务功能不断提升; 2. 野生动植物种群增加,生物多样性明显恢复; 3. 绿色发展方式逐步形成,民生不断改善,建成青藏高原生态保护修复示范区,共建共享、人与自然和谐共生的先行区,青藏高原大自然保护展示和生态文化传承区
	近期目标	1. 2020 年设立三江源国家公园,国家公园体制全面建立,法规和政策体系逐步完善,标准体系基本形成,管理运行顺畅; 2. 绿色发展方式成为主体,生态产业规模不断扩大,转产转业牧民有序增加,公园内居住人口有所下降; 3. 山水林田湖草生态系统全面保护,生物多样性明显恢复,江河径流量持续稳定,长江、黄河、澜沧江水质稳定保持优良,生态系统步入良性循环; 4. 国家公园服务、管理和科研体系初步形成,生态文化传承弘扬; 5. 基本建成青藏高原生态保护修复示范、人与自然和谐共生先行区、青藏高原大自然保护展示和生态文化传承区
	中远期目标	1. 中期以 2025 年为时限,以近期目标更加优化、更加完善为目标; 2. 远期以 2035 年为时限,保护和管理体制机制完善,行政管理范围与生态系统相协调,实现对三大江河源头自然生态系统的完整保护,园区范围和功能优化,山水林田湖草生态系统良性循环,生物多样性更加丰富,建立起生态保护的典范; 3. 国家公园规划体系、政策体系、制度体系、标准体系、机构运行体系、人力资源体系、多元投入体系、科技支撑体系、监测评估考核体系、项目建设体系、经济社会发展评价体系全面建立,成为体制机制创新的典范; 4. 可持续的绿色发展方式更加成熟,基础设施配套完善,生态体验特色明显,是我国乃至世界重要的环境教育基地,文化先进、社会和谐、人民幸福、社会繁荣稳定,成为我国国家公园的典范,建成现代化国家公园

续表

试点公园		主要内容
武夷山国家公园	总体目标	1. 保护好世界同纬度最完整、最典型、面积最大的中亚热带原生性森林生态系统,实现山水林田湖草的系统保护、完整保护; 2. 建立具有武夷山特色的国家公园体制、生态保护制度和绿色发展模式; 3. 生物多样性保护成效得到巩固,野生动植物种群不断增加,绿色产业体系逐步形成,民生持续改善; 4. 建成体制改革试点与高效管理的样板,生态系统和生物多样性保护的示范,科学研究的殿堂,自然体验与生态文化教育的基地,人与自然和谐共生、绿色发展的典范
	近期目标	1. 2020年正式设立国家公园,建立统一的武夷山国家公园管理体制,构建完善的管理体系,明确与地方政府及相关部门间的权责划分,建立资源保护、科研监测、特许经营、生态补偿、执法监督等制度,建成精干高效的管理队伍; 2. 优化国家公园范围,明确公园范围与功能分区,区划管理分区,实施精细化管理; 3. 实施生态修复及环境保护,增强生态系统的完整性保护,改善生态环境质量,开展茶山整治和"两违"清理; 4. 完成自然资源资产统一确权登记,形成自然资源统一管理数据库,绘制国家公园空间管控一张图; 5. 建设智慧国家公园,搭建天地空一体化保护管理和生态监测平台; 6. 启动国家公园资源本底调查,实施科学研究项目; 7. 引导社区参与国家公园的管理,绿色发展方式成为主体; 8. 生态产品体系不断完善,服务、管理、生态体验和自然宣教体系初步形成
	中远期目标	1. 管理体制更加健全,法规政策体系、标准体系更加完善,管理运行有序高效; 2. 扩大核心保护面积,生态环境质量进一步提升,山水林田湖草生态系统良性循环,生态价值得以发挥; 3. 科研监测体系较为完善,智慧国家公园建设具备一定的规模,为管理、决策、服务等提供科学依据; 4. 社区生产生活方式符合绿色发展理念,生态茶园建设得到推广,生态产业体系更加稳定,社区生态经济均衡发展; 5. 保护管理、服务、生态体验和自然宣教体系等建设较为完善,在保护的前提下,为公众提供更多优质的生态产品

试点公园		主要内容
海南热带雨林国家公园	总体目标	1. 整合海南中部山区各类自然保护地,建立统一规范高效的热带雨林国家公园管理体制,统一行使全民所有的自然资源国家所有权,实行整体保护、系统修复、综合治理,基本建成大尺度多层次保护体系,有效保护热带雨林的完整性、原真性、多样性,逐步恢复和扩大热带雨林等自然生态空间,更好发挥热带雨林的生态服务功能,为海南自贸区、自贸港建设提供生态资源与环境保障; 2. 基本建立以财政投入为主的多元化资金保障机制,形成国家公园法律法规规范标准体系,国家公园与社区协调发展,实现国家所有、全民共享、世代传承,成为国家生态文明试验区(海南)的靓丽名片,争创我国国家公园体制建设的样板
	近期目标	1. 2020年完成试点任务,设立国家公园,构建国家公园管理体制机制; 2. 明确国家公园范围及管控分区,完成自然资源资产统一确权登记; 3. 启动保护、科研检测与合理利用等重要工程,启动生态搬迁工程,启动建设智慧国家公园; 4. 构建公园社区协调发展制度,建立资金、政策等保障制度
	中远期目标	1. 管理体制机制更加健全,法规政策体系、标准体系更加完善,管理运行有序高效,为生态文明体制创新提供可复制、可推广的海南经验; 2. 生态系统的完整性得到增强,雨林空间不断扩大,成为中国乃至全球热带雨林生态系统关键保护地; 3. 山水林田湖草生命共同体得以良性循环,生物多样性保护得到加强,热带珍稀濒危野生动植物的保护成效显著,生态环境质量进一步改善,水源涵养能力得到提高,生态功能和价值稳步提升; 4. 完善监测体系,搭建国际一流科学研究平台,基本完成智慧国家公园建设,能够为管理、决策、服务等提供科学依据; 5. 核心保护区常住人口全部迁出,一般控制区的社区生产生活方式符合绿色发展理念,路网、光网、水网、电网、气网基础设施更加完善,生态产业体系更加稳定,社区生态经济均衡发展,人与自然和谐共生; 6. 保护管理、自然教育和生态体验体系等建设较为完善,为公众提供更多优质的生态产品

试点公园		主要内容
东北虎豹国家公园	总体目标	1. 温带森林生态系统健康发展,山水林田湖草生命共同体得到严格保护,满足生态保护第一要求的体制机制创新取得重大进展,形成科学、智能管理体系,有效行使自然资源资产所有权和监管权,生态服务功能不断提升; 2. 野生东北虎豹种群稳步增长,生态系统健康发展,成为野生动物跨区域合作保护典范; 3. 成为归属清晰、权责明确、监管有效的国有自然资源资产管理体制创新区; 4. 绿色发展方式逐步形成,社区发展不断改善,成为东北国有林区生态文明建设综合功能区
	近期目标	1. 2020 年完成自然资源资产体制改革试点任务,正式设立虎豹国家公园; 2. 设立国有自然资源资产和虎豹公园管理机构及管理体系,建立跨区域跨部门的统一、垂直管理体制,实现中央政府统一行使所有权,形成精干有效的管理队伍; 3. 恢复东北虎豹迁移扩散廊道,增强栖息地连通性,野生动植物丰富度增加,栖息地质量改善,东北虎豹活动范围相对稳定; 4. 开展自然资源资产权统一登记,形成自然资源本底公开共享平台、"天-地-空"一体化的自然资源与生态监测平台; 5. 形成生态友好型社区生产生活模式,居民转产转业,生态产业规模不断壮大,绿色发展方式成为主体,公园内居住点减少、居住人口有所下降; 6. 初步形成虎豹公园服务、管理、生态体验和自然宣教体系
	中远期目标	1. 到 2025 年保护和管理体制不断健全,法规政策体系、标准体系趋于完善,管理运行有序高效。虎豹栖息地连通性明显加强,栖息地质量提升,虎豹种群继续扩大,活动范围扩展。形成生态友好型社区生产生活模式,带动居民转产转业,公园内居住人口明显减少。健全合作监督、社区治理、志愿服务、特许经营等机制,服务、管理、生态体验和自然宣教体系完善; 2. 到 2035 年虎豹栖息地适宜性和连通性继续增强,猎物种群密度明显增加,食物链得到有效恢复,虎豹生存环境显著改善,种群数量稳步增长,形成稳定的野生东北虎豹繁殖扩散种源地; 3. 优化国有自然资源资产管理职能,形成归属清晰、权责明确、监管有效的国家自然资源资产管理模式; 4. 统筹推进国有自然资源资产管理体制、国有林区和国有林场改革,山水林田湖草生命共同体得到整体保护,形成生态友好型社区绿色发展、绿色生活模式,打造集生态文明体制改革先行示范、生态体验和自然教育展示等于一体的综合功能区域;

续表

试点公园		主要内容
东北虎豹 国家公园	中远期目标	5. 完善东北虎豹保护省际和跨国交流合作平台,东北虎豹保护国际影响力明显增强,成为中国生态文明建设的名片、国际野生动物保护负责任大国形象展示的窗口、野生动物保护国际合作的典范
大熊猫国家公园	总体目标	1. 建成生物多样性保护典范,有机整合大熊猫栖息地、自然保护地,增强栖息地适宜性和连通性,基本建立全方位多层次保护体系,大熊猫野生种群和同域其他珍稀物种保护成效显著; 2. 建成生态价值实现先行区,建立归属清晰、权责明确、监管有效的自然资源资产产权制度,不断完善当地居民参与生态保护的利益分享机制和多元化的生态保护补偿机制; 3. 建成世界生态教育展示样板,持续拓宽民间组织和国际社会参与大熊猫保护渠道,国际交流合作不断深化,生态体验、环境教育的全球影响力显著增强,绿色发展方式深入人心,以大熊猫为特色的生态文化逐步形成
	近期目标	1. 组建大熊猫国家公园管理机构,统一行使国家公园自然资源资产管理和国土空间用途管制; 2. 逐步开展各类自然资源调查监测工作和确权登记; 3. 采取近自然恢复措施,逐步恢复和联通大熊猫受损栖息地。进一步完善保护管理和科研监测设施设备。探索建立工矿企业退出机制,逐步退出不符合保护要求的产业; 4. 初步建设一批"生态友好型"示范村、示范户。逐步建立资金保障机制。初步形成生态体验和自然教育功能
	中远期目标	1. 通过山水林田湖草整体保护,自然资源资产所有权和监管权有效行使,形成生物多样性保护示范区域,自然生态系统良性循环,大熊猫野生种群及其伞护生物多样性保护明显加强; 2. 建设成为生态价值实现先行区域,完善多元化生态保护补偿机制,建立绿色生态产业体系,人与自然和谐共生; 3. 建设成为世界生态教育展示样板区域,完善科研监测、自然教育和生态体验体系,形成以大熊猫为特色的绿色生态文化展示样板区

注:根据《三江源国家公园总体规划》《武夷山国家公园总体规划及专项规划(2017—2025年)》《海南热带雨林国家公园规划(2019—2025年)》《东北虎豹国家公园总体规划(2017—2025年)》和《大熊猫国家公园总体规划(2022—2030年)》整理

二、试点政策举措与实施步骤

从各试点国家公园总体规划中可知,在建设目标引领下,各国家公园认真贯彻落实《试点方案》和《总体方案》的精神和要求,制定相关政策,采取积极的举措,分步骤实施试点工作(表 5-2)。根据课题组调研和相关文献可知,各国家公园试点期间做了大量工作,按照生态保护优先、职能有机统一、党政有效联动、编制有效支撑原则,皆从建立统一管理机构入手,探索职能统一高效的大部门体制,逐步推进明确自然资源管理权责、构建协同管理机制、监管机制、财政投入为主的多元化资金保障机制和资金使用管理机制等制度建设,通过国家公园体制建设落实生态文明制度建设,改革自然资源管理,统筹园区内外保护与发展。按照国家公园体制试点要求,各试点启动自然资源统一确权登记,推进生态补偿、移民搬迁、合作保护、人才队伍等工作,建设科技支撑体系。如三江源统筹实施湿地保护、生物多样性等保护工程,开展生态环境综合治理,努力提高生态产品供给能力,还依托青海大学等高校培养专业技术人才,创新人才引进机制,为国家公园的可持续发展提供人才保障。武夷山国家公园依托园区原有的"茶业"和旅游业发展实际,通过发展社区产业,鼓励和指导搬迁户发展"民宿"和"餐饮业",引导产业多元化发展,增加了居民就业机会,同时,建立生态移民搬迁安置补偿机制,较好地解决了人地矛盾,基本达成移民"搬得出、留得住、发展好"的效果。海南热带雨林国家公园以集中安置、土地置换方式实施生态搬迁,并配套发展光伏发电、食用菌等产业,加大技能培训,妥善安排移民到附件茶园务工。大熊猫国家公园着力立法和政策体系建设,除了《大熊猫国家公园体制试点方案》《大熊猫国家公园体制试点实施方案》,还制定了《大熊猫国家公园确界定标管理办法(试行)》《大熊猫国家公园(四川)管理条例》《大熊猫国家公园野外巡护管理办法(试行)》《大熊猫国家公园(秦岭)原生态产品认定办法(试行)》《大熊猫国家公园重大事项报告制度(试行)》等规章,实行核心保护区和一般控制区两区管控,严禁开发性、生产性建设活动。[①] 通过举办大熊猫保护与繁育国际大会等国际性学术研讨会,先后与日本、美国、奥地利、泰

---

① 国家林业和草原局(国家公园管理局). 大熊猫国家公园总体规划[R]. 2020-06.

国等 17 个国家的动物园、研究机构、保护组织、大学建立了国际科研合作网络和科研合作关系,开展合作研究、技术支持、人才培养等工作。[①] 东北虎豹国家公园管理局的人员编制、机构设置等由中央决定,是真正意义上的国家直管的国家公园管理机构,国家林草局还在长春设立森林资源监督专员办事处,统一行使全民所有自然资源资产所有者职责及国土空间用途管制、生态修复、资源环境综合执法等职责。管理局下设 10 个分局,建立了两级垂直管理体制,解决自然生态系统割裂、片断化的管理弊端。实施天然林保护工程,完善自然资源管护体系,划分管护责任区,合并自然保护区、湿地保护区和国家森林公园的管护职能,设定生态管护公益岗位,分解管护指标,落实考核奖惩措施。

普达措、南山、钱江源、祁连山、神农架等 5 个试点,虽尚未正式设立国家公园,但也创新了许多政策和措施,逐步解决试点前以及试点过程中发现的问题。如普达措国家公园在建设门禁系统、栈道、标识牌等基础设施的同时,通过领取社区反哺参与旅游经营的方式,改变社区居民对国家公园建设的不满情绪,社区居民与国家公园管理主体保持着良好的关系。南山国家公园管理局根据湖南省编委批复,设立为公益一类事业单位,编制人数 116 人,其中副厅级局长 1 名,正处级副局长 2 名,设综合处、规划发展处、生态保护处、自然资源管理处 4 个内设机构,下设 4 个管理处和一个执法支队,由湖南省人民政府垂直管理,委托邵阳市人民政府代管,由湖南省林业局具体管理,为全额财政拨款事业单位。湖南省财政厅给予年度财政投入预算,保障单位机构正常运转,支出预算 2019 年为 2444.59 万元、2020 年 2395.27 万元、2021 年 18 987.27 万元、2022 年 8305.83 万元,主要用于综合治理、政策法规、新闻宣传、执法办案、科研、设备维修维护以及国家公园创建试点项目建设等。钱江源国家公园试点开展自然资源确权登记,制订《开化县农村集体土地所有权确权登记发证实施方案》,拟订工作程序和技

① 国家林业和草原局(国家公园管理局). 大熊猫国家公园总体规划[R]. 2020-06.

术方案,制定了诸如《田畈村关于钱江源国家公园集体林地地役权补偿金使用管理办法》等具体政策。神农架国家公园出台了《神农架国家公园保护条例》、总体规划和专项规划,进行自然资源确权登记,还组建了国家公园科学研究院,全面完成智库建设,引入 AR、VR 技术对小龙潭金丝猴科普馆、官门山地质科普体验馆、大九湖湿地馆等科普场馆进行改造升级,建设生物多样性、自然地理、地质地貌、环境保护教育的科教科普场所。祁连山国家公园着重建立数据共享机制,实现各类数据的统一汇聚和一体化管理;推进自然教育和生态体验基地、感知体系建设,建立了 13 所国家公园生态学校。

　　上述列举以及表 5-2 只是各国家公园所采取的部分政策和措施,较好地贯彻了国家自然保护战略,并因地制宜地为中国国家公园建设奠定了重要的基础。

表 5-2　首批国家公园试点政策和实施步骤一览

试点公园	主要内容
三江源国家公园	1. 组建管理机构。建立统一行使国有自然资源资产所有权人职责的管理体制。通过职能整合,有效减少部门职责交叉。坚持省、州、县三级层面有序对接,组建三江源国家公园自然资源资产管理机构。 2. 明确权责。中央政府直接行使自然资源所有权,试点期间委托青海省政府代行。坚持明晰权责和监管分离,强化专业合作和分工负责,国土资源、环境保护、农牧、林业、水利等部门依法对自然资源管理和保护利用进行监督和指导,协同维护三江源生态系统的原真性和完整性。 3. 管理运行。按照"编随职转,人随事走"原则,从省、州、县现有编制中调整划转,落实机构编制人员和"三定"方案。管理局系统职责动态管理,不断优化调整,明确职能职责、工作流程、岗位标准,建立规范统一的内部管理制度,逐步形成与国际接轨的职业化管理队伍。 4. 协调园区内外职责。管理局与地方政府积极协作、明确权责,对三江源自然资源资产实行一体化、集中高效统一的管理和更加严格规范的生态保护。 5. 社会参与。推进志愿者服务制度,吸引社会各界人士参与志愿服务。坚持开放建园,参与国内外交流与学术活动,加强国际交流和合作。加强流域合作,建立长江、黄河、澜沧江流域生态保护共建共享机制

试点公园	主要内容
三江源国家公园	6. 科技支撑体系建设。开展体制机制、生态保护关键技术、生态机理和生态监测、信息化等重点课题研究。开展生态和社会本底调研,进行地球科学研究,提升对生态系统演变机理、生态安全格局及气候变化影响等关键领域的认知能力,提升退化生态系统的生态修复技术水平。 7. 科研人才队伍建设。强化专业人才培养,创新人才引进机制,为国家公园的可持续发展提供人才保障。 8. 智慧国家公园建设。运用先进技术、公共基础设施和既有资源,集约建设"智慧国家公园",打造成为具有国际水平的科技、生态监测和自然教育示范基地[①]
武夷山国家公园	1. 组建管理机构。建立"管理局—管理站"的两级管理体系。整合原有各类自然保护地类型,按照统一、垂直、高效管理的要求,解决政出多门、职能交叉、职责分割的弊端。[②] 2. 地役权改革。设定生态公益林保护补偿制度,增加内部的公益性岗位,以特许经营的形式进行招聘管理,发展园区原有"茶业"。 3. 森林资源管控。开展自然资源统一确权登记,按功能区实行差别化管理,进行"天-地-空"一体化全方位监测,探索资源保护购买社会化服务试点。 4. 生态补偿机制。建立社区协调发展机制,一体推进生态补偿机制建设,开展特许经营、商品林收储等改革,打造生态茶产业和生态旅游业,积极探索绿水与民富共赢的绿色发展之路。[③] 5. 生态移民搬迁。按照"依法依规、村民自愿、保护第一、和谐发展"的原则,因地制宜开展生态移民搬迁工程,鼓励和引导原住民由核心保护区迁至一般控制区、由一般控制区逐步迁出国家公园体制试点区,并设立生态移民搬迁安置补偿,指导和支持发展民宿和餐饮业
海南热带雨林国家公园	1. 组建统一管理机构。建立集空间规划、管理规定、实施计划于一体的决策机制。国家公园管理机构履行公园范围内的生态保护、自然资源资产管理、特许经营管理、社会参与管理、宣传推介等职责,负责协调与当地政府及周边社区的关系。[④]

① 青海省人民政府. 三江源国家公园总体规划[R]. 2018-01.

② 国家林业局昆明勘察设计院. 武夷山国家公园总体规划(2017—2025)[R]. 2018-11.

③ 吴天雨,贾卫国. 南方集体林区国家公园体制的建设难点与对策分析——以武夷山国家公园为例[J]. 中国林业经济,2021(05):11—15.

④ 陈曦. 海南国家公园体制试点建设管理模式难点问题与对策[J]. 今日海南,2019(01):63—64.

续表

试点公园	主要内容
海南热带 雨林国家公园	2. 统一行使所有权。按照自然资源统一确权登记办法,依法对区域内水流、森林、山岭、荒地、滩涂等所有自然生态空间统一进行确权登记。① 3. 构建协同管理机制。合理划分中央和地方事权,构建主体明确、责任清晰、相互配合的国家公园中央和地方协同管理机制,国家林业和草原局加大指导和支持力度,地方政府根据需要配合国家公园管理机构做好生态保护工作,国家公园所在地方政府行使辖区经济社会发展综合协调、公共服务、社会管理、市场监管等职责。② 4. 建立健全资源管理制度。建立自然资源资产产权管理制度,科学评估资源、资产的价值,实行自然资源有偿使用制度。将核心保护区纳入生态保护红线和海南省国土空间规划,实施统一管控。建立健全监测监管机制。加强国家公园空间用途管制,强化对生态保护的监管。 5. 建立健全社会监督机制,形成举报制度和权益保护机制,以保障社会公众的知情权,监督权③
东北虎豹国家公园	1. 组建管理机构。统一行使区域内国土空间用途管制、资源保护管、资源环境综合执法、运行发展等职责,起草保护管理法规、规章、政策、标准和规划;拟定资金管理政策,提出支出成本预算,并组织实施。④ 2. 管理运行。本着"因事设岗、因岗定人"原则核定人员编制,构建虎豹公园自然资源与生态保护的骨干队伍。涉及自然资源和生态保护的政府有关部门、林场的相关人员部分划转国家公园管理局,现有各类保护地管理职责并入东北虎豹国家公园管理局。整合公园所在地资源环境执法机构人员编制,实行资源环境综合执法。 3. 保护管理站。建成完善的虎豹公园保护管理网络,加强管护巡护,宣传资源保护政策和有关法律、法规,制止破坏、损毁、侵占自然资源等不法行为,开展森林火灾、有害生物、自然灾害等方面的巡查。 4. 运行机制。所有权、管理权和经营权分离,遵循"国家所有、政府授权、特许经营"的模式,即形成专门管理主体独立管理,多方协同联动参与的管理机制。公园国有自然资源资产所有权属于中央政府,管理权属于虎豹公园管理局;经营权属于管理局特许的经营者,建立特许经营机制、志愿者服务机制、社会合作监督机制等。

---

① 张蕾,王晓樱. 为海南永续发展筑牢绿色生态屏障——国家公园管理局负责人解读《海南热带雨林国家公园体制试点方案》[N]. 光明日报,2019-01-25.

② 国家林业和草原局,海南省人民政府. 海南热带雨林国家公园规划[R]. 2000-04.

③ 张蕾,王晓樱. 为海南永续发展筑牢绿色生态屏障——国家公园管理局负责人解读《海南热带雨林国家公园体制试点方案》[N]. 光明日报,2019-01-25.

④ 臧振华,张多,王楠,等. 中国首批国家公园体制试点的经验与成效、问题与建议[J]. 生态学报,2020,40(24):8839—8850.

试点公园	主要内容
东北虎豹国家公园	5. 形成多元化投资支持体系。政府财政支持是东北虎豹国家公园建设的投入主体,鼓励和支持社会资本进入东北虎豹国家公园建设体系,并设立相应的配套保障体系①
大熊猫国家公园	1. 树牢共建共管共享理念。把公园管理机构与地方政府建成利益共同体,推动形成保护共同体。探索调动地方政府积极性的方式和途径。 2. 明确管理机构职责定位。坚持资源管理、空间管制、生态保护修复等由公园管理机构主导,地方政府协助;园区内产业发展、社区建设由地方政府主导,公园管理机构配合,编制了大熊猫国家公园管理办法和行政权力清单。② 3. 创新管理机制。以分局为单位组建大熊猫国家公园共管理事会试点,吸收地方党政领导、人大代表、政协委员、社区代表及利益相关方代表参加,审议审定、监督评价、协商协调该区域建设管理中的重大事项,保障地方政府和利益相关方的知情权、参与权、监督权和有关事项的决策权,构建共建共管共享的体制保障。 4. 搭建联结载体。把建设入口社区和特色小镇作为体制试点工作的重点之一,通过规划引领发展生态旅游、自然教育等绿色生态产业,改善基础设施,助推地方经济发展,完善公园功能。 5. 打造园地合作先行示范区平台。加强与雅安市政府的战略合作试点,支持雅安依托大熊猫国家公园建设实现转型发展,最大限度调动地方政府支持公园建设的积极性。③ 6. 推进合作保护。充分利用生态公益岗位和特许经营优先权,鼓励集体经济组织与公园管理机构签订管护协议。与原住居民合作,鼓励原住民利用自有生产生活设施发展餐饮、住宿、生态采摘等特许经营活动,免收特许经营费,调动其保护资源和生态的积极性。与集体经济组织合作,通过集体资产入股,探索集体资产参与公园建设并分享利益的模式。 7. 社区参与和教育游憩。社区参与是国家公园建设,为公众提供精神享受、教育、娱乐与参观等机会,积极促进生态教育功能发挥④

① 刘嘉琦,曹玉昆,朱震锋. 东北虎豹国家公园建设存在问题及对策研究[J]. 中国林业经济,2019(01):21—24.

② 国家林业和草原局(国家公园管理局). 大熊猫国家公园总体规划[R]. 2020-06.

③ 孙继琼,王建英,封宇琴. 大熊猫国家公园体制试点:成效、困境及对策建议[J]. 四川行政学院学报,2021(02):88—95.

④ 张希武,唐芳林. 中国国家公园的探索与实践[M]. 北京:中国林业出版社,2014.

第三节　国家公园试点工作的主要成效

一、三江源国家公园

2016 年 4 月青海省根据国家的总体部署,启动三江源国家公园体制试点工作,遵循人与自然和谐共生的理念,探索生态保护的体制机制与管理模式创新。

1. 初步创建统一高效管理体制

成立省委书记、省长任"双组长"的领导小组,建立省委常委会、省委深改委定期会议制度,江源局与地方政府建立联席会议制度,推动试点任务落实。成立了正厅级的三江源国家公园管理局,初步建立法律政策体系、标准体系和规划管理体系,颁布了《三江源国家公园条例(试行)》,制定科研科普等 13 个管理办法,发布公园标准体系导则、术语等青海省地方标准。管理体制全覆盖省、州、县、乡、村五级,实现自然资源资产管理和国土空间用途管制"两个统一行使"。

2. 创新社区共治共建共享治理模式

保护地建立了"一户一岗"生态管护公益岗位机制,为牧民提供生态公益岗位,每年补助资金 3.7 亿元,户均年收入增加 21 600 元。管护网络全覆盖,推进组织化管护、网格化巡查,实现对高寒缺氧、远距离、大尺度区域的有效巡查管护。① 采取特许经营的方式,引导牧民以社区为单位从事国家公园生态体验、环境教育服务等项目,扶持牧民在参与生态保护、公园管理中获得稳定收益。② 管理局等相关机构组织开展"世界野生动植物日"主题宣传活动,以提高国家公园的社会认知,增强公众保护野生动植物的意识。

3. 整体保护三江源头

生态保护和基础设施等建设工程有序推进,科研监测、教育培训等各项工作开局良好。初步摸清自然资源资产本底,初步形成权责清晰、公开共享的平台,优化了国家公园范围和功能分区,将长江正源格拉丹东和当曲区域、黄河源约古宗列区域纳入国家公园范围,区划总面积由 12.31 万平方千米增加到 19.07 万平方千米。③ 三江源生态系统退化趋势得到初步缓解,2022 年草原综合植被覆盖度较 2015 年提高 4.6 个百分点,湿地植被覆盖度稳定在 66% 左右,水资源总量明显增加,林地保有量增加 0.4%,草地植被覆盖度、产草量分别比 10 年前提高 11%、30% 以上,"黑土滩"治理区植被覆盖度由治理前的不到 20% 增加到治理后的 70% 以上。④

4. 推进生态保护科技合作

落实《长江保护法》的相关法律法规,与长江科学院等科研机构在生态保护、检测水质水量、水生生物、鱼类迁徙和繁殖、科普教育等方面开展深度合作,共建"天-地-空"一体化生态环境监测体系和公园生态大数据中心。

---

① 万玛加,王雯静. 三江源国家公园:共治共建共享 生态红利持续释放[N]. 光明日报,2022-02-28(005).
② 同上.
③ 同上.
④ 同上.

二、武夷山国家公园

2017 年 6 月 16 日成立武夷山国家公园管理局,2021 年 10 月正式成立武夷山国家公园。武夷山国家公园按照习总书记"有序推进生态移民,适度发展生态旅游,实现生态保护、绿色发展、民生改善相统一"的指示,以创新管理体制和运行机制为着力点,探索景观资源有偿利用,推进完整保护世界同纬度最完整、最典型、面积最大的中亚热带森林生态系统和世界文化与自然遗产及国家公园试点工作。

1. 创新管理体制机制

组建由福建省政府垂直管理的武夷山国家公园管理局,试点期间委托省林业局代管,明确武夷山国家公园权责事项 123 项。创新生态立法机制,增设"国家公园监管"执法类别,出台总体规划及生态保护、科研监测、科普教育、生态游憩、社区发展等 5 个专项规划,为依法依规保护发展提供依据。实行差异化圈层分区管控机制,外围划定了 4252 平方千米范围,作为环武夷山国家公园保护发展带,在空间上划分为重点保护区、保护协调区、发展融合区三类。建立领导干部离任审计制度,健全公益性主导下的特许经营制度,加大重点区位商品林赎买、生态补偿专项资金转移支付力度。统筹中央、省及地方财政投入资金 7.02 亿元保障体制试点。试点以来,公园内生态环境的原真性、完整性得到加强,生物多样性更加丰富,森林覆盖率达96.72%,保护成效较为显著。[①]

2. 建立共管共治、高效联动机制

建立了省级统筹联席会议机制、省市县协同推进落实机制、乡村联动共商共建机制,实现省、市、县、乡四级联动,明确了主体责任、理顺了权责划分。推动地方政府支持建立国家公园建设标准体系,涵盖生态环境、公园城

---

① 吴天雨,贾卫国. 南方集体林区国家公园体制的建设难点与对策分析:以武夷山国家公园为例[J]. 中国林业经济,2021(05):11—15.

镇建设、产业发展等指标。探索"茶-林""茶-草"等产业的可持续发展模式，鼓励茶企、茶农按标准建设茶-林、茶-草混交生态茶园,建成生态茶园示范基地 124 公顷,[1]带动地方经济发展、提升居民收入水平。

3. 建立多元化的协调保障机制

试点期间,福建省人民政府成立建立武夷山国家公园体制试点工作联席会议制度,组织推进武夷山国家公园体制试点和保护建设管理、编制相关专项规划、修订规章制度及研究协调解决保护建设中的重大管理问题。成立闽赣两省联合保护委员会,与江西武夷山国家级自然保护区开展跨境协同巡查等活动,推动武夷山生态系统完整性保护。

4. 建立就业引导与培训机制

引导地方居民开发生态观光游和茶文化体验,参与特许经营的旅游服务项目。根据景区门票收入动态调整补偿标准,每年支付山林权有偿使用费 319 万元,且优先聘用试点区内居民从事导游、环卫工、竹筏工等岗位。目前,参与上述岗位的工作人员 1400 多人,其中试点区内居民达 1300 多人。[2]

三、海南热带雨林国家公园

自 2018 年开展国家公园试点以来,海南热带雨林国家公园把体制机制集成创新摆在试点工作的首要位置,创建"管理体制扁平化、土地置换规范化、科研合作国际化的国家公园新模式"入选第十批海南自由贸易港制度创新案例,[3]探索国家公园管理海南模式。

---

① 吴天雨,贾卫国. 南方集体林区国家公园体制的建设难点与对策分析:以武夷山国家公园为例[J]. 中国林业经济,2021(05):11—15.

② 同上.

③ 章新胜,米红旭,姜恩宇. 海南热带雨林国家公园:一种国家公园新模式[J]. 森林与人类,2021(10):14—21.

1. 构建垂直管理、执法派驻的监管体制

主要包括：① 海南省委、省政府与国家林草局联合成立领导小组，建立局省协作工作机制。② 建立了省级管理机构。在海南省林业局加挂海南热带雨林国家公园管理局牌子，增设海南热带雨林国家公园处和森林防火处两个内设机构。在自然保护地管理处加挂执法监督处、林业改革发展处加挂特许经营和社会参与管理处牌子，成立了海南智慧雨林中心并加挂海南热带雨林国家公园宣教科普中心。③ 整合 12 个自然保护地机构成立尖峰岭、霸王岭、吊罗山、黎母山、鹦哥岭、五指山和毛瑞等公园管理局 7 个分局，作为海南热带雨林国家公园二级管理机构，撤销试点区内原有的林业局、保护区管理局(站)、林场等机构，形成"范围上一个整体，运行上一套班子，管理上一个标准"，确保机构扁平高效。[①] 试点区独创国家公园综合执法派驻双重管理机制，明确了国家公园综合执法主体，建立了热带雨林国家公园稳定的综合执法队伍，确保了国家公园范围内综合行政执法不出现空档。

2. 建立科研平台、全球智库的科技支撑体系

在五指山、尖峰岭、霸王岭建立了森林生态系统定位观测研究站，支撑热带雨林生态系统功能评估；创建了世界上首套大样地＋公里网格样地＋卫星样地＋随机样地相结合的四位一体森林动态监测系统，解决了热带雨林和生物多样性长时间尺度观测难、复杂生境中生物多样性比较难、不同空间尺度生态过程理解难等难题，为热带天然林生物多样性保育及恢复研究、动态监测、成效评估等提供技术平台。[②]

3. 创新生态搬迁集体土地与国有土地置换新模式

以自然村为单位，实行迁出地与迁入地的土地所有权置换，迁出地原农民集体所有的土地全部转为国家所有，迁入地原国有土地全部确定为农民

---

① 陈曦. 海南国家公园体制试点建设管理模式难点问题与对策[J]. 今日海南，2019(01)：63—64.

② 章新胜，米红旭，姜恩宇. 海南热带雨林国家公园——一种国家公园新模式[J]. 森林与人类，2021(10)：14—21.

集体所有。市县政府将拟置换的土地现状、置换方式、安置方式等内容进行公示,充分尊重生态搬迁涉及的农民集体、农民和相关土地权利人的意愿。完整置换迁入地和迁出地权属,办理不动产产权登记,赋权政府、迁出地集体、迁入地集体(农垦)三方的权能。建立土地增减挂钩模式,有效解决土地处置难题,实现"搬得出、稳得住、能发展、可致富"的生态搬迁目标。[①]

四、东北虎豹国家公园

自2017年开展国家公园试点以来,东北虎豹国家公园在创新中央垂管管理体制、构建"天-地-空"一体化监测体系以及跨境保护等方面进行了积极探索,取得较大进展。

1. 建立三级垂直管理体系

东北虎豹国家公园试点区是十个试点唯一由国家林业和草原局(国家公园管理局)代表中央政府垂直管理的试点区。[②] 试点区制订了《关于建立东北虎豹国家公园资源环境综合执法机构方案》,设立了试点公园管理局,下设10个管理分局,分局以下设立国家公园保护站,基本建立了"管理局—管理分局—基层保护站"的三级垂直管理体系。

2. 深化管理体制与机制改革

东北虎豹国家公园试点区以平衡保护利用关系为核心,推行跨区域跨部门、垂直统一的生态保护管理模式试点。跨越吉林和黑龙江的两省管理部门分别建立了责任清单,着力解决全民所有自然资源资产所有权边界模糊、所有权人不到位、权益不落实、所有者和监管者职责不清等问题。以确权登记的形式明确自然资源权属,建立自然资源保护机制。[③] 按照"社区共

① 龙文兴,杜彦君,洪小江,臧润国,杨琪,薛荟. 海南热带雨林国家公园试点经验[J]. 生物多样性,2021,29(03):328—330.

② 臧振华,张多,王楠,等. 中国首批国家公园体制试点的经验与成效、问题与建议[J]. 生态学报,2020,40(24):8839—8850.

③ 张陕宁. 扎实推进东北虎豹国家公园两项试点[J]. 林业建设,2018(05):197—203.

建,多方参与,协同发展"的思路,建设"自上而下"的政府主导和"自下而上"的社区主导管制相结合的社区参与模式,有效提升社区的地位与权力。加强社区教育,在生态保护优先的前提下,引导居民参与生态旅游开发经营以及旅游企业和游客管理。①制定颁布了《野生动物损害经济补偿办法》《野生动物损害保险制度》等法规,②采取经济补偿等方式,探索解决人兽冲突的办法。

3. 建立合理的利益分配机制

搭建利益相关者交流平台,保障社区参与,建立利益相关者间的信任,邀请社区居民代表和村干部、虎豹公园管理局、旅游企业、政府部门和专家学者、非政府组织等,讨论生态旅游业政策、规划和运营管理。③

4. 构建"天-地-空"一体化自然资源监测和管理系统

通过建设基站、设置视频卡口、布设红外相机等方式,推行"互联网＋生态"的管理模式,实现了管理监测信息化和智能化,监测覆盖园区范围达近万平方千米,实时监测野生动物、人为活动、自然资源和生态因子等30多个指标。试点区内的监测体系已获取了东北虎、东北豹、梅花鹿等野生动物活动的大量影像和自然资源监测数据,为保护巡护提供了大数据支撑。④各分局加强常规监测,按照标准网格化方法,做到了巡护无死角、无盲区、全覆盖,为持续开展"清山清套"等专项打击和监管行动提供了技术支持,有效打击了违法行为,保障了野生动物和森林资源安全。⑤

① 高情情,金光益,崔哲浩,等. 东北虎豹国家公园入口社区生态旅游发展研究[J]. 延边大学农学学报,2020,42(02):104—109.

② 田晔,程鲲,潘鸿茹,等. 东北虎豹国家公园黑龙江东宁片区人兽冲突现状调查分析[J]. 野生动物学报,2021,42(02):487—492.

③ 高情情,金光益,崔哲浩,等. 东北虎豹国家公园入口社区生态旅游发展研究[J]. 延边大学农学学报,2020,42(02):104—109.

④ 王天明,冯利民,杨海涛,鲍蕾,王红芳,葛剑平. 东北虎豹生物多样性红外相机监测平台概述[J]. 生物多样性,2020,28(09):1059—1066.

⑤ 陈雅如,韩俊魁,秦岭南,杨怀超. 东北虎豹国家公园体制试点面临的问题与发展路径研究[J]. 环境保护,2019,47(14):61—65.

5. 探索国家公园科普宣教多种途径

依托国内主流媒体、公园开设的官方网站和微信公众号"虎豹新观察"等融媒体,将虎文化元素紧密融入宣传工作中。通过"世界老虎日""东北虎豹国家公园建设发展论坛"等活动、建立健全志愿者服务机制、制定志愿者管理办法、完善志愿者制度、开展生态旅游体验和自然教育等途径,宣传国家公园理念,吸引社会各界参与国家公园建设。[①]

6. 完善跨境保护合作机制

公园与俄罗斯开展合作交流,双方签署了《虎豹保护合作谅解备忘录》,制定了2019—2021年联合行动计划,达成在东北虎豹科学研究、生态监测、环境教育和生态体验等领域开展跨境合作。目前已经完成了中俄边境200千米的虎豹跨境监测带、虎豹核心区和扩散区的监测安装任务,为野生动物迁徙开辟通道。

五、大熊猫国家公园

试点期间该试点公园遵循有别于自然保护区建设的理念,采取用疏通代替围堵、用融合代替部分搬迁、用共建代替死守的方式,妥善处理国家公园社区管理中保护与发展的关系,调动社区参与公园管理,落实生态保护与管理,为充分调动多方社会资源投入国家公园的保护与管理进行了有益的探索。[②]

1. 改革创新管理体制

分别依托四川、陕西、甘肃三省林草局加挂省管理局牌子,以省政府管理为主。三省政府成立了试点协调工作领导小组,分别组建以分管省长为

---

① 徐卫华,臧振华,杜傲,等. 东北虎豹国家公园试点经验[J]. 生物多样性,2021,29(03):295—297.

② 李晟,冯杰,李彬彬,吕植. 大熊猫国家公园体制试点的经验与挑战[J]. 生物多样性,2021,29(03):307—311.

组长的试点工作领导小组,统筹协调推进试点工作。① 组建了"管理局—省级管理局—管理分局—保护站"四级管理机构,形成了"1＋3＋14＋147"管理体系,即1个大熊猫国家公园管理局,3个大熊猫国家公园省级管理局,14个管理分局和147个保护站。按照"既不与林草局现有职能重复、又要满足大熊猫国家公园体制试点需求"的原则,将分散在环保、林业、国土等部门的生态管理职责划入大熊猫国家公园管理机构,将大熊猫国家公园范围内各类保护机构的资金、资源、资产、人员等按程序移交到大熊猫国家公园管理局直接管理,实现了统一而系统的管理。②

2. 创新社区共建共管机制

广泛联合保护NGO、社区、公益基金会和企业等利益相关者,建立保护小区、社区公益基金,创建社区保护与巡护队伍,构建"公园管理机构—村级组织—公益组织"三位一体的社区共建共管机制,在落实生态环境共管的同时,支持居民发展生态友好型生计与产业。管理分局层面建有共管理事会,四川、甘肃两省多县跨行政区域内中有9个以社区、社会组织为主体,加入自然保护地,通过共建共管实现自然保护的联合行动。③ 管理机构与原住居民、集体经济组织合作的方式,有益于破解集体所有自然资源的管理难题。④

3. 初步形成自然教育基地网络

四川、陕西两省均对自然教育基地建设极为重视,形成了基地网络,在

① 国家发展和改革委社会司. 国家公园体制试点进展情况之三:大熊猫国家公园[EB/OL]. (2021-04-22)[2021-12-28]. https://www.ndrc.gov.cn/fzggw/jgsj/shs/sjdt/202104/t20210422_1276985.html

② 孙继琼,王建英,封宇琴. 大熊猫国家公园体制试点:成效、困境及对策建议[J]. 四川行政学院学报,2021(02):88—95.

③ 李晟,冯杰,李彬彬,吕植. 大熊猫国家公园体制试点的经验与挑战[J]. 生物多样性,2021,29(03):307—311.

④ 国家发展和改革委社会司. 国家公园体制试点进展情况之三:大熊猫国家公园[EB/OL]. 国家发展和改革委官网,(2021-04-22)[2022-04-11]. https://www.ndrc.gov.cn/fzggw/jgsj/shs/sjdt/202104/t20210422_1276985.html

培养公众树立尊重自然、保护自然的生态意识方面发挥了积极作用。四川省打造"自然教育先行试验区""生态体验先行试验区""熊猫生态小镇",评定了王朗、唐家河、龙苍沟等 19 个省级"大熊猫国家公园自然教育基地",搭建生态体验和环境教育平台,制作宣传片《大熊猫国家公园——世界本来的样子》。陕西省编制了《陕西大熊猫国家公园》期刊,推出了"秦岭大熊猫文化"网站和专栏等多种形式的自然教育媒介。

4. 建立标准化的红外相机监测网络[1]

构建国家公园标准化野生动物监测体系,奠定了生物多样性编目与监测的基础,为诸多科研成果产出发挥关键的作用,为保护地的保护成效评估、[2]景观廊道规划、[3]保护管理决策等提供了科学的支撑。

六、钱江源国家公园

钱江源国家公园体制试点区的重要工作之一,就是探索跨行政区自然治理的有效途径,为其他国家公园开展跨界合作提供可复制、可推广的经验,特别是为江河源头区域的生态文明建设提供示范与借鉴。[4]

1. 建立"垂直管理、政区协同"的管理体制

钱江源国家公园由省政府垂直管理,省林业局代管,作为省一级财政预算单位。生态资源保护中心调整为钱江源国家公园综合行政执法队,直属钱江源国家公园管理局,承担管理制度制定、规划编制、生态保护和资源管

---

① 李晟. 中国野生动物红外相机监测网络建设进展与展望[J]. 生物多样性,2020,28 (09):1045—1048.

② Shen X,Li S,McShea,etc. Effectiveness of management zoning designed for flagship species in protecting sympatric species[J]. Conservation biology:The journal of the Society for Conservation Biology,2020,34(1),158—167.

③ Wang F,McShea W J,Wang D,etcl. Evaluating landscape options for corridor restoration between giant panda reserves[J]. PloS one,2014,9(8),e105086.

④ 张晨,郭鑫,翁苏桐,高峻,付晶. 法国大区公园经验对钱江源国家公园体制试点区跨界治理体系构建的启示[J]. 生物多样性,2019,27(01):97—103.

理、资源调查和监测、科普宣教和科研、特许经营、管理经费、协调社区关系、综合执法等职能。钱江源国家公园体制试点形成了"1+3+X"的管理体制。成立省、市、县三级协调领导小组,建立一系列管理制度,建立健全县级协同管理机制、权责清单、监管制度、生态监测评估机制和社会监督机制等管理制度。①

2. 探索跨区域管理体制

公园毗邻江西、安徽两省三县四乡镇一自然保护区,通过签署合作协议,划定跨界协同治理的空间边界,建设协同保育区、跨省联合保护站,双方共建巡护队伍,配备巡护设备,解决了原有保护地多头碎片化管理问题,共同保护自然资源完整性。建立教育科研培养基地,促进与大中专院校和科研机构之间的联系,鼓励高校人才及科研人员在此开展科学研究。

3. 创新保护地役权改革

村委会接受村民委托,签订合同后与钱江源国家公园管理部门签订地役权合同,将森林、林木、林地权属使用权和管理权统一授权钱江源国家公园管理局。地役权补偿资金由省财政从省森林生态效益专项资金中列支,既实现了试点区内重要自然资源的统一管理,又让属地农民真正从生态保护中获利。②

4. 开展"清源"专项保护行动

专项行动的一系列举措使试点区在保护野生动物方面形成相对完整的链条,也使当地群众的合法权益得到保障,③有力打击了破坏自然生态环境的违法行为,保护了国家公园内野生动植物的栖息与繁衍,有效保护国家公园内生态系统的原真性、完整性。

---

① 国家发展和改革委社司. 国家公园体制试点进展情况之八:钱江源国家公园[EB/OL]. 国家发展和改革委官网,(2021-04-25)[2022-04-11]. https://www.ndrc.gov.cn/fzggw/jgsj/shs/sjdt/202104/t20210425_1277250.html

② 同上.

③ 王琳. 钱江源国家公园体制试点区评价研究[D]. 浙江农林大学,2021.

七、南山国家公园

围绕"生态文明示范区、人与自然和谐可持续发展示范区、少数民族文化传承和发展的示范区、带动少数民族地区经济社会发展的示范区"四大建设目标,南山国家公园推行集体林地流转"租赁＋补偿"管理模式,探索自然生态系统保护与可持续发展互促共赢,在生态资源原真性和完整性保护及建设、管理有效模式上初现成效。

1. 改革管理模式,一个机构管到底

成立南山国家公园管理局,由湖南省人民政府垂直管理,核编116名。出台《湖南南山国家公园管理局行政管理权力清单(试行)》,授予管理局197项行政权力,①明确管理局履行自然资源管理、生态保护、特许经营、社会参与和宣传推广等职能,减少部门职责交叉,保证行政管理辖区范围的完整性和行政效率工作。理顺试点管理体制,剥离移交南山风景名胜区管理处(南山牧场)管理职能,基本健全"一个保护地一块牌子、一个管理机构"的统一管理模式,有效促进试点区规范化、科学化和法制化管理。建立健全财政性资金、项目建设资金使用等管理制度,作为省一级财政预算单位,中央安排项目资金1.2亿元,省、市统筹资金7.35亿元。

2. 推进"三权分置"和共管机制改革

编制《南山国家公园总体规划(2018—2025年)》和专项规划。出台《南山国家公园管理办法》,配套出台巡护、调查评估等制度、规程60余项。制订《南山国家公园集体林经营权流转工作实施方案》及重点项目建设目标管理考核意见,建立试点区生态补偿机制,实施公益林区划调整和集体林"租赁＋补偿"的流转机制,推行集体林"三权分置"改革,创新"南山"新模式。以社区共建为抓手,与辖区村委会和国有林场工区签订《生态协管协议》,通过社区协管方式,加强联防联控,建立社区共建共管机制。创新自然资源确

---

① 罗建南. 健全体制机制 维护南方重要生态屏障[J]. 绿色中国,2020(16):72—73.

权登记机制,编制了《自然资源统一确权登记技术指南》。强化国土空间规划创新,构建国土集聚开发、分类保护、综合整治三位一体新格局。实施公益林护林员、森林防火巡山员和林业有害生物测报员"三员合一",实行森林资源管护员的统一管护模式。

3. 实施产业退出和培育新业态机制

先后制订景区深度开发项目整体退出补偿、小水电生态改造及退出、采矿权退出、生态移民、风电项目关停退出整治、集体林经营权流转等系列实施方案,实现试点区产业退出。采取违建整治专项行动,依法拆除6处违法建筑。出台了《南山国家公园产业指导目录(试行)》《南山国家公园特许经营管理办法(试行)》,推动社区居民生产生活方式由种养殖转型为服务;发挥苗族文化优势,开发生态观光、康养休闲产品,发展生态旅游服务新业态;引导绿色生产方式,构建绿色产品增值体系与可持续生产方式,为社区拓宽多元化收益渠道,形成公园社区可持续发展路径。[1]

4. 强化科研合作和科普教育

加强与各高等院校和科研院所之间的合作,拓展科研领域,共享科研成果,走科技引领保护管理,生态效益、社会效益并举的良性发展之路。建设智慧管理、生态保护项目,增强科普与监测能力,规范标识标牌系统,提高信息技术、视频显示技术、自动化控制等在科普教育方面的应用。

八、神农架国家公园

神农架国家公园按照建成人类"自然课堂"、世界国家公园精品和人类自然遗产保护示范地的目标,解决保护地交叉重叠、多头管理的碎片化问题,推进神农架旅游业由观光旅游到生态旅游与科普旅游的转型升级,探索

---

[1]　李书献.南山国家公园管理体制创新助推区域经济协调发展[J].区域治理,2019(42):48—50.

形成了社区共建共管共享可持续发展新格局。[①]

1. 探索统一、规范、高效的管理体制

整合国家级自然保护区管理局、国家地质公园管理局、大九湖国家湿地公园管理局、国家林区林业管理局等机构职责，[②]组建神农架国家公园管理局，为正县级事业单位，承担神农架国家公园体制试点范围内自然资源保护和管理等职责。核定事业编制 279 个，内设 14 个科室、3 个直属单位、1 个森林公安局、4 个管理处、18 个网格管护中心、14 个哨卡、2 个检查站。按照"一个保护地、一块牌子(国际组织授牌保留)、一个管理机构"的要求，形成"管理局—管理处—网格管护小区(网格小区管护中心)"三级管理模式。省级财政理顺和优化国家公园管理机构经费保障机制；出台《神农架国家公园保护条例》，制定工作制度、管理制度 80 多项，为神农架国家公园体制试点工作提供了强有力的法律和制度保障。

2. 实施分区差异化管理

按公园的山系水系、资源状况、社区分布和保护层级，将试点区划分为四类功能分区，即严格保护区、生态保育区、游憩展示区和传统利用区，有针对性地制定不同的保护和发展策略。[③] 编制完成了《神农架国家公园总体规划》(2016—2025 年)及保护与生态体验、科研科普、社区发展、信息化等专项规划和环境影响评价报告，[④]制定了 66 项系列的配套规章制度和管理办法，包括生态保护和业务管理制度 36 项、科学研究与科普教育等技术规程 11 项和机关运行管理制度 19 项，构建了神农架国家公园生态系统"大保护、

---

① 国家发展和改革委社会司. 国家公园体制试点进展情况之七：神农架国家公园［EB/OL］. 国家发展和改革委官网，(2021-04-25)［2022-04-11］. https://www.ndrc.gov.cn/fzggw/jgsj/shs/sjdt/202104/t20210425_1277249.html

② 谢宗强,申国珍. 神农架国家公园体制试点特色与建议［J］. 生物多样性,2021,29(03)：312—314.

③ 周官正. 从"木头经济"走向"生态经济"［N］. 光明日报,2017-09-24(10).

④ 谢宗强,申国珍. 神农架国家公园体制试点特色与建议［J］. 生物多样性,2021,29(03)：312—314.

大科研、大监测"体系,提升了分区分级管理的科学化和精细化。建立了确权登记数据管理平台,完成神农架国家公园自然资源统一确权登记的外业工作,初步形成了自然资源统一确权登记系统。

3. 科技支撑保护和建设机制

从科技人才和科学技术两方面入手,强化公园保护与建设的技术支撑:① 组建"中国林科院神农架国家公园研究院"、金丝猴研究基地和神农架国家公园专家咨询库,落实国家公园生物多样性监测体系等建设与管理的科技人才;② 成立信息管理中心,建设 16 处科研监测平台,利用信息技术等现代化高科技手段,开展森林资源健康体检、航空遥感监测与巡护,对公园生物多样性以及野外保护站点、路网、森林草原防火等设施进行立体监测,提高国家公园的信息化管理水平;③ 完成投资 4787.18 万元完善管理处、管护中心、哨卡和检查站等基础设施建设,建立景区游客流量预警系统。

4. 建立跨省互动融合、协同共管的工作机制

神农架国家公园牵头成立了"鄂西渝东毗邻自然保护地联盟",将神农架国家公园毗邻的自然保护地纳入 GEF 大神农架项目,形成了突破行政区划限制的 2 省(市)"7+2"(神农架、堵河源、十八里长峡、巴东金丝猴、万朝山和重庆的五里坡、阴条岭等 7 个保护区+重庆宝雪山、湖北赛武当 2 个观察员)大保护新格局。联盟发挥了两省保护地开展合作与交流沟通的作用,形成协同共管机制,促进两省间的协同共管,神农架自然生态系统及其地域生物多样性保护得到明显落实。

5. 创新全民共享的发展机制

一系列的机制创新,有效地落实的全民参与、全民共享的目标。如采用"农户+基地+合作社"的发展模式,扶持社区发展珍稀树种、苗木和中草药种植产业;定期召开社区共建共管联席会议,建立志愿者服务体系和自然保护地社会捐赠制度,推行参与式社区管理,激励和引导企业、社会组织和个人参与自然保护地的生态保护、建设与发展;与保险公司共建野生动物损害

及自然灾害的保险机制,降低农户在种植、养殖过程中存在的各类风险;建立村集体帮扶长效机制,加强社区基础设施建设投入,帮扶社区基础设施和庭院美化建设;创新"生态移民＋精准扶贫＋特色小镇"模式,建立生态移民失地养老保险补贴机制,移民搬迁社区居民年收入平均增长 20％以上;建立自然环境教育平台,开发研学课程与产品,年接待中小学研学、大学生实习以及生态旅游游客等人数超过 100 万人次。

九、普达措国家公园

2008 年 7 月国家林业局正式批准云南省作为试点省,并以国家公园命名云南普达措自然保护地。云南省成立了国家公园管理办公室,编制了云南省国家公园建设规划和云南省国家公园地方技术标准,推动了对国家公园的研究。普达措虽然算不上真正意义的国家公园,却是当时中国大陆第一个国家公园,试点目标是打造成具有香格里拉地域、民族特色的国家公园。2015 年 5 月普达措再次进入国家发展和改革委员会等 13 部门出台的《建立国家公园体制试点方案》名单。应该说 2015 年前普达措国家公园以发展旅游为主,因为公园资产及经营管理权、景区建设等工作全部交由迪庆州旅游发展集团全权负责,建成的是一条集观光旅游、科研考察与高原植被知识普及为一体的精品旅游线路。然而,2021 年 10 月普达措并未被列入首批正式设立的国家公园名单中。云南省虽是启动国家公园试点建设的第一个省份,但并没有形成可复制和可推广的模式,且由于国家正式开展体制试点之前,普达措已基本形成了一套管理模式,在落实中央关于建设以国家公园为主体的自然保护地体系的新要求和新任务时,需要打破原有的利益格局,所面临的困难众多。①

---

① 谢兴龙. 关于完善普达措国家公园体制试点工作的调研报告[J]. 创造,2022,30(02): 59—62.

1. 国家公园体制试点省的探索

云南省 2008 年获批国家公园建设试点省后,成立了国家公园管理办公室,2009 年又设立了云南省国家公园专家委员会。先后启动了《云南省国家公园发展战略研究》,批准实施《云南省国家公园发展规划纲要(2009—2020 年)》和《国家公园申报指南》。2009—2015 年,云南省省政府先后批准建立了普达措、丽江老君山、西双版纳等 13 个国家公园,增加保护面积 32.80 万平方千米,其中游憩活动区域面积 3.76 万平方千米。据 2013 年统计,各个国家公园的总收入达 22.35 亿元,[①]收入主要源于门票以及园内的交通、导游服务等。普达措国家公园建设探索是在生态环境可持续的思想指导下,按照规划—设计—施工建设一体化的理念进行的。借鉴国际经验,公园分为特别保护区、自然生境区(荒野区、野生生物区)、景观游憩带、公园服务区、引导控制区(遗产廊道)五个功能区,建设了较为完善便捷的旅游交通组织系统和以车行道、游览景观步道为核心的游览体系、旅游基础设施和服务设施,还吸引了社区居民参与到生态旅游的经营活动中。[②]

2. 提升管理运行机制

2015 年后云南省将试点区上划省管,省、州层面分别成立了试点工作协调领导小组和推进工作领导小组,建立涵盖省、州、市、乡、村的五级协调管理机制。[③] 制定了《云南省国家公园管理条例》及有关生态保护与经营管理的地方法规和 10 项国家公园技术标准,出台管理评估、巡护监测、特许经营等政策,[④]形成了较为科学的决策咨询机制和地方政府、保护管理机构、经

① 苏岩,金荣. 云南省国家公园发展建设研究[J]. 城市建筑,2021,18(08):118—120.
② 叶文. 云南省国家公园建设[R]. 中国生态学会旅游生态专业委员会通讯,2011(04).
③ 国家发展和改革委社会司. 国家公园体制试点进展情况之九:香格里拉普达措国家公园[EB/OL]. 国家发展和改革委官网,(2021-04-26)[2022-04-11]. https://www.ndrc.gov.cn/fzggw/jgsj/shs/sjdt/202104/t20210426_1277473.html
④ 谢兴龙. 关于完善普达措国家公园体制试点工作的调研报告[J]. 创造,2022,30(02):59—62.

营企业和社区村民等多方利益共享机制。[①]

3. 社区生态旅游助力脱贫致富

坚持"社区参与、惠益共享"原则，出台了《普达措国家公园旅游反哺社区发展实施方案》，探索建立特许经营、资源入股、安置就业、教育资助等发展机制，鼓励社会资本和社区居民适度开展生态体验与教育活动，[②]为社区发展增加造血功能。将公园建设发展目标与社区居民生计结合起来，制订了社区可持续替代生计发展计划，[③]通过发放生态旅游补偿金、优先提供就业岗位等方式，直接或间接为社区提供就业岗位 350 个，实现了国家公园与社区共赢发展的目标，逐步形成了一套以经济补偿、就业安排、完善基础设施为抓手的社区关系处理新模式。[④]

十、祁连山国家公园

祁连山国家公园体制试点期间在管理体制、系统布局、制度标准、生态修复、科技支撑、共建共享、宣传推介等方面开展了诸多有益探索，祁连山生态治理成效得到有效巩固。[⑤]

1. 创新管理体制和机制

甘肃、青海两省政府成立试点协调工作领导小组，以及书记、省长任"双

---

① 杨宇明，叶文，孙鸿雁. 云南香格里拉普达措国家公园体制试点经验[J]. 生物多样性，2021,29(03)：325—327.

② 唐华. 奋力谱写普达措国家公园体制试点新篇章[J]. 绿色中国，2020(16)：60—61.

③ 杨宇明，叶文，孙鸿雁. 云南香格里拉普达措国家公园体制试点经验[J]. 生物多样性，2021,29(03)：325—327.

④ 王宝宣，巩合德，朱贵青，杨双娜. 普达措国家公园游憩资源价值与特色评价[J]. 西南林业大学学报(社会科学)，2021,5(03)：87—92.

⑤ 母金荣，赵龙. 祁连山国家公园甘肃片区在探索创新中开新局[J]. 甘肃林业，2021(03)：15—18.

组长"的试点工作领导小组。[①] 甘肃省林草局加挂大熊猫祁连山国家公园甘肃省管理局,内设国家公园管理处、国家公园监测中心。组建大熊猫祁连山国家公园甘肃省管理局张掖分局、酒泉分局,在各分局增设国家公园管理相关科室,增加科级干部职数,设立基层保护站,形成了省级管理局、分局、保护站的三级管理模式。依托省森林公安局祁连山分局、盐池湾分局分别组建大熊猫祁连山国家公园甘肃省管理局张掖综合执法局、酒泉综合执法局。已编制完成《生态体验和环境教育专项规划》《特许经营管理办法》等 48 个专项规划和制度方案。

2. 创新协调推动机制

遵循"国家所有、政府授权、特许经营"的模式,实行自然资源所有权、管理权和经营权分离,[②]建立管理主体独立、多方协同联动参与的管理机制。园内国有自然资源资产所有权属于中央政府,管理权属于祁连山国家公园管理局,经营权属于特许的经营者,经营行为采取经营合同的形式加以规范,管理局不从事经营活动。[③] 建立管理局与地方政府间的协作机制,合理划分管理职责,管理机构负责国家公园范围内的生态保护、自然资源资产管理、特许经营管理、社会参与管理和宣传推介等职责,[④]对自然资源资产实行统一管理和更加严格规范的生态保护,负责协调与当地及周边关系。地方党委、政府按照生态保护优先、职能有机统一、党政有效联动的原则,负责综合协调国家公园辖区内经济社会发展以及公共服务、社会管理、市场监管等职责。

---

① 国家发展和改革委社会司. 国家公园体制试点进展情况之四:祁连山国家公园[EB/OL]. 国家发改委网,(2021-04-22)[2022-04-11]. https://www.ndrc.gov.cn/fzggw/jgsj/shs/sjdt/202104/t20210422_1276987.html

② 王倩雯,贾卫国. 三种国家公园管理模式的比较分析[J]. 中国林业经济,2021(03):87—90.

③ 孙圣起,吕新文. 祁连山国家公园总体规划公开征求意见[N]. 中国矿业报,2019-02-27.

④ 陈君帜,唐小平. 中国国家公园保护制度体系构建研究[J]. 北京林业大学学报(社会科学版),2020,19(01):1—11.

3. 初步构建共建共治共享机制

出台社会参与机制实施方案、社区共管共建方案,鼓励当地社区、企业、学校和个人参与祁连山国家公园的建设和发展,社区居民应征生态管护和社会服务性公益岗位,增加居民收入,为贫困人口提供就业渠道。创新矿权退出机制,探索生态保护与民生改善协调发展新模式。企业参与生态保护和社区发展,引进高新企业,为传统农牧业向生态农牧业、观光农牧业转型提供科技支持、销售渠道和宣传平台。

4. 构建科技支撑和自然教育体系

利用在甘肃省的科研机构和高校人才资源,集中科研力量开展祁连山生态系统治理和保护研究,如建立"甘肃省祁连山生态环境研究中心",支持兰州大学发挥综合性大学多学科优势建立"祁连山研究院",开展"祁连山涵养水源生态系统与水文过程相互作用及其对气候变化的适应研究"等科研项目。整合省内外 20 余个科研院所、高校、企业等部门的科技资源与人才优势,成立大熊猫祁连山国家公园(甘肃片区)科技创新联盟。青海管理局在青海片区设立生态学校 13 所,覆盖西宁、海北、海西中小学校,建立和完善自然教育管护站、科研基地、大数据中心、生态科普馆等自然生态教育平台,集合教师、管护员和志愿者力量,开发设计自然教育教材和课程,开展生态体验等活动。同时,与富群环境研究院合作,深入公园内的乡镇开展"家在祁连山"宣教活动,培养和提高当地村民的环保意识,让村民成为自然教育的"活教材";与青海师范大学、青海省环境教育协会等单位深度合作,开展自然教育课程开发、人才培养、环保实践等合作,不断为社会公众提供融入自然、享受自然的空间和平台,通过自然教育增强社会公众的自然保护自觉。

第四节　试点工作的不足与启示

　　2015 年我国启动国家公园体制试点 10 个,但是 2021 年首批正式设立的国家公园只有 5 个,说明我国国家公园体制试点虽已取得了显著成绩,但尚存在不足,有些深层次的问题和困难必须重视解决,诸如:尚缺高阶位法律支撑,未完全实现"统一管理";区域差异较大标准难统一,未完全实现建设与管理规范;价值认知不全与推进进展不一,未真正解决保护与利用的矛盾,等等。建立国家公园是通过建立国家公园体制,改革完善自然保护地管理体制,而非仅仅是地理空间上的一座公园。因此,未来国家公园体制改革与建设应当围绕统一、规范、高效的管理体制目标进行。

一、加快建立高阶位法律体系,实现依法依规统一管理

　　法律是国家公园体制建设的基础、支撑和约束。在《国家公园法》和《自然保护地法》尚未出台的情况下,目前,我国确定国家公园管理机构职责的依据,是效力阶位较低的地方法规或政策规范,不仅自然保护全局的统领性有限,依法履职的管理效力和效率也不足。没有国家公园基本法的统领,便没有了建设统一管理体制的效率。从各试点方案、总体规划及其管理体制

改革措施上看,10 个试点并未实现中央直管,而是省管或委托管理,级别也不尽相同,有处级也有厅级,委托代管的对象有省级主管部门,也有地方政府。比如,在试点期间,三江源国家公园自然资源的所有权已归中央人民政府,但却委托青海省人民政府代行其权力,①且中央与地方之间的事权、财权不明确;武夷山国家公园管理局虽由福建省政府垂直管理、被授予了行政处罚权,但是委托省林业局代管,中央并未明确将执法权授予国家公园管理机构。地方代管的国家公园管理机构,隶属不尽相同的上级机关,大多是省政府组成部门或下级政府代管,级别偏低,出现"科级管理处级"的现象,该机构无权要求林业、农业、国土资源等资源管理部门履行与之相同或相应的责任。机构和人员编制设置也无法可依,多以现状调整为主。各国家公园管理局的内设和下属机构设置不一,人员编制以现有人员安置和分流为主,并无科学的测算依据,且多为事业编制,而非公务员系列编制。

10 个试点区本应按照自然地质地貌、生态环境等条件,将周边自然保护地整合起来统一管理,以实现同一自然生态系统的完整性保护,但是推进过程中却因无法协调跨省利益、解决跨省管理问题,仍然未实现统一管理和完整保护。如福建武夷山试点区理应整合江西省武夷山国家级自然保护区,浙江钱江源试点区理应整合毗邻的安徽休宁县岭南省级自然保护区和江西省婺源国家级森林鸟类自然保护区,湖南南山试点区理应整合毗邻的广西壮族自治区资源县十万古田区域,大熊猫和东北虎豹试点区涉及跨多省管理问题但都因面临跨省难题而未能实现。② 再如武夷山保护地生态系统被划分为不同区域,由不同的管理制度进行保护和管理。为争取地方政府参与国家公园试点的积极性,减少来自地方的阻力,福建省林业厅将景区旅游服务的管理职能留给武夷山市政府,由武夷山市旅游管理服务中心负

① 马佳星. 金融支持三江源国家公园建设研究[J]. 河北企业,2021(03):67—68.
② 黄宝荣,王毅,苏利阳,张丛林,程多威,孙晶,何思源. 我国国家公园体制试点的进展、问题与对策建议[J]. 中国科学院院刊,2018,33(01):76—85.

责,景区内资源环境的保护与管理工作则由武夷山国家公园管理机构承担。于是,武夷山国家公园试点期间两个管理机构并存,这是福建省林业厅和武夷山市在争夺政治经济利益话语权中达成妥协的结果。由于门票收入归武夷山地方管理,管理局很难保障试点区内的生态环境保护与治理所需的资金,试点区整体治理与保护资金的投入不尽合理。[①]

落实中央的要求,创新体制机制,明晰管理权责,建立统一规范的管理体制、解决"属地管理"的问题;建立稳定的专业人才队伍,核定人员编制;执行统一的生态保育政策、保护模式、保护方法、管理标准,实现跨界治理;建立多元化的资金筹措与保障机制等,这所有的改革实践均需要依法依规。为此,必须抓紧制订出台《国家公园法》和《自然保护地法》,加强国家层面的顶层设计,通过实现统一行使全民所有自然资源资产所有者职责,统一行使所有国土空间用途管制和生态保护修复职责,建立新型保护地管理体制。

二、建立健全统一的执行标准,实现无区域差别的建设与管理规范

按照"两个统一行使"的要求,执行统一的运行机制和管理标准,是协同治理、提高管理效率的重要保证。由于过去"九龙治水"的破碎化管理积弊所使,试点期间,各试点因区域差别、无统一标准等缘故,尚未实现统一规范管理。如钱江源国家公园试点,利益所涉及的浙江、江西和安徽三省经济发展水平不同、执行制度的方式有差异,致使在生态补偿方面上存在三省间不同社区的生态补偿标准不一致、执行补偿方式不统一、发展与保护分离、受益主体偏离等问题。江西省毗连地区在生态防护理念与机制、管理标准、环保设施等方面与钱江源国家公园的标准相差较远,存在护林员人数与职责

---

① 吴天雨,贾卫国. 南方集体林区国家公园体制的建设难点与对策分析:以武夷山国家公园为例[J]. 中国林业经济,2021(05):11—15.

权限少、护林防火要求有差异、执行力度不统一、处罚不到位等。① 再如神农架国家公园体制试点范围包含了七类自然保护地,管理权又分属于不同部门,管理手段不统一以及管理目标不一致,导致部门之间的利益冲突、管理效率低下等问题。

由于尚未建立起自上而下、统一领导的运行机制与管理体制,没有统一的操作规范,一些地方政府对自然保护地承担了与自身能力不相匹配的全国性责任,地方管理机构对国家公园试点建设所承担的权责不甚明了,出现认识偏差、解读不一,因此或者仍然按照原有管理机制运行,或者实践偏差、配合不及时、不到位。地方政府难以与国家公园管理机构形成有效协作,缺乏对保护地整体价值的认识和保护,且保护地规划"各自为政",缺乏足够的空间统筹,未充分兼顾当地社会经济发展总体布局,难以形成有效的生态系统整体保护网络。

2020 年 12 月 22 日国家林草局发布《国家公园设立规范》等 5 项国家标准,将有助于上述问题的解决,实现无区域差别、无部门差别的规范管理。《国家公园设立规范》规定了国家公园准入条件、认定指标、调查评价、命名规则和设立方案编制等要求,②其中,认定指标涉及三方面九项指标:国家代表性指标包括生态系统代表性、生物物种代表性、自然景观独特性;生态重要性指标包括生态系统完整性、生态系统复原性、面积规模适宜性;管理可行性指标包括自然资源资产产权、保护管理基础、全民共享潜力。《国家公园总体规划技术规范》规定了国家公园总体规划的定位、原则、程序、目标、内容、生态影响评价和效益分析、文件组成等要求,明确了现状调查评价、范围和分区方法,提出了保护体系、服务体系、社区发展、土地利用协调、

---

① 张晨,郭鑫,翁苏桐,高峻,付晶. 法国大区公园经验对钱江源国家公园体制试点区跨界治理体系构建的启示[J]. 生物多样性,2019,27(01):97—103.

② 杨娜. 5 项国家标准发布,设立国家公园"有章可循"[N]. 中国妇女报,2021-10-28(002).

管理体系等规划的主要内容和技术方法。《国家公园监测规范》规定了国家
公园监测的体系构建、内容指标、分析评价等要求,明确了监测程序和方法,
可指导国家公园生态系统和自然文化资源的保护、修复、利用与管理活动及
成效的监测和评价。《国家公园考核评价规范》规定了国家公园年度考核和
阶段评价的周期、内容、指标等要求,明确了年度考核和阶段评价的程序和
方法,可指导国家公园建设管理工作、公共服务及保护管理成效的考核评
价。《自然保护地勘界立标规范》规定了自然保护地勘界立标要由政府主
导,遵循依法依规、科学规范和公开透明的原则,组织利益相关者共同对已
经划定的自然保护地边界进行实地勘察、测绘,签订勘界议定书,标定精确
的管理边界线,[1]明确了自然保护地的外部边界和内部分区边界,以及管理
部门、社区居民、游(访)客之间的管理边界与行为边界。[2]

三、全面认识自然遗产多元价值,培育价值最大转化的产业链

目前,我国各级政府和企业对自然遗产价值的认识不够全面,普遍缺乏
对世界遗产内涵的准确理解,较之生态保护,一些地方政府更注重自然资源
的开发利用价值,往往偏重保护地的经济功能,将资源开发和旅游收入作为
拉动地方经济发展的来源。一些旅游经营者追求短期经济利益,开发低水
平的经营项目,致使旅游景区过度商业化。如武夷山旅游业及茶产业是地
方经济的重要来源,试点区内存在因重视经济发展而忽视生态保护的风险。
武夷山风景名胜区绝大部分重点景观分布于核心保护区,经多年的开发已
经成为游客游览的重点区域,虽然采取措施将景区每日旅游人次限制在
3.2万以内,但节假日时常被突破,超出其环境承载力。园区内茶山面积
大、范围广,部分茶山也在核心保护区内,与茶产业相关的生产活动在国家

---

① 杨娜. 5项国家标准发布,设立国家公园"有章可循"[N]. 中国妇女报,2021-10-28
(002).

② 许云飞. 国家林草局解读《国家公园设立规范》等五项国家公园标准[J]. 国土绿化,
2021(11):4—5.

公园体制试点区内进行,化肥、农药的使用成为环境污染源。再如大熊猫国家公园范围内原有大量探矿权、采矿权、水电站及其他生产经营设施,因未明确退出办法以及补偿标准,[①]生产单位不愿意因自然保护的生态价值而主动退出,都是强制性退出。有些公园在对资源价值认识不充分的情况下,景点数量不断增加,而旅游产品开发却低水平重复,产品同质化现象严重,未能体现生态旅游应有的高品质,且特色不突出,文化内涵不足,旅游产品附加值低。资源低水平利用与产品粗加工,弱化了资源的整体效益,也给自然资源与生态环境保护造成压力。如海南热带雨林国家公园属于浅层次的"资源产品共生型"模式,缺少游客深度参与和体验的旅游产品,缺乏对热带原始森林文化、黎族和苗族少数民族文化内涵的挖掘,对海南特有的海岛文化发掘的深度与广均不足,[②]与建设国际旅游岛的目标和要求存在较大差距。

保护与利用矛盾是利益相关者不当逐利的结果,价值认知不全、利益诉求不同是冲突的根本原因。全面准确地认知自然遗产资源的生态价值、文化价值、精神价值及其经济价值,有利于引导各级政府、企业、社区居民乃至自然保护地管理者树立正确的资源利用观,主动协调当前利益与长远利益、局部利益与整体利益。由此,培育和发展公共生态产品,延展实现自然资源价值最大转化的产业链,是一条重要路径。一方面要强化国家公园保护自然遗产的目标,通过不减少基因与物种多样性或不毁坏重要的栖息地和生态系统的方式,保育和利用生物资源,以保证生物多样性的永续发展,实现生态价值最大化,满足资源可持续利用。另一方面要贯彻落实绿色发展战略,实现产业生态化、生态产业化,培育多元并行的绿色产业,挖掘文化价值和精神价值。就生态旅游产业而言,生态旅游产品属于高端旅游市场且个

① 冉东亚,韩丰泽,孙永涛,等. 四川省党性教育现场教学和林草资源保护管理调研报告[J]. 国家林业和草原局管理干部学院学报,2021,20(01):3—7.
② 田蜜,陈毅青,陈宗铸,等. 热带雨林国家公园旅游发展存在的问题及对策[J]. 热带林业,2019,47(04):73—76.

性特征鲜明的产品,只有兼具多元化、多层次化和个性化的品质,对高端市场才具有吸引力,因此,要充分挖掘生态文化底蕴,在保护前提下开发能够满足多层次市场需求、具有影响力和竞争力的系列精品,才能发挥引导绿色消费和可持续发展的作用,增加产品的附加值,进而满足人民回归自然、享受自然及其对美好生活的向往。

四、建立多元资金投入机制,稳定自然保护资金保障

国家公园建设是一个长期且巨大的工程,资金投入需求量庞大,但目前资金来源并没有明确的规定,资金投入渠道少、量不足,且国家公园多处经济欠发达地区,地方财政支持能力有限。中央财政虽设有专项的转移支付资金,但管理十分严格,且申请流程不明确,[①]基层单位申请有难度。如中央财政和地方财政是三江源国家公园建设的唯一来源,自三江源国家公园试点建园以来,地方财政资金投入 180 亿元,[②]取得了一定的保护修复效果。但青海省是经济欠发达地区,自然保护资金缺口仍然很大,因此无法长期支持三江源国家公园的建设与发展。[③] 大熊猫国家公园试点区域也属经济发展滞后地区,财政实力薄弱,地方财政资金既无法满足生态移民、工矿企业退出补偿、生产经营设施退出和人员安置工作等方面的支出,也无法满足栖息地修复、大熊猫交流廊道恢复、废弃矿山迹地修复、数字公园建设、科研经费、巡护保护等基础设施的建设需要。[④] 可见,资金不足、保障渠道少是各个试点存在的共性问题。

① 马佳星. 金融支持三江源国家公园建设研究[J]. 河北企业,2021(03):67—68.
② 李亚光. 我国 14 年来投入三江源地区生态保护资金逾 180 亿元[N]. 人民日报,2019-04-16(14).
③ 马佳星. 金融支持三江源国家公园建设研究[J]. 河北企业,2021(03):67—68.
④ 冉东亚,韩丰泽,孙永涛,等. 四川省党性教育现场教学和林草资源保护管理调研报告[J]. 国家林业和草原局管理干部学院学报,2021,20(01):3—7.

　　为此,鉴于国家公园建设具有较强的公益属性和环保价值,[①]需要建立完善的、持续的、稳定的、多元的资金投入机制体系,为国家公园建设及管理体制改革等工作提供重要支持,因而需要我们:① 建立中央财政支持长效机制;②完善地方财政配套的资金投入机制;③ 建立金融机构以及社会资本、民间资本的介入机制;④ 建立常态化的社会募集捐助机制;⑤ 建立经营单位收入反哺自然保护机制;⑥ 建立高效的资金使用管理机制。

---

　　① 陈叙图,金筱霆,苏杨. 法国国家公园体制改革的动因、经验及启示[J]. 环境保护,2017,45(19): 56—63.

第六章　中国自然遗产保护利益相关分析

综合分析国家公园试点前后的情况可知,我国自然遗产保护与管理工作存在诸多问题,诸如国家顶层设计的法律、制度及标准相对欠缺,事权统一、分级管理的体制规范未建成,多元化长效资金保障机制不成熟,社区协调发展措施不足、保护与发展的矛盾明显,生态环境监管体制和利益分配监督体制未建成等。[1][2] 这些问题的出现,一方面是因为我国自然遗产保护体制建设起步较晚、国家公园尚处于试点探索阶段,另一方面也表明自然遗产保护及其国家公园建设本质上是利益相关主体的利益调整,问题的原因在于不同利益主体间利益诉求发生矛盾。为此,厘清利益相关者的关系,协调相互间的利益冲突,便是构建自然保护及其国家公园建设的法制、体制机制的基础。

本章以生态文明思想、利益相关者理论、生态伦理和博弈论为指导思想和理论基础,审视和讨论自然遗产资源涉及的利益相关方,分析自然遗产保护管理中的利益相关者及其关系,力图明确中央和地方政府、企业、社区居民等利益主体在自然遗产保护过程中的利益关系、职能角色和利益诉求,探索人与自然、人与人之间等诸多利益关系的协调方法,力求在保障利益分配合理和公平的基础上,构建符合我国自然遗产管理实际的利益分配模式和监督监管机制,推进我国自然资源管理改革和国家公园体制建设,确保自然遗产资源的永续发展。

---

① 李博炎,朱彦鹏,刘伟玮,李爽,付梦娣,任月恒,蔡譞,李俊生. 中国国家公园体制试点进展、问题及对策建议[J]. 生物多样性,2021,29(03):283—289.
② 臧振华,张多,王楠,等. 中国首批国家公园体制试点的经验与成效、问题与建议[J]. 生态学报,2020,40(24):8839—8850.

第一节　研究理论基础

一、利益相关者理论

利益相关者理论是指企业的经营管理者为综合平衡各个利益相关者的利益要求而进行的管理活动,[①]是 20 世纪 60 年代左右在西方国家逐步发展起来的,最初多用于企业管理领域。所谓利益相关者,原指那些能影响企业目标的实现或被企业目标实现所影响的个人或群体,[②]现在这一概念已逐步由企业研究延伸到社会学、管理学多个领域。探究自然遗产保护的国家公园中各方利益关系,也可以应用利益相关者理论作为指导。国家公园保护管理中利益相关者除了代表全体人民的中央政府和区域地方政府,主要还包括国家公园管理部门、社区居民、被许可的经营者(企业)和游(访)客、科研人员、社会公众(生活在公园社区以外的人员)以及以保护自然遗产生态为目的的第三方非政府人员等。从广义来讲,还应包括自然界中的动植物。

---

① 弗里曼著. 战略管理:利益相关者方法[M]. 王彦华,梁豪译. 上海:上海译文出版社,2006:30—44.

② 李正欢,郑向敏. 国外旅游研究领域利益相关者的研究综述[J]. 旅游学刊,2006(10):85—91.

二、生态伦理

生态伦理是指人类在进行与自然生态有关的活动中所形成的伦理关系及其调节原则,是人类处理自身及其周围的动物、环境和大自然等生态环境的关系的一系列道德规范。其内容包括指导人类涉及自然生态的行为、保护生物多样性与生态平衡、合理使用自然资源、对影响自然生态与生态平衡的重大活动做出调整决策,规范人类自然生态活动中的道德品质和道德责任。其核心内涵是追求人类的发展、进步与保护自然资源、实现生态平衡的双赢。生态伦理在制定生态保护政策过程中,强调社会价值优先于个人价值,寻求人与自然发展的动态平衡,实现人与自然和谐发展。

马克思主义生态伦理超越了生态中心主义和人类中心主义之争,体现了自然性和人性的辩证统一,找到了解决生态伦理困境并实现人与自然和谐共生的正确出路。[1] 恩格斯指出,整个自然界被证明是在永恒的流动和循环中运动着。[2] 自然界具有自我意识,这种自我意识通过人类得以表达。人是自然界重要的一部分,人与自然和谐的前提是人要服从于自然。[3] 春秋时期老子"和"的思想就是他生态伦理所追求的最高境界。老子"和"的生态伦理境界表达了"天人之和""人自身之和""人物之和"三重向度,分别包含了生态伦理的道德本体、主体、客体。[4] "道生一,一生二,二生三,三生万物",老子揭示了万物是由道衍生而出的平等的实体,都存在伦理关系,[5] 为当今实现人与自然和谐发展提供了方法论准则。生态系统和人类社会生存发展的需求使生态伦理成为民众内在自觉,正确认识物种多样性、可持续发展和

---

① 周旋. 马克思主义生态伦理观的三重向度[J]. 桂海论丛,2021,37(04):51—55.

② 马克思,恩格斯. 马克思恩格斯选集:第三卷[M]. 北京:人民出版社,2012:856.

③ 周旋. 马克思主义生态伦理观的三重向度[J]. 桂海论丛,2021,37(04):51—55.

④ 王慰,赵可. 老子"和"的三重生态伦理境界[J]. 佳木斯大学社会科学学报,2021,39(06):22—24.

⑤ 陈发俊. 论老子的环境伦理思想及其当代价值[J]. 安徽大学学报(哲学社会科学版),2019,43(05):10—17.

环保意识提升的内在价值。自然保护及其国家公园体制建设就是要正确处理"当代人"与"未来人"利益关系,善待自然界,倡导主动放弃不合理的自然资源利用,引导人们向生态化生产、绿色化生活、可持续发展转变,建立人与自然和谐的伦理关系。

三、博弈论

博弈论是研究具有斗争或竞争性质现象的数学理论和方法,是经济学的标准分析工具之一,其基本概念包括局中人、行动、信息、策略、收益、均衡和结果等。[①] 博弈论在管理学、国际关系、政治学、军事战略和其他很多学科都有广泛的应用。自然保护体系中利益相关者众多,新型体系构建中利益重新调整存在着竞争甚至斗争,因此应用博弈论进行分析,有助于选择正确决策,达成最优结果。国家公园为主体的自然保护地体系中,各方利益相关者之间的信息并非完全对称,各方博弈过程中可能存在一次性博弈和重复博弈。国家公园建设是一个长期的项目,由于各方信息的不完全性和利益诉求的复杂性,很难通过一次性博弈达成各主体的利益诉求,因此适宜用重复博弈的方式研究和分析自然保护地及其国家公园各利益相关者的博弈关系。重复博弈是指同样结构的博弈重复多次,每次博弈的条件、规则和内容都是相同的,但是因为长期的利益,各博弈方在当前阶段的博弈中都要考虑到避免对方在后面阶段的对抗、报复或恶性竞争,因此为了长远利益而牺牲眼前的利益,选择不同的均衡策略。影响重复博弈均衡结果的主要因素是博弈重复的次数和信息的完备性。此重复博弈结果,为现实中的合作行为和社会规范提供了解释。[②] 对于每个参与博弈的局中人来说,只要其他局中人不改变策略,他就无法改善自己的状况,每个参与者在有限的策略选择并

① 曾恒,孙向东,刘平,等. 动物疫病防控中的公共产品问题研究综述[J]. 中国动物检疫,2018,35(08):62—65+93.

② 郭彦玎,杨倩兰,等. 中小型物流企业建立共同配送合作条件的博弈分析[J]. 中国集体经济,2010(28):102—103.

允许混合策略的前提下,纳什均衡①一定存在。纳什均衡并不意味着博弈双方达到了一个整体的最优状态,最优策略不一定达成纳什均衡,严格劣势策略不可能成为最佳对策,而弱优势和弱劣势策略是有可能达成纳什均衡的。② 纳什均衡理论可概括表述为相互作用的经济主体假定其他主体所选择的战略为既定时,选择自己的最优战略的状态。

自然遗产利益相关方众多,参与博弈的主体不仅有社区、企业、居民、游(访)客等,还有中央政府和地方政府,各主体长期维系着反复的合作与竞争的关系。在自然遗产管理中,从利益相关者博弈互动的视角研究各利益相关者思想和行为,有利于从理性和量化思维的角度,充分认识各利益相关者的利益诉求以及相应决策或认识差异存在的合理性。针对不同利益相关者间存在的现实问题,建立相应的博弈模型并进行分析,找到相应的均衡局势,优化资源配置模式,充分实现自然遗产保护的经济效益、生态效益和社会效益,并以此为参照有针对性地建立自然遗产保护的协调机制,使整个自然保护地系统实现利益均衡。因此,分析管理主体间的博弈,有利于了解和认知不同主体的各自利益诉求,进而将国家公园管理制度建立在关照总体利益而非局部利益、长期利益而非短期利益的基础之上,使各方利益保持协调与和谐,为国家公园为主体的自然保护地体系建设与发展提供制度层面上的必要支持。

---

① 纳什均衡又称为非合作博弈均衡,是博弈论中的一个重要术语,以约翰·纳什命名。
② 胡文华. 面向动态云市场的 Agent 自适应报价策略研究[D]. 扬州大学,2015.

第二节 自然遗产利益相关方的界定

一、国家公园建设管理中自然遗产利益相关方

构建自然遗产保护管理的国家公园模式,关键在于合理界定自然遗产利益相关方,明确各利益主体的角色定位。自然遗产资源利益相关方的界定应聚焦在实现资源、环境与经济社会可持续发展和国家公园模式着眼解决的自然遗产资源管理的问题上,依据第一节的分析,利益相关者主要包括中央政府(国家公园管理部门)、地方政府、社区居民、特许经营者(企业)和游(访)客、科研人员、社会公众(公园社区以外的人员)以及以自然遗产生态保护为目的的第三方非政府人员等。根据利益相关方在自然遗产管理过程中所扮演的角色和重要性,可以对利益相关方进行大、中、小三个尺度的界定:即中央政府可界定为大(宏观)尺度的利益相关方,地方政府可界定为中等尺度的利益相关方,社区居民、游客、企业(特许经营者)、社会民众等可界定为小(微观)尺度的利益相关方,各相关方的关注点和利益诉求各有侧重(表6-1)。

中央政府(国家公园管理局)作为遗产地自然资源资产的产权所有人,在自然遗产保护过程中,负责相关政策制度、法律法规的顶层设计,发挥统

表 6-1　国家公园利益相关者诉求

综合指标	序号	项目指标	中央政府	地方政府	企业	社区居民	游客	社会公众	科研人员	第三方组织
经济利益	1	旅游开发中获得经济收入		✓	✓	✓				
	2	获得合理的经济补偿				✓		✓		
	3	促进当地经济发展	✓	✓						
	4	优化产业结构	✓	✓						
环境利益	1	当地社区环境优化	✓	✓						
	2	自然资源保护与可持续利用	✓	✓		✓		✓	✓	✓
	3	生物多样性保育	✓	✓	✓	✓	✓	✓	✓	✓
	4	减少环境污染	✓	✓				✓	✓	✓
	5	旅游开发与生态环境的协调	✓	✓				✓		✓
社会利益	1	增加就业机会	✓	✓	✓	✓				
	2	改善基础设施	✓	✓	✓	✓				✓
	3	提高当地人生活水平		✓		✓				
	4	体验原生态景观		✓			✓			
	5	尊重当地文化与传统				✓			✓	✓
	6	参与资源开发与保护的决策	✓	✓		✓				✓
	7	促进保护区保护事业的发展								
	8	环境保护意识和行为的提升	✓	✓		✓				✓
其他利益	1	游憩活动的精神需求					✓	✓		
	2	满意的服务质量与合理消费					✓			
	3	安全保障	✓	✓		✓				✓

筹自然遗产保护、协调利益相关者的核心作用。其利益诉求是保护国家生态安全、维护自然生态系统的原真性和完整性,保护和发扬遗产地的传统文化,发挥国家公园的科学研究、自然教育和游憩功能,提高社区居民的经济收入水平和生活质量,实现自然遗产保护区的协调可持续发展。

地方政府作为自然遗产保护区所在行政区域的管理者,其利益诉求既兼顾生态环境保护,又关注地方经济社会发展。一方面,由于国家倡导绿色发展理念、加强环保力度,地方政府过去轻环保重发展的理念得以改善,更加注重自然保护区周边生态环境的保护工作;另一方面,地方政府也寄希望于自然遗产保护区能以其辐射效应带动区域经济转型,发展游憩相关产业、增加就业机会、促进地方 GDP 增长。在自然资源管理过程中,地方政府大多扮演实际管理者和主要参与者的角色,也是衔接中央政府、地方民众和企业的桥梁,及时贯彻实施和传达中央政府的相关政策,对特许经营者、社区民众等小尺度利益相关者的诉求和信息进行及时整理与反馈。

微观尺度的利益相关者主要包括社区居民、游客、特许经营者、社会民众和相关科研机构及其科研人员等。其利益诉求最明显的特征为聚焦于"自身",或实现自身经济效益、生活环境和社会地位的提升,或实现自身精神需求和科研成果需求。

社区居民是在自然遗产保护区生活的原住居民,他们与保护区的关系最为密切,具有文化水平普遍不高、收入水平偏低的特点。[①] 对赖以生存的居住地的利益诉求是能参与到自然遗产保护的国家公园建设中,获得更多的发展和就业就会,提升自身经济状况和生活水平,同时,改善生活环境等基础设施,保护和传承自身传统文化,打破空间壁垒,增加与外界交流机会等。

企业(特许经营者)是指经国家公园管理部门批准的在自然遗产保护区域内开展相关经营活动的企业和部分社区居民,他们扮演着参与者和服务者的角色。其主要的利益诉求是在经营过程中寻求政策上的倾斜,追求最少投入而获得最大经营利润回报。

游(访)客是进入国家公园区域内进行游憩活动、研学教育的个人或团体,他们扮演着体验者和被服务者的角色。其主要利益诉求是收获回归自然、融入自然、放松身心的精神需求,体验独特的自然文化景观、接受环境教育,以及享受高品质生态游憩产品及其服务。

其他利益相关者也在国家公园自然保护和管理中各有关注和诉求,发挥着不同的作用,如在自然遗产保护区内开展科研、监测等活动的科研人员,主要关注保护圈内自然生态系统的科学价值,为保护利用活动提供理论

---

① 李爽,李博炎,刘伟玮,付梦娣,任月恒,朱彦鹏. 国家公园基于社区居民利益诉求的社区发展路径探讨[J]. 林业经济问题,2021,41(03):320—327.

及技术支撑;①而从自然遗产保护管理为目的的第三方非政府组织,他们关注自然遗产保护的生态效益、经济效益和社会效益的协调,关注生态环境和自然遗产保护进展以及各方利益的实现情况,常常发挥监督的作用。

二、利益相关者间的利益优先级

利益相关者在国家公园建设与管理过程中因其所承担的社会角色不同,对自然保护所持的态度也不同,因此各方关注点和利益诉求各不相同,使得相互间的关系较为复杂,甚至出现矛盾冲突,因为各利益主体在现实利益分配方面都有谋求自身利益最大化的趋势,不同利益主体在谋求自己的利益时会不同程度地影响甚至损害到其他利益主体的利益,利益冲突和利益矛盾难以避免。② 因此,在自然遗产保护与管理中,为避免因现实利益分配不均引起的各方冲突,必须研究国家公园管理部门、地方政府、社区居民、经营者和游客等主要利益相关者的角色定位和利益诉求,明确利益优先级关系,进而分析不同利益主体利益诉求的多样性和差异性,以达成各方利益关系的平衡。

1. 国家公园管理局与其他利益相关者之间

此层级以中央政府为优先,中央政府优先大于地方政府,因为中央政府作为国家资源安全战略的制定者和最广大人民利益的代表者、捍卫者,努力实现自然遗产资源最严格的保护、环境与经济的可持续发展,应具有最高的利益等级优先级,生态效益和社会效益的利益诉求大于地方政府和其他利益相关者。国家公园管理局代表中央政府行使国家公园管理职能,是中央政府在自然保护与遗产资源管理中意志的体现。国家公园管理局通过出台

　　① 刘伟玮,李爽,等. 基于利益相关者理论的国家公园协调机制研究[J]. 生态经济,2019,35(12):90—95,138.

　　② 陶俊生,袁志雄. 我国国家公园建设实践及理论思考[J]. 中国环境管理干部学院学报,2016,26(06):35—37,42.

相关法律法规和政策,指导国家公园规划建设,对国家公园进行生态保护和资源管理,规范其他利益相关者的行为。国家公园管理局与相关者之间存在着不同的指导关系:与地方政府之间存在相互协调、相互监督的关系;与特许经营者之间存在监督管理的关系,依据自然保护法规和遗产资源经营管理规定,监督特许经营者开展的相关产业经营活动,确保经营活动不会对生态环境产生不利影响;与社区居民之间存在协调管理的关系,既需要社区居民配合保护,也需要通过相关制度设计,补偿社区居民因保护而损失的发展权利;与游客之间存在服务管理的关系,在严格保护的前提下,通过合理规划和开发,为游客提供良好的服务平台和优质的生态产品。[①]

2. 地方政府与其他利益相关者之间

此层级以地方政府为优先,地方政府优先大于社区居民、企业和游客。地方政府在生态保护的前提下极力利用国家公园的品牌影响力和资源优势,发展生态游憩等地方相关产业,并扮演协助管理的角色,包括:为社区居民提供就业岗位,提升其经济收入和生活水平;联合国家公园管理部门,为特许经营者提供政策、资金、技术等方面保障,提升特许经营能力,带动地方经济发展;[②]加强配套设施建设,改善社区生活环境,为游(访)客提供便捷周到的服务,满足游(访)客的精神和物质需求。地方政府多作为国家公园属地管理者和直接参与者,在自然保护和遗产利用管理过程中扮演着承上启下的桥梁作用,其利益诉求不仅涵盖了中央政府保护优先、协调可持续发展的必然要求,也承载了地方经济水平和基础设施提升、居民满意度提升的内在需求。

3. 社区居民、企业与游(访)客之间

此层级的关系应是平等的。企业的经营活动能够为社区居民带来就业

---

①　刘伟玮,李爽,付梦娣,等. 基于利益相关者理论的国家公园协调机制研究[J]. 生态经济,2019,35(12):90—95,138.

②　同上.

机会、提升经济生活水平,社区居民可为游(访)客提供有限的服务和特色产品,特许经营者可为游(访)客提供交通、住宿、餐饮等基本服务以及生态游憩等特色服务和产品;同时,特许经营活动和游(访)客游憩活动能对社区居民的生产生活带来影响。在提升收入水平、改善基础环境条件、满足自我精神需求等方面,三方具有平等的利益诉求优先级。

建立以国家公园为主的自然保护体系管理体制,旨在实行自然遗产资源保护前提下,通过加强顶层法律、法规和制度建设,处理好人与自然的关系,平衡自然遗产资源保护与社区协调发展的关系,并建立合理的利益分配机制,保障利益公平分配。利益分配时,要按照利益优先等级来安排,即中央大于地方、地方政府大于社区居民、企业和游(访)客;而对于企业、社区居民和游(访)客等利益相关者而言,他们具有平等的利益分配优先级,需要通过制度来加以规定和保障。

第三节　自然遗产利益相关者关系分析

我国幅员辽阔、民族众多、各地风土人情差异较大,以国家公园为主体的自然保护地体系是我国多样的人文与地理环境的缩影。国家公园承担着探索新时期自然保护地统一管理、跨区域保护协作、自然资源所有权分级行使、保护地特许经营的使命。建立国家公园管理体制旨在解决原有自然遗产保护体系中因利益冲突引起的属地管辖权责不清、标准混乱、过度开发等问题,做到分散空间向整体性区域,单一生态要素保护向生物多样性综合保护,一方主导管理向多方参与、协同治理,被动保护向主动保护的转变。实现此目的,其前提是厘清利益冲突相关方的利益边界。

一、中央与地方政府之间关系

我国人文地理环境的复杂性、央地关系的复杂性、中央和地方对保护区管理信息掌握的不完全性以及地方政府调动资源的局限性,决定了仅靠中央或地方政府的任何一方都无法完整推动以国家公园为主体的自然保护地体系的制度建设工作,虽然中央政府理论上拥有高度权威。中央政府和地方政府之间存在着整体利益与局部利益的差异:一方面,地方政府应当听从中央政府的安排,按照中央政府的意志实施自然遗产最严格的保护;另一方面,地方政府出于当地经济发展的考虑,不会完全以中央政府的意愿作为国家公园建设和发展的唯一依据,而是希望通过中央政府的扶持,获得更多的有利于地方发展的资金和其他便利条件。中央和地方之间的关系,涉及事权、财权、机构设置、监督制衡等多方面的内容。[①] 表面上看是将原有地方政府主导管理的分散管理、各自为政,差别设置、不均衡发展的自然保护地发展模式向中央政府统一管理、具有综合性和整体性协调发展的模式上转变;其内在的核心是中央与地方环境保护领域权责划分、自然资源产权行使、社区土地权属流转、监管评价标准等领域关系的重新调整。[②]

设立国家公园管理体制的初心就是实现管理体制统一化、管理机构垂直化、管理事权合理分级配置,中央政府与地方政府在可持续发展的生态环境要求上具有一致的利益诉求。但在国家公园试点及其管理实践中,受制于地域限制、原有生态保护管理理念和体制的桎梏,管理机构本身的设置与级别仍未统一,国家公园虽由中央政府批准,但实际上建设、运行和管理是由各省自主开展,属地管辖特征明显,中央缺乏对各地试点直接有效的指导和监督。机构设置的不统一也带来了管理职权和管理制度的不统一,让中央政府与地方政府陷入博弈:中央政府期望通过国家公园的建立达到对自然遗产资源和生态环境的"最强保护",而地方政府在地方保护主义和经济发展利益的驱使下不能完成自然遗产资源和生态环境的切实推进工作。[③]平衡中央与地方二者博弈,需要正确认识现行自然遗产保护管理制度中,中央和地方关系最主要的四个方面:事权划分、财权保障、机构设置以及监管机制。

① 刘承礼. 分权与央地关系[M]. 北京:中央编译出版社,2015:3—5.
② 李林蔚. 论央地关系背景下我国国家公园管理制度的完善[D]. 广西师范大学,2021.
③ 秦天宝,刘彤彤. 央地关系视角下我国国家公园管理体制之建构[J]. 东岳论丛,2020,41(10):162—171,192.

1. 中央与地方间的事权划分

《总体方案》和《指导意见》对社区内事权划分做出了方向指引：与生态保护相关的职能由国家公园管理机构承担，与社会经济发展相关的职责由属地政府行使。[①]《关于健全国家自然资源资产管理体制试点方案》也明确指出：中央和地方以自然资源资产所有权为基础进行权利划分，在资源管理上谁是产权所有者谁就有相应的权责，在保护上由国家公园管理机构进行统一且唯一的管理，其他政府事务则以地方政府为主。[②]

2. 中央与地方间的财权划分

国家公园具有鲜明的国家性，需要贯彻生态保护优先的管理理念和管理事权上收，必然要求给予对应的财权能力保障。一方面，国家公园管理运行既需要中央的统筹规划和集中领导，也需要巨大的财政投入，以保障国家公园生态保护优先的公益性目的；另一方面，地方政府事权与财权不匹配，地方政府在地方利益驱使下，往往会增加国家公园范围内的资源利用和开发活动，来增加本级政府的财政收入。《总体方案》指出，要建立财政投入为主的多元化资金保障机制，依据国家公园的公益属性，确定中央与地方的事权划分，保障国家公园的自然生态保护、日常运营管理等任务的落实。对于中央政府直接行使全民所有自然资源资产所有权的国家公园，由中央政府出资保障其运行的经费支出；委托省级政府代理行使全民所有自然资源资产所有权的国家公园，则由中央和省级政府根据事权划分分别出资保障其经费支出。[③]

国家公园体制试点以来，中央和地方政府不断加大资金投入力度。中央层面，国家发展和改革委除在原有的中央预算内投资专项中安排资金外，

①　张小鹏，孙国政. 国家公园管理单位机构的设置现状及模式选择［J］. 北京林业大学学报（社会科学版），2021，20（01）：76—83.

②　苏杨. 国家公园体制建设须关注四个问题［N］. 中国经济时报，2017-12-11（005）.

③　中共中央办公厅，国务院办公厅. 建立国家公园体制总体方案［R］. 国务院公报，2017（29）：7—11.

2017—2020 年在文化旅游提升工程专项中安排国家公园体制试点资金 38.68 亿元;2017—2019 年国家财政部门通过一般性转移支付安排各试点省 9.8 亿元;2020 年将国家公园支出纳入林业草原生态保护恢复资金,安排预算 10 亿元。地方政府层面,也持续增加配套资金和专用经费。地方政府直接管理的国家公园试点区域,资金投入的主要来源是省级和地方财政资金,如海南热带雨林、武夷山、钱江源、南山等 4 个国家公园试点,区省级和地方财政投入超过总资金量的六成,神农架国家公园试点区省级和地方财政投入也接近总投入的一半。①

3. 中央与地方间的机构设置

根据《总体方案》的精神,国家公园应由一个统一的独立于其他政府机构之外的机构管理,是一个中央顶层设计而设置的自上而下的垂直化管理机构,旨在从机构上对中央和地方之间的关系加以明确。中央将国家公园管理的事权财权上收,决定了国家公园的管理机构应由中央统一设置和管理。一方面,部分国家公园范围横跨多个行政区域,其执法和保护工作需要中央设立专门机构进行协调;另一方面,国家公园建设涉及自然遗产保护、生态环境保护、生物多样性保护、经营管理、科学研究等多个方面,对管理团队的专业性和人员数量有比较高的要求,仅靠地方力量难以支撑。国家公园试点工作中,机构设置受行政级别不统一、机构性质多元化、部分机构设置虚化和管理人员编制不明确等原因影响,并没有完全实现垂直化管理,而是委托管理或低级别向上管理,造成的结果就是权责利边界不清,关系运行不畅。

4. 中央与地方间的监管机制

根据《指导意见》,国家公园实行最严格的生态环境保护制度,需要有一套自然保护地生态环境监测制度加以保障。根据《总体方案》和《指导意见》,国家公园管理局作为集生态保护、环境执法、资源管理利用等权力于一

---

① 臧振华,张多,王楠,等. 中国首批国家公园体制试点的经验与成效、问题与建议[J]. 生态学报,2020,40(24):8839—8850.

体的综合管理机构,应当主持自然保护地生态环境监督考核,通过建立一整套体系完善、监管有力的监督管理制度,严格执法监督,加强监测、评估和考核。但现阶段中央政府对各试点垂直监管力度有限,加之国家公园中丰富的自然资源和人文价值容易通过开发转化为经济效益,地方政府在《指导意见》落地实践过程中容易对相关条例关键点避而不谈、模糊化处理,也不会主动对其实施横向监管。因此,需要明确中央和地方之间各自的监管职责,加强中央政府对公园管理机构的纵向监督,并制定可操作的具体规定,规范国家公园管理机构与地方政府间的横向监督,要适时引入第三方科学评估自然保护地管理成效,及时掌握自然保护进展与公园管理信息。总之,中央和地方要按照自然保护地生态环境监督办法,通过形成统一的执法机制,[①]各尽督查、监督职责,监测、评估和考核各主体利益边界内生态环境保护职责履行情况。

二、自然遗产保护管理中相关部门之间关系

自然保护及其国家公园资源管理涉及发展和改革委员会、自然资源、林草、生态环境、文化和旅游、住房和城乡建设、交通运输、水利、农业农村以及文物等多部门(表6-2)。根据2018年中共中央《关于深化党和国家机构改革方案》,党和国家机构改革以职能优化、协同高效为着力点,进行中央和国务院机构职能体系的改革,为构建系统完备、科学规范、运行高效的自然资源保护与管理机构,[②]优化自然资源管理职能,提高管理效率效能提供了重要契机。《总体方案》提出建立国家公园管理体制,要整合自然保护地管理职能,由一个部门统一行使国家公园管理职责,着力解决职能交叉造成的"九龙治水"问题。

---

① 中共中央办公厅,国务院办公厅. 建立国家公园体制总体方案[R]. 中华人民共和国国务院公报,2017(29):7—11.

② 同上。

表 6-2　自然保护地体系现行部门角色定位与权责

机构名称	角色定位	行使权责
国家发展和改革委员会	牵头者和组织者	基础设施建设和资金专项安排审批权
自然资源部	审批者和管理者	1. 自然资源开发利用和保护监管； 2. 空间规划体系建立和监督实施； 3. 履行各类自然资源资产所有者职责； 4. 建立自然资源有偿使用制度； 5. 立项地质环境治理项目； 6. 审批使用国有土地； 7. 基本农田的划定审核、转用、征收、建设、预审权等①
国家林业和草原局（国家公园管理局）	中央政府层面直接管理国家公园的机构	直属自然资源部： 1. 审批自然保护区科学研究观测、调查活动； 2. 核准风景名胜区重大建设项目选址方案； 3. 审批园区内造林作业设计和森林资源流转； 4. 审批森林生态效益补偿基金公共管护支出项目； 5. 审批林地定额计划等
生态环境部	生态环境保护的监督者和执法者	实行最严格的保护，贯彻生态环保基本国策： 1. 拟订并组织实施生态环境政策、规划和标准； 2. 统一负责生态环境监测和执法工作； 3. 组织开展中央环境保护督察等②
文化和旅游部	文化旅游相关政策制定者和监管者	1. 统筹社区内文化事业、文化产业发展和旅游资源开发； 2. 拟订旅游工作政策措施； 3. 维护文化市场包括旅游市场秩序； 4. 负责园区内旅游服务服务网点备案等
财政部	经费审批者	相关经费的审批划拨
农业农村部	野生动物保护	特定级别保护野生动植物特许猎采许的审批等
交通运输部	交通保障	交通运输相关的事项审批
水利部	保护水资源	水利建设相关的事项审批
住房和城乡建设部	住房保障	排水与污水处理规划备案等工作
文物局	保护文化遗产	文化遗产、文物保护的相关工作

---

①　中共中央. 深化党和国家机构改革方案[N]. 人民日报, 2018-03-22(001).

②　同上.

于是，根据《关于深化党和国家机构改革方案》，国务院整合了原国土资源部、住房和城乡建设部、水利部、农业部和国家海洋局等有关自然保护区、风景名胜区、自然遗产、地质公园的管理职责，组建国家林业和草原局，加挂国家公园管理局的牌子，明确由国家林草局（国家公园管理局）统一监管、各国家公园管理机构负责日常管理的国家公园管理体制。国家公园管理局是隶属自然资源部的国家局，主要职责是"负责监督管理各类自然保护地"，特别是"国家公园设立、规划、建设和特许经营等工作，负责中央政府直接行使所有权的国家公园等自然保护地的自然资源资产管理和国土空间用途管制"。[①]该方案为理顺部门间的关系指明了方向。

试点期间，我国先后成立了国家公园管理局和试点国家公园管理机构，履行国家公园范围内的生态环境保护、自然资源资产管理、社会参与管理、特许经营管理、政策宣传、资源环境综合执法等职责，协调公园与当地政府及其周边社区关系。但是，目前来看原有管理体制交叉重叠、职责划分不清等问题依然存在，表明各部门在自然保护以及资源利用中的角色尚需要明确、关系必须理顺、权责分工应当明晰。

三、自然遗产保护管理中政府与企业关系

国家公园管理过程中，政府（中央政府和地方政府）和企业（一般企业和特许经营者）的关系表现为在利益导向、资源配置、信息共享等方面的角色定位。政府的角色是公益者、管制者和仲裁者，[②]政府有关部门以实现自然遗产保护的公益目标为出发点，对企业提供必要的支持和监督；企业则是经营者、财富和就业机会创造者，与此同时也在增加地方政府的财政税收。

（1）在利益导向方面。政府和企业是自然遗产保护管理中具有不同利

---

①　秦天宝,刘彤彤. 央地关系视角下我国国家公园管理体制之建构[J]. 东岳论丛,2020,41(10)：162—171,192.

②　赵海云,李仲学,张以诚. 矿业城市中政府与企业的博弈分析[J]. 中国矿业,2005(03)：17—21.

益导向的两个利益分配主体。政府代表公众利益集团,在自然遗产保护过程中首要考虑的是生态环境的"最严格保护",追求保护管理过程中的生态效益和社会效益,注重的是协调可持续发展的生态效益,以及生态环境保护所带来的社会效益;企业则代表个体利益集团,承担国家公园的建设管理所需的投资,更注重经营过程中的经济效益,追求企业价值最大化,要求政府为其提供更多的政策支持,以获得最大的经济利益,同时希望最大限度地为国家公园提供具有市场竞争力的高品质旅游产品和服务等,借以提升自身企业的知名度和品牌影响力。

(2) 在资源配置方面。政府拥有社会公共管理权,主要职能是向企业提供基础设施类、特殊许可及支持政策类、专项经费投入类等公共资源,在企业形成的资源配置中发挥重要的作用;企业则是一个由资源配置形成的社会建构,其形成需要经过政府的备案、审批及许可,是物质资本、人力资本和社会资本进行集体选择的产物。[1]

(3) 在信息共享方面。政府与企业之间存在信息不对称的现象,企业是相对拥有信息优势的一方,了解生产过程、生产技术、排污状况、污染物的危害等信息,但出于自身利益考虑可能向政府隐瞒真实信息;政府作为制度供给的主体,有时不能直接获得企业的真实状况。但这也不是绝对的,政府可通过一系列的制度与监督监管机制实现对企业真实信息的了解。

基于国家公园管理过程中政府和企业的角色与利益导向的相对对立性、自然遗产资源配置的相对附属性以及信息的不对称性等因素,企业和政府之间存在着一种即相互依存又动态博弈的关系。一方面,政府在社会活动和经济活动中处于相对强势的位置,对资源配置起决定性作用,社区内企业的发展需符合自然遗产保护的内在要求和政府的需求,突出生态效益;另一方面,由于信息不对称和监管不到位以及监管成本等问题,又使企业处于信息优势方,地方政府也需要企业经营活动产生的经济效益和税收来带动

---

① 任祯. 资源配置视角下的中国特色政府、市场与企业关系[J]. 全国流通经济,2020 (06): 135—137.

地方发展,突出其宏观经济效益及社会效益。要达到自然遗产保护管理过程中政府与企业的双赢,需要政府和企业理性追求自身目标效益,实现宏观经济效益、个体经济效益、生态效益以及社会效益的平衡。

四、自然遗产保护管理中企业与社区居民关系

与政府和企业一样,社区居民也是社会主义市场经济的重要组成部分,市场经济中的居民可能同时具有生产要素所有者、劳动者、消费者和投资者等多种市场角色,是一个融生产要素供给、收入、消费、投资等多种经济行为的市场主体。[①] 社区居民和企业(特许经营者)作为国家公园管理过程中的核心利益相关者和国家公园建设管理的主要参与者,在生产资料供给平衡方面表现出相互依存、共同发展的特征;又因社会利益的冲突、文化观念差异以及缺乏有效沟通等方面的原因,在社区社会文化维系和生态保护、土地利用和游憩利用等方面,又表现出冲突与矛盾的一面。

(1) 在社会文化维系和生态环境保护方面。社区居民长期居住于国家公园内,对社区内民族文化、生态环境、自然状况有着深刻理解,希望传统文化得到保护和传承,[②] 也希望在开发利用过程中不破坏当地生态环境,达到生活环境和生活质量的提升。但在经济利益导向下,企业的经营活动可能不能完全符合生态环境保护的要求,存在不考虑环境承载力,过度开发的现象,带来资源浪费和环境污染,不但不符合可持续发展的要求,也对社区居民的生存环境和传统文化传承造成不利影响。

(2) 在土地利用方面。由于自然保护地地处偏远,社区居民大多从事农耕、伐木、放牧等农林相关的生产活动,对土地及其资源的依赖程度高。但是国家公园建设对土地和自然资源的利用有严格的管制要求,部分社区居民原本赖以生存的传统农业生产方式可能无法进行,导致居民收入来源

---

① 黄如良. 企业与居民关系研究[D]. 福建师范大学,2004.
② 吴星星,杨阿莉. 基于多元利益主体诉求的国家公园游憩管理研究[J/OL]. 国土资源情报. 2021-09-29:1—8.

减少。① 企业的经营活动使社区居民处于相对弱势的地位,一定程度上会侵占社区居民的部分生产要素,尤其是赖以生存的土地资源,使社区居民本就不丰富的土地资源受到进一步挤压,利益难以被保障。虽然企业会给予被占用土地资源的社区居民一定补偿,但对补偿额度期望值不同,很难达成一致,土地利用冲突明显。

(3)在游憩利用方面。国家公园的自然遗产游憩资源丰富,但必须在保护优先的前提下开发利用。在实践过程中,自然保护地出现了环境资源和社会资源被破坏的现象,原因大致可以归结为:游憩活动设置或选址不当、企业和社区居民重经济效益轻生态效益、管理水平滞后等。② 企业作为极具商业性质的利益主体,遵照按国家公园的管理规定和要求开展相关经营活动,在游憩利用中追求企业价值最大化。对于社区居民而言,其文化风俗也是重要的原真旅游资源,国家公园的游憩管理离不开社区居民的参与与监督,③他们期望通过游憩资源开发改善社区基础设施、增加与外界的交流机会,通过在社区内从事餐饮、住宿等经营活动来增加就业机会、提高收入。

五、自然遗产保护管理中遗产地与游(访)客关系

对于自然遗产地游(访)客而言,其主要的利益诉求是满足精神层面的需求,获得回归自然、融入自然的机会,其次是高品质游憩体验和服务的物质层面需求,当然还有保护好遗产地内独特的自然生态环境、继承和发扬社区传统文化的美好期望。游(访)客是国家公园游憩的体验者,也是监督者,他们在进行游憩活动的同时对社区管理者、特许经营者的管理经营活动做出有效的信息反馈和监督。

---

① 李爽,李博炎,刘伟玮,付梦娣,任月恒,朱彦鹏. 国家公园基于社区居民利益诉求的社区发展路径探讨[J]. 林业经济问题,2021,41(03):320—327.

② 万静. 自然保护区游憩资源保护与开发的协调研究[J]. 南京林业大学学报(人文社会科学版),2005(04):80—82.

③ 吴星星,杨阿莉. 基于多元利益主体诉求的国家公园游憩管理研究[J/OL]. 国土资源情报. 2021-09-29:1—8.

处理好自然遗产地与游(访)客的关系包括下述几方面：

(1) 处理好自然遗产保护和游憩利用的关系。国家公园作为特殊的游憩场所,其"保护"的意义要高于"开发"的意义,必须充分遵循环境与资源保护这一核心理念,发展游憩产业须做到经济、社会、资源和环境保护协调统一,[①]这就要求游憩资源的利用需在保护优先的前提下进行。[②] 而游(访)客只能在特定区域内开展游憩活动,合保护地相关管理规定,做到行动不越界,行为不出格。

(2) 结合保护地现状评估游憩承载量。游憩承载量是游憩资源可持续发展的重要指标,是旅游地环境系统组成、结构、功能的综合作用反映。游憩利用需要自然、经济和社会环境等各方面的支持,然而无论是自然、经济还是社会环境,都有其能力阈值,需要根据保护游憩承载能力确定游憩利用强度或规模。游憩承载量具有综合性、极值稳定性、动态性、可量性和可控性等特点。其综合性表现为它是集自然环境承载、经济环境承载和社会环境承载力的综合系统,包括生态环境承载能力、游憩资源吸引力、游憩设施配套能力、游憩场所容纳能力、餐饮住宿供给能力、交通运输能力等多方面、各要素相互制约共同影响;其极值稳定性表现为一定时期内保护地的环境系统在结构、功能、信息等方面的相对稳定,也就是游憩环境系统自我调节能力、资源供给能力和环境容纳量的稳定;[③]其动态性表现为旅游业的季节性,经济社会环境的动态变化和人类行为对环境产生的影响;其可量性和可控性表现为承载量的极值的稳定。这一极值可以通过一定手段进行量化,可量性也就决定了承载量的可控性。为此,需要采取相应的措施对承载量进行科学的调控,当承载量超过承载极值时可以采取限流、分流等措施;当处于旅游淡季或其他原因导致的游憩活动流量较小时,可以通过价格调控、加大宣传或组织公益活动等增加流量,做到因时制宜地科学管理保护地游憩承载力,促进

①　曾辉. 遗产型景区旅游环境承载力研究[D]. 西南大学,2015.
②　张玉钧,高云. 绿色转型赋能生态旅游高质量发展[J]. 旅游学刊,2021,36(09)：1—3.
③　翁钢民. 旅游环境承载力动态测评及管理研究[D]. 天津大学,2007.

游憩产业的可持续发展,以使经济效益、社会效益、环境效益协调发展。

（3）为游(访)客提供满意的服务。游(访)客在自然遗产保护地开展游憩活动,主要为了满足回归自然、融入自然的精神需求和体验高品质游憩服务的物质需求。旅游景观(自然景色、生态环境质量和人文景色),基础设施(区位交通和旅游服务设施),游憩体验(交通体验、餐饮体验、住宿体验和娱乐方式体验)和管理与服务(旅游商品、讲解服务、特色演出、路线安排)等方面,[①]都是影响游(访)客开展游憩活动满意程的主要因素。

国家公园最突出的特点就是自然风景优美、遗产资源等级高、生态环境良好,在缓解精神压力、消除精神疲劳等方面具有积极作用,能充分满足游(访)客回归自然、融入自然的精神需求,结合文化遗产资源营造具有高辨识度的地域文化景观,更有助于丰富游(访)客的游憩体验,提升游客满意度。[②]机场、火车站、汽车站以及市内公交等基础交通设施的配套完善程度,博物馆、特色项目以及游乐场等游憩设施的丰富程度,也会对游(访)客的满意度产生影响,便捷的交通设施可以减少游(访)客时间、精力和金钱投入,获得更高的满意度。交通、餐饮、住宿和特色娱乐方式会给游(访)客带来最直观的游憩体验,也是提升遗产地经营者产品竞争力的因素。公园内旅游商品的质量和价格、讲解、特色演出以及合理的路线安排等,也是影响游(访)客满意度的重要方面。

游(访)客是国家公园及其自然遗产资源的重要利益相关者,在自然遗产保护管理过程中扮演着游憩活动的体验者、经济活动的参与者和生态保护、社区经营管理监督者等多重身份。正确处理好遗产地与游(访)客的关系,在保护优先的前提下最大限度满足游(访)客精神和物质需求,有利于均衡遗产地经济、社会及环境效益,实现生态环境和游憩产业的可持续发展。

---

① 陈荣义,韩百川,吕梁,马添姿,潘辉. 国家公园游憩利用区游客满意度影响因素分析[J]. 林业经济问题,2020,40(04):427—433.

② 郭进辉,林开淼,彭夏岁,陈秋华,邹莉玲. 武夷山国家公园热点旅游区的旅游承载量管理:基于社会规范理论视角[J]. 林业经济,2019,41(04):58—62.

第四节　自然遗产利益相关者博弈分析

　　自然保护下的国家公园是生态环境、自然遗产资源和人类经济活动共同形成的生态经济复合系统。在社会发展过程中人类的生产经济活动一度对自然生态环境造成了很大的破坏,很大程度上是因为生态环境的利益相关主体间利益分配不合理造成的,既表现为破坏者与受害者之间的利益分配不合理,也表现为保护者与受益者之间的利益分配不合理。[①]建立自然遗产资源利益协调机制就要解决利益分配不合理的问题,厘清各利益相关者的利益诉求,明确利益优先级,分析利益相关方之间的博弈。为了解决不同主体的利益诉求差异,国家公园体制必须能够针对诉求差异,制衡和监督不同部门之间的利益博弈。这种制衡和监督实为不同利益主体博弈的过程。

　　以国家公园为主的自然遗产保护是一项长期事业,相关利益主体存在长期的契约关系,顾及利益相关者的博弈关系是实现长远共同利益的基础。基于自然遗产保护管理的国家公园博弈主要集中在中央与地方政府、地方政府与特许经营者、地方政府与社区居民以及特许经营者与社区居民、遗产

---

　　① 马国勇,陈红. 基于利益相关者理论的生态补偿机制研究[J]. 生态经济,2014,30(04):33—36+49.

地与游(访)客之间。

一、中央政府与地方政府之间的博弈

政府在自然保护地及其国家公园建设过程中具有不可推卸的责任和义务。中央政府和地方政府之间的目标和利益略有不同,中央政府负责制定自然保护地及其国家公园的方针政策,提供中央财政补贴,并对地方政府的保护与管理行为进行监督考核;地方政府一般是自然保护各项政策的落实者和实施者,在自然遗产资源保护与管理过程中,中央政府和地方政府存在博弈。作为博弈参与方,中央政府和地方政府符合理性经济人的假设,中央政府的预期是实现生态环境和自然遗产资源最严格的保护,实现生态效益的最大化;地方政府预期实现通过国家公园的设立和相关的政策资金扶持,使地方行政区域内各种效益尤其是经济效益的最大化。

信息真实性获知的可能性导致中央政府和地方政府之间博弈过程中的决策。中央政府的策略空间为建设国家公园(α)或放弃国家公园建设($1-\alpha$),是否建设国家公园取决于中央政府在博弈中是否能获得预期的效果;地方政府的策略空间为提供真实信息($1-\beta$)或虚假信息(β),并根据利己原则做出符合实际的策略。当地方政府提供真实信息,中央政府建设国家公园的正常收益为U;如果国家公园缺乏监管,地方政府提供虚假信息,会给中央政府带来负收益Z。为了防止这种情形的发生,中央政府应对国家公园建设进行相应监管,假设中央政府支付监管成本为C_1,中央政府放弃某地国家公园的机会成本为$C_2(C_1 > C_2)$。地方政府选择披露虚假信息并受到惩处的成本是V_1,提供虚假信息又未被查处时的收益为V_2;提供真实信息的正常收益为V_3,即$V_2 \geqslant V_3$。[①] 根据以上假设,可建立中央政府与地方政府对国家公园管理模式的博弈策略矩阵(表6-3)。

---

① 滕剑仑,韩家彬,王苏生,谢灵怡. 股市群体选择策略的会计信息披露博弈分析[J]. 成都理工大学学报(社会科学版),2012,20(04):32—36.

表 6-3　国家公园管理模式的博弈策略矩阵

		地方政府	
		提供虚假信息(β)	提供真实信息($1-\beta$)
中央政府	建立国家公园(α)	$U-C_1+N,V_1$	$U-C_2,V_3$
	不建立国家公园($1-\alpha$)	$U-Z,V_2$	U,V_3

由国家公园管理模式博弈策略分析,中央政府是否愿意设置国家公园取决于其对国家公园的控制力。当 $U-C_1+N>U-C_2>U-Z$ 时,中央政府凭借对国家公园的有效监督,决策建设国家公园或放弃建设国家公园。当中央政府监管效果较好,地方提供信息真实,中央政府趋近建立国家公园($N>C_1-C_2$,且 $C_2<Z$);中央政府在掌控不力的情况下,有可能放弃设置国家公园($N\leqslant C_1-C_2$,且 $C_2<Z$);当中央政府的监管成本过高时,有可能使国家公园的建设处于停滞状态($N<C_1-C_2$,且 $C_2>Z$)。上述是关于国家公园建设的一次性非合作博弈分析,在国家公园建设过程中,中央政府与地方政府的博弈是重复动态的,博弈的信息是不完全的,双方都争取自身利益最大化,但因国家公园生态环境和自然遗产保护管理作为一个长期项目,中央政府和地方政府存在长期契约关系,国家公园就是契约主体,中央政府和地方政府通过多次交易,依照博弈结果逐步达成完善和协调。针对地方政府的利益企图,中央政府会采取一定的防范措施,并与地方政府之间形成制约和监督机制,地方政府在中央政府的监督和合理补偿下必须优先考虑国家整体利益、依据国家的要求和原则来实现自身利益最大化。

在纯策略空间假设中,中央政府的纯策略是对生态环境和自然遗产保护工作监督考核或不监督;对地方政府而言,有按规定推进保护工作和不按规定推进保护工作两种选择。假定中央政府实施监督考核需要付出成本 D(越大表示实施监督考核工作力度越大或者难度越大,不实施监督考核时 D 为零),地方政府不按规定推进保护工作,中央政府将损失社会效益 F_1,地方政府可得经济效益 R_1,地方政府承担风险为 F_2;地方政府按规定推进保护工作可得经济效益 R_2。由此,可以建立中央政府与地方政府的支付矩阵

(表 6-4),则中央政府和地方政府的期望收益 E_1、E_2 分别为

$$E_1 = pq(F_2 - D) + p(1-q)(F_1 - D) + (1-p)q(-F_1) + (1-p)(1-q)F_1$$

$$E_2 = pq(R_1 - F_2) + p(1-q)R_2 + (1-p)qR_1 + (1-p)(1-q)R_2$$

表 6-4　中央政府与地方政府的支付矩阵

中央政府		地方政府	
		不按规定推进(q)	按规定推进($1-q$)
中央政府	监管(p)	$F_2 - D$,$R_1 - F_2$	$F_1 - D$,R_2
	不监管($1-p$)	$-F_1$,R_1	F_1,R_2

　　国家公园作为中央政府和地方政府之间的契约主体,通过多次交易过程,依照博弈结果逐步完善和协调。国家公园管理局的成立说明中央政府要集中自身权力,努力建立垂直化管理体制。在垂直管理体制中,中央政府拥有绝对的权力,地方政府为参与者。在这种权力集中的博弈模型中 $p > q$,按照贝叶斯博弈的先导性博弈确定结果,$E_1 > E_2$。这就表明在中央政府和地方政府均拥有各自独立的选择策略且中央政府处于优先选择的情况下,中央政府决策对地方政府决策产生主导影响,能够控制博弈方的利益调整方向,权力集中能够获取最大效益的决策。

二、地方政府与社区居民之间的博弈

　　地方政府负责执行和落实中央政府制定的各项省环境和自然遗产资源保护的政策及措施,直接与社区居民接触,在地方政府做出土地征用和补偿方案时,存在着社区居民和地方政府之间的博弈问题。当地方政府最大化自身利益时,社区居民的利益未必能得到满足;当地方政府的管理与社区居民的需求偏离时,土地征收的方案不一定能够完全实施。对社区居民来说,如果不通过政府土地征收补偿带来的收益,就意味着他们要付出比获得补偿收益高得多的成本来改善生产生活条件;对地方政府而言,如果加大对土地征用的补偿,社区居民的最优策略是选择土地征用补偿。如此,按照局中人理性经济人的假设,社区居民在博弈过程中自然会选择向地方政府争取

尽可能多的征地补偿资金。该博弈模型假设社区居民接受地方政府所有补助(包括征地补偿和提供就业等多方面因素)获得的效益为 R,社区自我付出改善生活条件的成本为 C_1,地方政府通过土地征收开发实现的效益为 U,征地补偿付出成本 C_2。一方面,地方政府在这个博弈关系中占据主导地位,趋于在付出较低征地补偿(C_2)的同时获得较大的土地开发收益(U),表现为 $C_2 < R$。另一方面,社区居民的利益诉求又会影响到这个博弈关系的现实进程:当土地征用补偿方案达到社区居民的预期时,即在满足 $C_2 < R$ 下,$R > C_1$ 时,补偿方案博弈结束,同时农民也会同意征地,征地博弈也随之结束;反之,当土地征用补偿标准不能达到社区居民的预期,社区居民会拒绝政府征用土地,双方博弈也将继续。地方政府会在自己可接受的范围内提出补偿方案,并根据社区居民的满意与否不断调整方案,直至双方满意为止,博弈结束。

三、政府与企业之间的博弈分析

政府与企业间的博弈集中在节能减排、经营权范围以及税收等多个方面。在节能减排方面,政府关注的是限额标准决策,以及是进行硬性限额还是软性限额;而企业关注的是在引入污染物减排技术中要投资多少。博弈开始时,政府先是决定限额方式,政府决定采取硬性限额时,要告知企业具体的污染物排放浓度或总量限额大小,企业须无条件遵照执行。如果政府决定采取软性限额,则意味着将根据企业随后的行动和环境状况,再酌定具体的污染物排放浓度或总量限额,企业给予遵照执行。[①] 在经营权范围方面,保障经营行为作为解决国家公园可持续运营资金问题的方式之一,政府会把部分国家公园的资产及经营管理权、景区建设等旅游经营服务工作转让给企业;政府期望在自然保护地珍贵的自然遗产资源和生态环境不遭到

---

① 卢越. 环境污染排放限额制度下的政企博弈分析与实证研究[D]. 合肥工业大学,2015.

破坏的基础上,通过特许经营许可的方式,带动地方财政收入和经济发展;公司希望尽可能扩大自己的经营范围以实现利益最大化的目标。博弈开始时,企业通过增加经营范围可以实现更大的经济利益、提高企业的影响力以及话语权;但对政府而言,企业经营范围大,虽然会带来税收和财政收入上的增加,但可能面临保护地资源过度开发的现象,不符合保护优先的原则,企业经营范围过小,会使税收和财政收入减少,又可能让社区问题得不到有效解决。此外,在税收方面也存在类似的博弈情况:公司获得经营权的同时需要按规定缴税,当税收(纳税)比例提高时,政府的财政收入增加,企业为了保证利润可能会过度开发,甚至瞒报收入;当税收(纳税)比例降低时,地方政府可能又会陷入财政紧张的局面,直至政府企业双方找到均衡点,结束博弈(表 6-5)。

表 6-5　政府与企业博弈关系

	节能减排资金投入	排放限额	经营范围	纳税比例	政府效益	企业效益
政府主导视角	增加	减小	适度	趋于增加	增加	—
企业主导视角	趋于减少	增加	增加	减小	—	增加

四、其他利益相关者的博弈

企业和社区居民的博弈以及遗产地与游(访)客之间也存在博弈关系。企业和社区居民也会在土地问题上产生博弈,虽然企业的经营用地已经政府审批,但其经营范围外的土地还是归社区居民所有,经营行为会对社区居民的生活产生影响,居民也期望在企业方获得补偿,当然这种补偿的合理性有待商榷。游(访)客希望在自己经济付出时享受最原真、最纯粹的生态游憩体验和最舒适游憩服务,追求"性价比";对于遗产地而言,希望游(访)客尽可能多地去消费,以带动地方经济收入。当游(访)客对遗产地的自然生态环境、基础设施和所享受的服务满意时,自然会增加自己的消费。

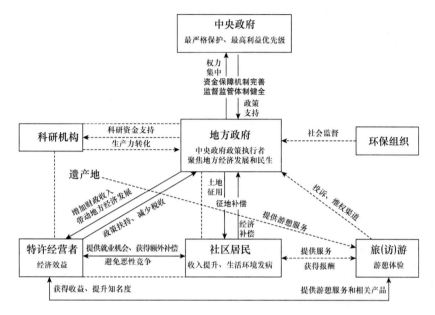

图 6-1 自然遗产管理保护相关利益方博弈模型结构

不同主体的利益诉求差异决定了国家公园体制必须具备制衡和监督不同部门对自然遗产资源利益诉求以及博弈。就中央政府和地方政府而言,中央政府旨在实现生态环境和自然遗产资源最严格的保护,实现自然遗产资源的永续发展,地方政府除了实现自然遗产资源的保护外,还要兼顾地方经济发展和社区民生等多方面的经济和社会效益的实现。就地方政府和社区居民而言,二者间的博弈行为主要来源于土地资源的开发,政府实现自然遗产资源保护需要占用部分社区居民的土地资源,相关的经营开发行为又会对其赖以生存的土地资源进一步占用;而社区居民则期望政府通过对自己土地资源的征用和补偿获取相应的经济补偿,实现经济生活水平提高和居住条件的改善。政府与企业之间的博弈更为复杂:一方面政府要监管企业严格按照生态环境和自然遗产资源保护的相关法律法规和准则来开展经营活动,起到严格的监管作用;另一方面政府又需要企业通过经营实现地方财政收入的提升和就业机会的增加,起到相互依赖的作用。对企业而言,则更期望经营行为的自主化和产业规模的扩大化,实现经济效益的提升。企业和社区居民也存在相互依存、对立统一的博弈关系,企业的经营行为会给社区居民提供一定的就业机会、增加其收入,也会在一定程度上受地方文化的掣肘,与社区居民"自发的"经营行为产生竞争(图6-1)。

综上所述,建立人与自然、人与人和谐发展的中国特色国家公园管理模式,需要正确认识我国现行自然保护管理模式存在的诸多问题,要以生态文明思想为指导,应用利益相关者理论、生态伦理和博弈论为理论基础,界定自然遗产资源的利益主体,分析各利益主体的利益诉求以及相互之间的博弈行为,厘清各利益相关者的利益诉求,明确利益优先级,进而建立自然遗产资源保护与管理协调机制,着力平衡各方利益,解决各方冲突。自然遗产资源保护与管理得以凭借国家公园体制,与各利益相关主体建立长期契约,进而采取有效的管理措施,均衡利益分配,相互保障不同主体的利益,最终解决自然遗产资源保护与利用之间的矛盾。鉴于自然保护和自然遗产资源所具有的公益性和可持续的长期性,以及中央政府决策能够对地方政府决策产生主导影响,在国家公园体制建设过程中,中央政府与地方政府应当通过反复协调与交易,不断完善博弈结果,使中央政府权力得到进一步集中,地方政府亦获得相应的政策和资金扶持,形成垂直化管理体制和自上而下的监督监管体制,使双方预期利益达到满足。

建立中央政府直接参与、垂直化管理、相关部门协同保护的中央集权型的国家公园管理体制,具有制度设计的合理性和现实实践的可操作性。在集权型管理模式中,中央政府体现国家统一的管理目标,强化集中管理职能,进行统一的协调监督,公平利益分配,明确国家与地方之间、各利益主体之间的责权利,引导各博弈参与人着眼于长期有效合作,优化生态环境和自然遗产资源管理效率,实现整体利益和长远利益最大化。虽然中央政府权力集中能够控制各博弈方的利益调整方向,仍需协调政府内各部门之间的利益博弈,理顺和优化国家公园体制下自然保护地体系中相关资源管理部门的角色定位和权责关系,以有效解决"九龙治水""政出多门"等问题。

第七章 中国特色国家公园管理模式构想

《关于建立以国家公园为主体的自然保护地体系的指导意见》(以下简称《指导意见》)提出的目标是全面建成中国特色自然保护地体系,《建立国家公园体制总体方案》(以下简称《总体方案》)的目标是构建统一规范高效的中国特色国家公园体制,二者均强调中国特色。何为中国特色?如何构建?谁来管?从上述各章的讨论和分析可知,自然保护地及其国家公园管理涉及环境保护、生态保育、资源管理、规划策划、科学研究、自然教育、社区参与、游憩经营等诸方面及其可持续发展问题,特色应存于这些环节中,体现在中国元素鲜明的自然保护思想和面向现实与未来的习近平生态文明思想,体现在符合中国自然保护实际、效率突出的管理体制和机制设计,体现在"生命共同体"为核心的生态保护、绿色发展、民生改善相统一的目标追求和履行公益治理、社区治理、共同治理的任务使命上。管理模式是一套包含管理理念、管理规章、管理方法、管理流程、技术标准和评价规范等内容的制度与方法集成,而国家公园管理模式针对的是自然保护与经济发展的矛盾、在一定理论指导下形成的一系列解决方案和方法,是一套以法律为依据的自然保护地及其遗产资源管理的技术集成与标准样式,并经自然保护与利用的反复管理实践与成效评估,提升为具有一定理论意义和推广价值的规范,服务于国家公园为主体的自然保护地体系建设。国家公园管理规范不同于一般管理学意义上的模式,而是一项自然保护和资源利用的国家战略安排,是在党中央和国务院的统一部署下,事关国土空间规划、国家生态安全和生态经济社会可持续发展的制度性安排,具有思想理念的先进性、管理方法的科学性、顶层设计的合理性和解决问题的有效性,是提高生态环境国家治理体系和治理能力现代化水平的重要标志。

第一节　中国国家公园管理模式主体要素

国家公园体制及其中国特色管理模式的构建,与国家治理的人民性和社会性向度、行为合规协调高效的自我向度和现代技术向度三个方向[1]一致,因此是国家治理现代化的重要组成,必须具备处理自然资源环境与利益相关者的冲突,平衡保护与利用的关系,维护人与自然和谐共生,促进以国家公园体制为主体的自然保护地体系持续发展的功能和能力。为使国家公园管理模式能有效解决当前中国自然遗产管理存在的问题,最终实现管理目标,必须厘清构建此模式的主体要素。研究认为中国特色国家公园管理模式是一套合理、规范的管理制度,一套科学、高效的运行机制,因此由自然管理的哲学思想、制度机制和科学技术等三个层面构成,三者围绕自然保护与经济发展两大核心问题相互作用,着力解决两大问题的矛盾冲突,构成中国特色国家公园管理模式的主体要素(图 7-1),演绎管理模式的内涵与外延。

---

① 胡承槐. 国家治理现代化的基本涵义及其三个向度[J]. 治理研究,2020,36(06):15—22.

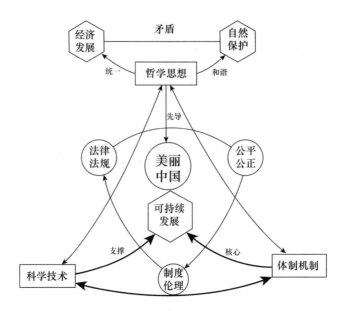

图 7-1　中国国家公园管理模式主体要素

一、模式解决的问题与实现目标

问题和目标是模式构建的方向。自然保护与经济发展的矛盾问题是国家公园管理模式要着力解决的核心问题。《指导意见》明确要通过构建新型分类体系,实施自然保护地统一设置,分级管理、分区管控,实现依法有效保护。[①] 这是建立以国家公园为主体的自然保护地体系的出发点,更进一步的目标是围绕经济建设、政治建设、文化建设、社会建设、生态文明"五位一体"总体布局和全面建成小康社会、全面深化改革、全面依法治国、全面从严治党"四个全面"战略布局,建立健全国家公园体制,提供高质量生态产品,促进生态保护、绿色发展、民生改善相统一,推进美丽中国建设,实现生命共同体和谐共生。

---

① 中共中央办公厅,国务院办公厅. 关于建立以国家公园为主体的自然保护地体系的指导意见[R]. 中华人民共和国国务院公报,2019(19)：16—21.

二、关键要素及其相互关系

哲学思想、制度机制和科学技术等三个层面中,自然保护的哲学思想是先导,制度机制是核心内容,科学技术为自然保护提供技术支撑,三者围绕自然保护与经济发展之间的问题与矛盾相互作用。思想观念可以影响人们解决问题的方向和方法的选择,从哲学的高度和角度树立正确的自然保护与自然管理思想,应当为先决条件。制度机制包括法律法规、体制和机制设置及其指导管理运行的规章,因此,建立符合公平公正要求的法律法规体系和符合制度伦理的体制机制,在统一、规范、高效的管理体制约束下,通过运行有效的管理方案、管理方法、管理流程等工具和技术手段,可以协调解决自然保护与经济发展之间的矛盾,实现自然保护和经济发展可持续发展目标。进入 21 世纪以来,以智慧、数字、空间等为代表的现代科学技术高速发展,成为社会经济发展的新动力,也是解决社会现实问题和自然保护难题的重要手段,可以展望未来许多制度或机制上无法解决的社会人文问题,或许可以通过科学技术手段来解决。可持续发展既是社会经济发展和自然生态发展的目标诉求,也是发展过程中应当遵循的理念和方式,通往解决自然保护和经济发展矛盾解决的路径,且可持续发展是美丽中国建设赖以得以实现的基础和保障,是最终建成国家生态安全得到保障、经济社会可持续发展的美丽中国的特质。

三、体制机制运行效果评价

管理模式是否科学合理有效,在于管理体制机制运行效果是否获得良好的评价:

第一是生态文明思想要落实到位,人地和谐共生观念得到充分贯彻,并对公众产生良好的示范和引导作用,既指导自然保护工作,还培养提升人们的生态意识和生态自觉。

第二是自然保护地和生态保护红线监管制度、生态产品价值实现机制等体制机制的作用发挥是否正常且高效、运行是否顺畅。经过 5～10 年的检验,中国自然保护地规模和管理是否达到世界先进水平,以国家公园为主体的中国特色自然保护地体系建设是否夯实了中国可持续发展的生态基石,为世界呈现一个优秀范例。

第三是自然保护地管理效能以及生态产品供给能力得到了显著提高,国家公园为人民群众提供"三优"产品,即优美的生态环境、优良的生态产品、优质的生态服务,较好地满足人民群众回归自然、享受自然的需要。

第二节　生态文明思想为先导的自然保护理念

一、生态文明思想的内涵与地位

习近平生态文明思想是马克思主义关于人与自然关系的思想同中国生态文明建设实践相结合的重大理论成果,深刻阐释了人与自然、环境与民生、发展与保护以及自然生态各要素之间等诸关系,是中华优秀传统生态文化的创造性转化和创新性发展。[1] 习近平生态文明思想中关于强调尊重自然、顺应自然、保护自然的理念、"生态兴则文明兴,生态衰则文明衰"的生态规律观以及环境民生观,如以人民为中心的发展思想、生态环境是最公平的公共产品等思想,是对人类中心主义和各种西方生态中心或生物中心主义流派的超越,是马克思主义关于人与自然关系思想的继承和发展。[2] 因此,习近平生态文明思想不仅是人类文明发展新阶段的先进思想,是指导我国新时期社会主义现代化建设的重要思想,也是解决我国生态环境保护与自然资源利用矛盾、加快建设以国家公园为主体的自然保护地体系和美丽中

---

[1]　俞海. 深入理解和科学把握习近平生态文明思想[J]. 社会主义论坛,2022(05):8—10.

[2]　黄承梁,杨开忠,高世楫. 党的百年生态文明建设基本历程及其人民观[J]. 管理世界,2022,38(05):6—19.

国的重要指导理论。

1. 人类文明发展史中的"生态保护"智慧是习近平生态文明思想的源泉

国内外先贤从不同的角度深入思考和辨析自然与人类的关系,积累了丰富的生态智慧遗产。如我国儒家"相即相融"的学说,道家"道法自然""天人合一"的理念、佛家"缘起法界"的观点,古希腊"以人为主"的朴素自然观,都是人类在文明发展中对自然生态的思考、对人与自然关系探究的成果。[1]如《吕氏春秋》中的"涸泽而渔",反映的便是人类发展之于自然应"用之有节""取之有度",可持续发展应尊重生态系统"规律"。"山水林田湖草是生命共同体"蕴涵了"天人合一""道法自然"等生态智慧。

2. 马克思主义自然观是习近平生态文明思想的理论基础

马克思主义生态思想探讨了人与自然的共生关系及其相互作用,自然是"人的精神的无机自然界"、人的"无机的身体",[2]"人也是由分化产生的,不仅从个体方面来说是如此——从一个单独的卵细胞分化为自然界所产生的最复杂的有机体,而且从历史方面来说也是如此",[3]认为人类是自然界发展中的产物,是生态自然的有机组成部分。因此,人类必须尊重自然生态的发展规律,否则会遭受自然的"惩罚"。习近平继承了"对立统一""发展联系"等辩证唯物主义学说,将"以人为本"作为治国理政的核心方略之一,从实现人的自由和全面发展角度探究人与自然关系,把最广大人民的生态利益放在首位,通过践行以人为本的生态观、保障人民生态权益,实现为人民谋福利,[4]凸显了人的地位和价值。

---

① 严天秀. 习近平生态文明思想的时代价值研究[J]. 湖北开放职业学院学报,2021,34(24):126—127,132.

② 马克思,恩格斯. 马克思恩格斯全集第一卷[M]. 北京:人民出版社,2009:56.

③ 马克思,恩格斯. 马克思恩格斯全集第二十卷[M]. 北京:人民出版社,1971:373.

④ 张玫瑰,陈莉. 习近平生态文明思想在西藏的实践[J]. 西藏民族大学学报(哲学社会科学版),2021,42(03):26—30,153.

3. 当今生态环境问题为习近平生态文明思想的形成与发展提供了现实基础

现代工业文明带来的生态危机、资源过度利用等问题正逐渐障碍着世界经济的健康发展，影响国民的精神与物质生活质量。[①] 构建以国家公园为主体的自然保护地体系，协调生态效益、社会效益与经济效益三者关系，便成为生态文明建设的重要内容，建设美丽中国便是解决生态环境问题、提升人民美好生活品质的主要抓手。因此，解决日渐严峻的生态环境问题，实现社会经济可持续发展便是彰显生态文明思想时代价值的外部动因和逻辑起点。

为此，必须应用马克思主义的世界观与方法论，以习近平生态文明思想为指引，把中国传统自然保护思想、马克思恩格斯的生态哲学思想同中国资源、环境、人口与经济社会发展现实相结合，构建具有中国特色的生态哲学新思想。新思想以自然界和人的发展为逻辑起点，以马克思主义自然观为主线，遵循生态经济协调发展规律，按照"人—社会—自然"整体系统，建立一种生态构成的整体观、生态协调的和谐观、生态发展的持续观相统一的生态哲学范式，[②]包含生态文明建设、可持续发展战略、生态经济协调发展三方面的主体内容，兼具价值取向、科学取向和实践导向，揭示生态文明的内涵与本质，为国家公园为主体的自然保护地体系建设，提供生态政治战略、生态文化机制和人与自然和谐共生的生态社会模式。

生态文明突破人类中心主义，将人置于生态系统之中，是正确认识和处理人类与自然生态系统的关系、建立人与自然和谐共存的新理念和新方式，是迄今为止人类社会最高的文明形态。党的十八大以来，生态文明建设创

---

①　严天秀. 习近平生态文明思想的时代价值研究[J]. 湖北开放职业学院学报，2021，34 (24)：126—127，132.

②　王玉梅. 当代中国马克思主义生态哲学思想研究[D]. 武汉大学，2013.

造性列入中国特色社会主义事业"五位一体"总体布局,①进一步彰显其不可替代的功能和价值,生态文明建设的范畴和维度不断延展。尊重自然、顺应自然和保护自然,实现人与自然的和谐是生态文明的主要标志。作为现代新型文明形态,生态文明是当今时代人与自然关系认知、人类发展取向等方面的先进理念、价值、知识与经验等精神财富和发明创造的总和,强调以绿色发展、低碳发展、循环发展为路径从资源、环境、生态和空间等方面推进建设。② 生态文明思想立意高远、底蕴深厚,内涵丰富、逻辑严密,是中国马克思主义生态文明观的新飞跃,是新时代加强生态文明建设的新指南,为全球生态环境治理贡献了中国方案。③ 生态文明思想为新发展阶段生态文明治理、人与自然和谐共生、美丽中国和国家公园建设提供了有力的思想保障和行动指引,支撑着我国社会主义现代化建设与创新发展。

二、生态文明与国家公园建设的关系

生态文明制度建设与国家公园体制建设之间,无论是理论上还是实践上均具有密切的内在逻辑关系(图7-2)。生态文明思想及其衍生的生态历史观、科学自然观、绿色发展观、生态民生观、系统治理观、严密法治观、全民共治观和全球共赢观,④为建设以国家公园为主体、自然保护区为基础、各类自然公园为补充的自然保护地体系,⑤提供了理论支持和方法指导,是彰显中国国家公园的特色所在。生态文明制度是国家公园体制建设的基础,建

---

① 汪晓东,刘毅,林小溪. 让绿水青山造福人民泽被子孙[N]. 人民日报,2021-06-03(海外版).
② 谷树忠. 走出生态文明建设认识误区[N]. 人民日报,2015-08-12(007).
③ 魏海生,李祥兴. 建设美丽中国的行动指南—深入学习习近平生态文明思想[J]. 经济社会体制比较,2022(01):1—10.
④ 孙百亮,柴毅德. 习近平生态文明思想的核心观点及时代价值[J]. 山西高等学校社会科学学报,2022,34(02):7—13.
⑤ 中共中央办公厅,国务院办公厅. 关于建立以国家公园为主体的自然保护地体系的指导意见[R]. 中华人民共和国国务院公报,2019(19):16—21.

立国家公园体制是生态文明制度建设的重要内容,是生态文明思想建设的落地体现,也是中国深度参与全球环境治理、共同构建人与自然生命共同体的重要实践。下面依次分析这几方面存在的内在逻辑关系。

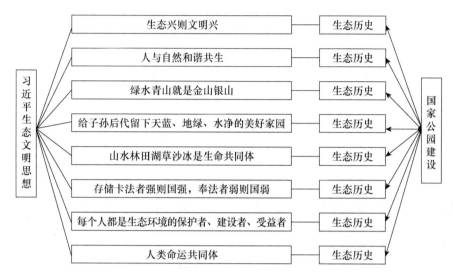

图 7-2　习近平生态文明思想与国家公园建设内在逻辑关系

(一)"生态与文明"的生态史观与国家公园建设之间

人与自然的关系随着人类文明发展进程而发生变化。原始文明时期,人类主要依靠简单从事采集和渔猎等活动获得生存所需,改造自然能力低下,与自然的关系处于依附状态;农业文明时期,人类创造和利用工具的能力显著增强,以农耕为主的方式获取自然资源,具备一定的改造自然的能力;工业文明时代,人类利用快速发展的科学技术,征服自然的能力大大提高,主动改造自然、征服自然,大规模开发利用自然资源,伴随各种不可再生矿产资源、化石能源等自然资源的无限制的开发利用,人类在创造巨大物质财富的同时,破坏了生态环境和地球生态系统平衡,威胁人类自身的生存和发展。

生态文明是未来人类社会的新型文明形态,有利于"解决好工业文明带来的矛盾"。① 生态环境优良可以促进和维持人类文明的繁荣与兴盛,而生态环境恶化则会造成人类文明的衰落甚至消失,由此习近平提出了"生态兴则文明兴,生态衰则文明衰"②的论断。生态文明思想的核心理念是人与自然和谐共生,要求人类尊重自然、顺应自然、保护自然。建设国家公园就是要将生态功能重要、生态环境敏感脆弱以及其他有必要严格保护的各类自然保护地纳入生态保护红线管控范围,并在统一规范高效的管理机制下按照自然生态系统原真性、整体性、系统性及其内在规律,加以系统性保护。③为此,要在"生态兴则文明兴"生态史观的指引下,实施国家公园及其体制建设:① 秉持人与自然和谐相处应的态度,善待自然,将一切物种视为生命共同体中不可或缺的一部分;② 遵循自然规律,守持与自然平等相处的基本准则,所有自然资源开发利用活动在生态环境承载力约束下进行,让自然有一个自我修复、自我发展、休养生息的空间;③ 人类不能一味地向自然索取,应主动担当保护自然的基本责任,采取积极有益的生态治理措施应尽保育的义务。从而引领我国社会主义现代化建设实现生态为导向的战略转变。

建立以国家公园为主体的自然保护地体系,是应用现实的态度和方法保持生态与文明的动态平衡。生态越好未见得文明越强,地球上生态最好的时期其实是人类原始社会甚至更早时期,但那时基本谈不上文明。保护生态是人类对历史发展负责的一种态度,但应当以现实能力、现实需求为基础来谋划。竭泽而渔固然是一种短视,因噎废食亦不可取。

(二) 人与自然和谐发展的科学自然观与国家公园建设之间

纵观人类文明发展历程,人类对自然从崇拜敬畏到广泛利用再到征服

---

① 习近平. 共同构建地球生命共同体——在〈生物多样性公约〉第十五次缔约方大会领导人峰会上的主旨讲话[N]. 人民日报,2021-10-13.

② 刘毅,孙秀艳,寇江泽. 生态兴则文明兴[N]. 人民日报,2020-8-14(01).

③ 中共中央办公厅,国务院办公厅. 关于建立以国家公园为主体的自然保护地体系的指导意见[R]. 中华人民共和国国务院公报,2019(19):16—21.

改造,其变化均处在一种不平等的状态中。人们既享受了自然带来的回馈,同时也遭受了自然严重的惩罚,即使是人类驾驭自然的能力增强后,在"人类中心主义"思想影响下,人类确实一时占了上风,最终还是受到大自然的报复。可见,正确而科学地认识人与自然的关系是一个重要的命题。科学的自然观应是人与自然和谐共生,人类的生存和社会发展离不开生态系统,人类只有尊重、顺应和保护自然,正确认识和运用自然规律,维护自然生态平衡,才能实现人与自然的和谐发展。"天地与我并生,而万物与我为一",[①]千年前中国古人便高度概述了"人与自然是生命共同体"的关系。人是自然的产物,自然为人类提供了生存基础和实现人的全面发展、自由发展的必要条件。[②]人对自然的损害最终会伤及人类自身。人与自然和谐发展既强调了人对自然的依存关系,也强调了人对自然的良性作用。

国家公园建设是在生态文明思想的指导下遵循人与自然和谐观,以统筹人与自然和谐发展为目标,通过合理利用和保护自然,实现资源节约型、环境友好型社会的建设。人类既有向自然界索取和利用的权利,更要履行补偿和建设自然生态环境的责任,只有充分认识这种权利和责任的关系,人类才能真正建立起与自然之间的平衡关系。这是生态文明思想对人与自然关系的一个新概括,也是国家公园建设必须达到的新要求,国家公园体制必须建设性推动人与自然之间和谐关系的形成。国家公园依托生物多样性保护和资源质量品级优越的自然区域,将发挥尊重自然规律和关照人类需求的双重角色作用,促使人类利用目的性与自然规律性相统一,为实现经济社会进步、人的自由全面发展、自然界再生能力提升的三者有机统一,[③]提供物

①　习近平. 庄子《齐物论》习近平谈治国理政(第三卷)[M]. 北京:外文出版社,2020:360.

②　鲁冰清. 生命共同体理念下国家公园建设与原住居民脱贫协同实现机制研究:以祁连山国家公园为例[J]. 甘肃政协,2020(04):30—35.

③　吴宏亮. 生态文明理论形成的历史观基础:马恩生态社会发展思想探要[J]. 河南大学学报(社会科学版),2008(04):41—45.

质载体和制度保障。

（三）绿水青山就是金山银山的绿色发展观与国家公园建设之间

一个时期以来，人们总将经济发展和环境保护二者之间的关系对立起来，偏重经济发展，重视发展社会生产力，而轻视自然生产力。实际上，良好的生态本身蕴含着无穷的经济价值，能够源源不断地创造综合效益，是经济社会可持续发展的重要载体。[①] "绿水青山就是金山银山"这一发展理念的提出，完美地揭示了保护环境与发展经济的本质联系，改变了以牺牲自然环境换取经济利益的传统思维，保护环境与发展经济不是对立的，而是如绿水青山与金山银山，是事物的一体两面，是一种辩证统一的关系，绿水青山本身也是财富，且维系着社会发展，皆是人类的需要，保护自然就是积蓄财富。要发挥绿水青山的双重效益，就是要转变传统的发展方式，将自然保护摆在首位。国家公园是实现自然资源科学保护和合理利用的特定陆域或海域，[②]其建设目的就是要"大面积"保护具有国家代表性的自然生态系统，使其保持原真性和完整性。绿色发展观有利于统筹国家公园这一空间区域内实行"最严格的保护"，实现"绿水青山就是金山银山"的价值转化。"最严格的保护"就是最严格地科学保护，合理利用资源，不可将经济利益凌驾于生态效益之上。

国家公园的主要任务就是保护具有国家代表性的大面积自然生态系统，且国家公园及其周边区域的资源价值高，是"两山"转化条件最好的区域。我国人口密度极高，土地制度相对复杂，国家公园不可能建在无人区，而且公园内存在大量的集体土地和原住民，他们有实现"绿水青山就是金山银山"的迫切需求。国家公园建设能够妥善处理"最严格的保护"（保护绿水青山）与当地社区发展（转化为金山银山）之间的关系，将不同的利益相关方

[①] 汪晓东，刘毅，林小溪.让绿水青山造福人民泽被子孙[N].人民日报,2021-06-03(海外版).

[②] 中共中央办公厅，国务院办公厅.建立国家公园体制总体方案[R].中华人民共和国国务院公报,2017(29)：7—11.

形成利益共同体,进而形成保护合力。[①] 因此,需要创新国家公园体制,以确保"最严格的保护"和"绿水青山转化为金山银山"同步实现。建立国家公园体制,就是改革创新我国自然保护地管理体制机制。

生态文明本质上就是保护与发展间的一种协调的关系,协调关系中的发展是一种综合全面的、各方公平参与的、资源低消耗的、环境清洁的、可持续的发展。国家公园建设遵循生态文明思想,建立利益相关方多元共治的利益共同体,致力于先保护然后转化保护成果,进而达成生态价值观和发展价值观统一。国家公园属于被中央重视、传统发展压力小,且地方政府能够为了自然保护愿意且必须放弃一时一地经济收入的区域,是通过制度引导能够完成"绿水青山"向"金山银山"转化的空间,并因绿色健康的发展方式显化生态文明的内涵与成效。

(四) 美好人居环境需求的生态民生观与国家公园建设之间

随着我国社会主要矛盾发生变化,人民群众的物质生活水平不仅明显提高,而且生活需求日益呈现出多样化和个性化特点,人民群众对更舒适的居住条件、更优美的环境的需求与日俱增,对干净的空气、清洁的水等生态产品需求也越来越迫切。这表明人们开始关切自身的生活品位和健康状况,关心所处自然环境的优劣,更多地关注生态文明建设质量。只有提供更多良好的生态公共产品和优质的生态公共服务,努力维护生态维度的公平正义,人民才能健康幸福,社会才能和谐稳定。自然保护地内的原住民是保护地利益相关方,是自然保护的重要参与方,只有国家公园内及周边社区直接受益于自然保护,才能形成共管合力。如果没有原住民全方位参与治理并分享到保护成果,自然保护地就难以形成有利于保护的利益共同体。

国家公园建设是"美丽中国"的重要组成,与生态民生观高度契合。"美丽中国"建设将通过建立健全绿色低碳循环发展的经济体系和清洁低碳、安

---

① 苏红巧,苏杨. 国家公园如何统筹"最严格的保护"和"绿水青山就是金山银山"[J]. 中华环境,2019(08): 22—25.

全高效的能源体系以及政府、企业、社会机构和公众广泛参与的环境治理体系，①解决突出的环境问题，推动绿色生产和绿色生活方式，形成环境优美的国土空间格局、资源节约的生产生活方式、清洁低耗高效的产业结构，不断满足人民日益增长的优美生态环境需求，满足人们对美好生活的向往。国家公园通过保护生物多样性，改善自然生态系统状况，优化国土空间布局和生态环境，提高生态服务功能和生态产品供给能力，为百姓提供高质量的公共生态产品。

（五）生命共同体的系统治理观与国家公园建设之间

生命共同体理念揭示了生态系统以及人与自然共生共存、共同发展、共同繁荣的必然性和科学性。生命共同体强调各共生单元之间的协调与合作，通过合作性竞争促进各自发展，使他们在复杂多变的环境中具有良好的适应性。② 从生命共同体角度来观察，整个自然界是一个系统，生活在其中的人与自然是一种寄生-宿主的共生关系。③ 人类不仅对农产品、工业产品有需求，更需要良好的生态产品，高山草原、碧海蓝天、沙滩雪地、湖泊湿地等都是人类永续发展的最大本钱，自然可以为人类提供生存必需品，是人类生存和发展的根基。全球变暖、淡水危机、能源紧缺、物种灭绝、垃圾污染等一系列环境问题，④威胁人类的生存，均证明人与大自然是一个生命共同体，是相互依存、紧密联系的有机链条中的一环。人以自然为基础，必须与自然界其他生物相互依赖、相互作用，在合理限度内相互竞争，才能形成地球生

---

① 汪晓东,刘毅,林小溪. 让绿水青山造福人民泽被子孙[N]. 人民日报,2021-06-03(海外版).

② 王娴,任晓冬. 基于共生理论的自然保护区与周边社区可持续发展研究[J]. 贵阳学院学报(自然科学版),2015,10(03)：45—49.

③ 鲁冰清. 生命共同体理念下国家公园建设与原住居民脱贫协同实现机制研究：以祁连山国家公园为例[J]. 甘肃政协,2020(04)：30—35.

④ 孙百亮,柴毅德. 习近平生态文明思想的核心观点及时代价值[J]. 山西高等学校社会科学学报,2022,34(02)：7—13.

态系统共生共荣、协同进化的和谐关系。^①

国家公园建设是我国一项长期的战略性系统工程,必须遵循"山水林田湖(草沙冰)是生命共同体"的系统治理观,按照生态系统的整体性、系统性及其内在规律,统筹自然生态全要素,进行整体保护、系统修复、综合治理,在科学保护下维持生态系统健康,^②实现陆地与海洋、流域上下游乃至地空等各类资源永续利用。国家公园建设为的是辩证统一严格保护与合理利用,保护的目的是为了利用,合理的利用可以促进保护,^③因此,国家公园便是生命共同体系统治理的综合体。

(六) 最严格保护的严密法治观与国家公园建设之间

对国家公园实行最严格保护就是法治建设优先,自然保护的过程就是严格执行国家公园相关法律法规、制度规定、标准规范的过程。在最严格保护的严密法治观的指导下,国家公园建设将全国主体功能区规划中的禁止开发区域,纳入全国生态保护红线区域管控范围。因此,首先要建立科学完善的法律制度体系,国家公园建设和管理的各项事务有章可循,在法律规范中运行;其次,所制订的法律规章和制度标准均要符合实际,可操作性强,能够规范管理行为,确保管理效用得以正常发挥。自然保护地属于全国主体功能区规划中的禁止开发区域,只有通过依法强制保护,才能够严格控制人为因素对此区域的干扰,以保护自然生态和文化遗产的原真性和完整性。国家公园是我国自然保护地的主体,既要严格管控规划建设活动,还要防止原住民生产生活设施改造和自然观光、科研、教育、旅游等活动对其生态系统造成损害。

---

① 鲁冰清. 生命共同体理念下国家公园建设与原住居民脱贫协同实现机制研究:以祁连山国家公园为例[J]. 甘肃政协,2020(04):30—35.

② 建设美丽中国:关于新时代中国特色社会主义生态文明建设[N]. 人民日报,2019-08-08(06).

③ 唐芳林. 科学划定功能分区 实现国家公园多目标管理[EB/OL]. (2018-01-16)[2022-03-15]. http://www.forestry.gov.cn/main/3957/content-1068384.html

但是"最严格的保护"并不意味着自然保护地范围内不能发展、一草一木皆不能动。[①] 世界自然保护发展史显示,自然保护地主流的保护理念从 protection 向 conservation 转变,发展目标也从单一、严格的自然保护,转变为自然保护和人类福祉二者兼顾。[②] IUCN 发布的《世界保护战略》提出了三条准则:① 维护支撑人类生存和发展的关键生态过程和生命支撑系统, ② 保护遗传多样性,③ 确保对物种和生态系统的可持续利用。可见,自然保护的对象兼顾了人类生存与发展诉求,而非单一的自然,因此,自然保护需要集合各方力量,形成保护的合力,是在对自然生态系统结构、过程和功能规律充分认识的基础上,采取科学的、动态的、适应性的保护措施,而非简单地严防死守。[③]

《总体方案》将国家公园"纳入全国生态保护红线区域管控范围,实行最严格的保护"。《全国主体功能区规划》中强调,禁止/限制开发区域,并不是限制其发展,而是通过社区共管机制、签订合作保护协议等方式,共同保护国家公园周边自然资源。这些要求为国家公园执行"最严格的保护"以及建立和完善自然保护法律法规体系提供了依据。"最严格的保护"就是最严格地按照科学技术路线来保护,依法依规地落实公园功能区划、空间分区管控,细化保护需求,形成具体的生态系统完整性保护内容与限制性行为清单,分列鼓励和限制的行为(正面和负面清单),科学合理地支持能够维持和优化生态系统的行为,依法禁止和减轻与保护目标相悖的行为,实现对国家公园等保护地分别进行监测性保护、干预性保护或工程性保护,保证这两方面的行为能落地并得到行政力量的支持。[④]

---

① 闫颜,唐芳林,田勇臣,等. 国家公园最严格保护的实现路径[J]. 生物多样性,2021,29 (01):123—128.

② 苏红巧,罗敏,苏杨."最严格的保护"是最严格地按照科学来保护——解读"国家公园实行最严格的保护"[J]. 北京林业大学学报(社会科学版),2019,18(01):13—21.

③ 同上.

④ 何思源,苏杨,罗慧男,王蕾. 基于细化保护需求的保护地空间管制技术研究——以中国国家公园体制建设为目标[J]. 环境保护,2017,45(Z1):50—57.

（七）共同保护生态环境的全民共治观与国家公园建设之间

生态环境关乎国家永续发展和人民生活幸福安康，生态环境问题直接威胁到人类最根本的生存权。优良的生态环境是全民共享的公共产品，是人民美好生活的组成部分，不仅是人类生存的物质基础和必要条件，更是社会进步的象征。因此，生态文明建设需要人人参与，积极为政府履行生态治理职能建言献策。① "每个人都是生态环境的保护者、建设者、受益者。"②全民共治的具体内容就是要增强全民节约意识、环保意识、生态意识，培育全民的生态道德和文明风尚，构建绿色发展模式和绿色生活方式。

"生态保护第一、国家代表性、全民公益性"是建立中国国家公园体制的三大理念。"生态保护第一"与以美国为代表的西方国家公园治理目标有所区别。美国国家公园治理的首要目标是自然保护和提供全民游憩机会，此目标缘于美国的政治制度和当时的历史条件。而中国国家公园"生态保护第一"的理念是中国政府在"生态文明"建设时期，力图破解自然保护低效、破碎化保护地空间分布以及"九龙治水"管理体制而作出的决策。③ "保护第一"非"保护唯一"。中国国家公园治理在"保护第一"前提下追求"人与天谐"，即在保护资源环境完整性和原真性的前提下，直面中国国情与条件，探索自然保护与社区生计有机融合。

全民共治为的是"全民共享"，意味着中国国家公园是每个人的国家公园，公益性是其本质属性。国家公园属于全民、服务于全民，每一个国民既是国家公园的受益者，也是国家公园义务的承担者。④ 全民参与共治以维护国家公园自然生态的"原真性"和"完整性"，国家公园因其"原真性"和"完整

①　孙百亮，柴毅德．习近平生态文明思想的核心观点及时代价值[J]．山西高等学校社会科学学报，2022，34(02)：7—13．

②　习近平．习近平谈治国理政(第三卷)[M]．北京：外文出版社，2020：362．

③　杨锐．中国国家公园治理体系：原则、目标与路径[J]．生物多样性，2021，29(03)：269—271．

④　同上．

性"而全面展示生态环境的多元价值,为全民奉献可以共享的科学研究基地、自然教育天堂、欣赏自然壮美景象的精神乐园。

(八) 人类命运共同体的全球共赢观与国家公园建设之间

地球是全人类共同的家园,任何一处环境问题发生时,任何一个国家都无法置身事外、独善其身,因此生态治理是世界各国人民对美好生态环境的共同向往和价值追求。习近平指出"要落实联合国 2030 年可持续发展议程,实现全球范围内平衡发展……只要我们牢固树立人类命运共同体意识……就一定能让世界更美好、让人民更幸福。"①这是中国政府对人类命运共同体的诠释。"共谋全球生态文明建设"彰显了中国作为全球生态文明建设重要参与者、贡献者、引领者的地位和作用。② 全球共赢观超越了狭隘的民族或国家的意识形态,而是站在人类命运共同体的立场,谋求全球人民共同过上美好生活,为世界各国发展提供了可借鉴的生态文明理念与生态建设方案 。为此,中国已经与美国、俄罗斯等 40 多个国家签署了环境合作保护协议或谅解备忘录,在环境政策法规、污染防治、生物多样性保护、气候变化、环境影响评价等方面开展交流与合作。

中国国家公园建设作为世界自然保护和国家公园运动的一个组成部分,以生态文明思想为指导,坚持绿水青山就是金山银山的理念,按照山水林田湖草系统的整体治理,保护自然生态系统的原真性和完整性是全球生物多样性保护的重要组成,构筑的是全球生态安全保护屏障,其目的是为人类子孙后代留下珍贵的自然资产。作为中国推进自然生态保护、建设美丽中国、促进人与自然和谐共生的一项重要举措,中国国家公园建设广泛借鉴国外成功经验,紧密结合中国国情,将为人类生态文明建设、构建人类命运共同体做出积极贡献。

---

① 习近平. 共担时代责任,共促全球发展[J]. 求是,2020(24):10.
② 习近平. 决胜全面建成小康社会,夺取新时代中国特色社会主义伟大胜利——在中国共产党第十九次全国代表大会上的报告[R]. 2017-10-18.

习近平生态文明思想在其生态历史观、科学自然观、绿色发展观、生态民生观、系统治理观、严密法治观、全民共治观和全球共赢观八个方面与中国国家公园建设具有密切的内在逻辑，为中国国家公园建设提供了扎实而充分的思想基础和理论依据，充分体现了国家治理和国家公园管理的人民性和社会性向度，是中国国家公园建设的源头活水，也将是国家公园的中国特色所在、责任所在和努力方向。

三、自然保护思想的建设路径

纵观文明发展史，人类作用于自然的行为，不管是自然保护还是开发利用，均是在思想认知引领下进行的。因此，引领自然保护地体系及其国家公园建设的思想建设至关重要。自然保护不仅是人类的美学畅想或道德延伸，也是对地球健康与平衡的深层次关怀。19世纪晚期北美蓬勃发展的保护运动，重构了现代世界人与自然的关系，逐渐形成当今西方国家以生态主义和环保主义为核心的自然保护思想与保护政策，对世界产生深刻影响。中国自然保护思想和实践与中国传统社会发展紧密联系。孔子的"仁者乐山，智者乐水"，庄子的"独与天地精神相往来"表达了中国古人对自然世界满怀绚烂而多情的温润意趣。"天地与我并生，而万物与我为一""道法自然"等生态智慧，在历代帝王为了维护其政权合法性与权威性而采取的一系列自然资源保护行动中，得到弘扬与光大，得以贯穿于中国传统文化之中，使植被与物种以传统宗教、家族单位等形式获得全面性和地方性保护。新时代中国为了应对人与自然的矛盾，提出了以"尊重自然，顺应自然，保护自然"为核心的系统自然保护思想。习近平提出："像保护眼睛一样保护生态环境，像对待生命一样对待生态环境。"人与自然是生命共同体，人与自然和谐共生等思想构筑了面向未来的生态文明思想。在推进国家公园体制建设中，需要创新自然保护思想建设的方法和路径，建立自然保护理论体系，以有效保障对自然保护地建设实践与管理体制改革的指导。

（一）确立自然遗产资源价值的法律地位

"人类共同利益"和"人类共同遗产"概念首先在西方国家提出,并在国际环境条约和公约中作为法律概念得到了表达。[①]《保护世界文化和自然遗产公约》(以下简称《公约》)定义了"自然遗产",对列入《世界遗产名录》的自然遗产提出了4条标准。《公约》为"人类共同利益"和"人类共同遗产"概念增加了环境内涵,有关"自然遗产"的提法不断出现在国际公约和文献中。我国法律尚未对"自然遗产"给出明确定义。

自然遗产是具有突出的普遍价值的自然面貌、地质和自然地理结构、受威胁的动物和植物生境区、天然名胜或自然区域,具有生态、科学、美学价值,并非是常见的、普通的自然资源或者自然区域,是具有代表性的自然生态系统、自然遗迹以及濒危野生动物的栖息地。自然遗产最大的价值在于造就了人类文明,为人类提供了赖以生存的物质条件,为人类发展提供了经济价值。因此,需要给予"自然遗产"的法律定义,出台基于自然资源保护管理的法律,对自然生态系统、自然遗迹、濒危野生动植物物种等自然资源进行依法有效保护,从法律的角度,对自然遗产进行经济社会、资源要素与价值的科学分析与论证,确立自然遗产与人类社会发展之间密不可分的关系和地位(图7-3)。要落实生态文明制度建设的要求,立法禁止对矿产、天然林的商业性采伐、禁止食用野生动物等法规,提供监管查处执法依据,在"两山论"的指导下,建立健全生态补偿、生态环境损害赔偿等制度和机制,落实自然生态保护与自然生态价值利用。

---

① 何婧. 浅析我国文化和自然遗产保护的问题及对策[J]. 安康学院学报,2011,23(02):37—39.

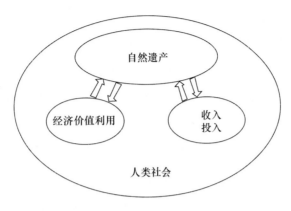

图 7-3　自然遗产与人类社会关系

（二）建立自然保护与国家公园的学科地位

目前,在我国高等教育的 13 个门类中,自然保护与环境生态类作为一个专业门类设在农学之下。自然保护是事关国家和民族乃至世界生命共同体生存的发展战略,是事关生态文明建设的一项重要事业,不仅是一门复杂的综合科学,而且涉及多门类的科学技术,理应在学科门类中占有一席之地。当前应加快建立自然保护一级学科,引导高等教育加强自然环境和生态资源动态平衡规律的研究,综合分析、评价、控制和调节人类行为对赖以生存的自然环境的影响,保护人类自身在内的自然界生命系统的最适宜条件,提升人类合理利用和有效经营自然资源的能力,进而形成面向人类未来的完整的自然保护学科。同时,要在自然保护学科下建立国家公园二级学科,引导针对性地开展综合哲学、农学、工学、管理学及其生态学、地质学、林学等多学科参与的学科研究,培养满足国家公园事业发展需要的专业人才。

（三）加强生态政治建设,提供制度保障

正确认识生态政治建设对于生态环境保护具有重要意义。首先,必须将马克思关于人与自然关系的理论作为研究和解决生态问题的基本准则,准确理解人与自然的关系,进而放到人类政治系统和自然生态系统去考察。其次,要改变传统的政治思维,树立生态政治价值观,调动政治思维、政治价

值观、政治权力以及政治决策等方面,对生态环境问题、自然保护与国家公园体制建设给予全面的政治关注,加大对生态环境和自然保护问题的政治解决力度。过去我国的生态管理制度不完善、生态保护机制不健全,生态法制体系不够完善,其根本原因就是自然保护及其国家公园建设未纳入生态政治建设,自然遗产保护理念建设不足,自然保护思想不统一。

为此,要树立全球是整个生态系统的生态观点,将生态科学的触角延伸到人类社会政治领域,建构生命共同体、整体和谐发展的理论以及人类与自然生态系统动态平衡与稳定的思想。发挥政府的决定性作用,从立法、执法、守法和司法等四个环节健全生态文明法治体系,使自然遗产保护工作建立在法律的权威之上,依法建设和提升现代化生态治理体系和治理能力。从制度上加强政府对生态环境保护工作的支持力度和监管力度:① 从制度上明确国家公园第一属性是公益性;② 立足于生态文明建设的政治向度,建立健全自然保护法律法规体系和指标考核体系,突破传统的考核制度,对接完善的生态文明指标考核体系,将生态环境保护的责任追究制度和惩罚制度落到实处;③ 探索建立多元化的投资模式与公开、透明、高效的资金使用规则;④ 实行社区基层共管民主,激励社区居民和公众广泛参与,促进自然管理决策的民主化。

(四) 构建生态文化体系,厚植文化底蕴

文化根植于人民群众才有生命力,人民群众才是推动社会发展、国家变革的重要力量。只有通过构建生态文化体系,将自然保护理念建设于其中,增强百姓的生态文化观念,并将生态文化观念内化于心、外化于行,人们才能自觉转变生产生活方式,处理好生存与发展之间的问题。

1. 确立人民群众的主人翁地位,激发广大人民群众参与生态环境保护的积极性和主动性

不断增强人民群众的生态环境保护意识、人与自然和谐的生态文化认知,发挥民众的智慧和力量,拓宽民众的表达渠道,鼓励民众热情参与,引导

群众的生态文化自觉与行为,营造全社会生态文化的氛围。

2. 持续开展生态文化宣传与教育

文化是推动人类社会发展的最深层、最持久的力量,它不仅为经济社会发展提供长久的、宽领域的澎湃动力,更能从理念高度上保证发展的制度连续性、规划合理性和建设系统性。[①] 生态文化理念的树立与培养对于生态文明建设和自然保护理念建设有重要的意义。遵照党的十八大报告"加强生态文明宣传教育,增强全民节约意识、环保意识、生态意识,形成合理消费的社会风尚,营造爱护生态环境的良好风气"[②]的要求,以生态价值观为内容,利用电影、电视、网络、书籍、宣传册等各种现代媒体手段和形式,开展持续性的宣传教育,培养人与自然和谐关系的生态伦理教养,不断提升人民群众的生态意识、生态知识、生态道德和生态美感等生态文化素养。

3. 倡导绿色消费习惯和生活方式

重视消费的多元化和生态化,应用正确的生态文化理念养成良好的生活习惯,崇尚简单、朴实、节约的绿色消费观念,鼓励低污染、低排放、低能耗的生活主张,满足人的物质和精神双重需求。倡导公民主动参与自然保护理念建设和自然保护实践,回归自然、爱护自然,开展生态旅游等文明旅游活动。

4. 建立国家公园社区共管与公众参与机制

鼓励、支持、引导社会公众、社会组织、单位或个人作为主体,参与到国家公园管理中来,享有应有的权利,承担应尽的义务范围内,自然保护思想自觉不自觉地融入社区公众之中,让生态文化成为一种文化自觉,让生态文化的旁观者、享用者成为生态文化的建设者、执行者,自觉履行生态正义和生态义务。

---

① 本刊评论员. 文化是推动人类社会发展的最深层、最持久的力量[J]. 江南论坛,2010(05):1.

② 胡锦涛. 坚定不移沿着中国特色社会主义道路前进,为全面建成小康社会而奋斗——在中国共产党第十八次全国代表大会上的报告[R]. 2012-11-08.

（五）发展生态经济，增强生态价值实现动力

自然保护思想建设的关键着力点和支撑点在于生态经济的发展，即生态文明视域下建立新型的经济发展模式。产业生态化、生态产业化是解决人民日益增长的美好生活需要和不平衡不充分发展之间的矛盾的根本出路，也是自然遗产保护体系建设的必然选择。按照实现人、自然与社会的和谐相处的生态要求，将生态经济建立在环境承载力的基础之上，采取持续、节约、循环利用资源的方式，推进清洁生产和低耗生产，通过建立供需平衡的经济结构，有效解决自然保护区域内生产发展与环境保护之间的矛盾，为自然保护地生态价值实现提供途径和方法，既防止生产活动对生态环境的破坏，又获得高质量的经济发展。

1. 培育新型的生态生产方式

运用生态经济学原理和系统工程方法，按照标准化、规模化、产业化方式发展诸如绿色有机农林牧业，建设绿色食品原料标准化基地和有机农畜产品标准化生产基地，培育和供给绿色、有机、高品质、安全的优质农林畜产品。采取强强联合、兼并重组等方式，组建规模企业集团，形成产业联盟，建立协同创新、联合攻关、共建共享合作机制，借助产业链延伸、补齐产业链短板，统筹推进产品粗加工、精深加工和综合价值开发，提升产品附加值。

2. 挖掘利用生态资源潜力

发挥自然遗产资源禀赋优势，转化为发展优势，如依托遗产地丰富的风、光、水、热能资源，建设清洁能源产业，整合生态资源，构建以点带面、以线连面的生态产业布局，优化产业发展空间格局，推进生态产品的价值实现。通过资源的优化配置，转变资源利用方式，发展高技术含量的新型产业，平衡发展与保护的关系，为人民群众提供高质量的生态产品和绿色的生活环境。

3. 发展高效的生态产业

利用自然保护地景观优美、生态旅游资源丰富的优势，构建生态环境优

美、地方文化突出、旅游功能集聚、旅游服务完善的生态旅游产业发展格局，
开发生态旅游、研学旅游、自然教育等产品。建立生态旅游发展机制，实现
生态旅游全要素配套服务，推动生态旅游相关业态融合、生态旅游产品融
合，提升生态旅游产品供给和服务质量。通过打造高质量生态旅游目的地，
优化自然保护地统一和集中管理，有效保护生态资源环境，提升生态产品价
值实现的质量和规模。

第三节　以公平公正为原则的国家公园
　　　　　体制机制建设

　　习近平多次指出,良好的生态环境是最具公平性的产品,生态环境作为人类共有的公共产品,具有公共性的特征。正是因为这一特征,优良的生态环境为所有人享用,生态环境污染带来的恶果也由所有人共同承担。作为公共产品,国家公园建设秉持"人与天谐,天人共美"的理念,将通过建立公平公正的管理体制机制,采取"中央事权,上下协同""财政专户,多元补充""一园一策,园警执法""地权包容,统规统管""社区共治,人融自然"等方式,实现国家公园治理体系与治理能力现代化、保护生态系统完整性和原真性的目标,而公平公正的内涵包含人与自然、人与人、中央与地方、企业与社区乃至当代与未来之间各种关系的协调与平衡。

一、公平公正之于国家公园体制建设的原则

　　"公者无私之谓也,平者无偏之谓也",公平和公正是人类社会一条历史悠久的法律原则,也是现代行政法所追求的目标和准则。"公平"最重要的价值是保障人人平等与机会均等,避免歧视对待,即保证有差异的个体在社

会政体中享受到平等的程序过程和分配结果。"公正"主要是维护正义,防止徇私舞弊,即在维护社会公平的前提下伸张正义,公正含有明显的价值判断,是社会公共道德和民众意愿的集中体现。公平强调实质正义和实体正义,核心是平等。公正强调形式正义和程序正义,核心是无私和中立。[①] 国家公园体制机制建设必须遵循和体现人人享有、当代人与后代人、人与自然等诸多关系的公平与公正。

(一) 符合制度伦理原则

伦理与制度都是一种规范体系,但伦理规范是依靠内心信念和社会舆论来发挥功能的,从而具有非强制性;制度是由国家或政府制定出来用于约束和调整人们经济和政治行为的准则、规则,具有强制性。[②] 两者具有一致的基本功能,均是通过约束人们的行为,从而调节各种利益矛盾来实现公平和公正。只有实行最严格的制度、最严密的法治,才能为生态文明建设提供可靠保障。[③] 国家公园体制机制符合制度伦理,就是通过其制度强制性的准则、规则在整合和调节各种利益矛盾时具有伦理性和伦理功能,为生态环境保护保驾护航。国家公园机制必须站在人类社会发展进程和全球化角度,平衡各方的利益诉求,实现纵向和横向上不同代际的"公平公正";维护地球上所有生物物种享有的栖息地及其生存权利,进而使国家公园等自然保护地体系成为人与人、人与自然和谐、平等享有生存权利的空间载体,实现人与自然和谐的命运共同体。

(二) 符合生态文明思想原则

生态文明是人类文明发展的新阶段和历史趋势,以人与自然、人与人、

---

① 周玉华.《法律援助法》立法重点和难点解读[J]. 中国司法,2021(09):86—95.

② 吴秋凤,田辉玉,管锦绣. 设计伦理的功能及其实现途径[J]. 湖北社会科学,2011(12):158—160.

③ 习近平. 论坚持人与自然和谐共生[M]. 北京:中央文献出版社,2022:34.

人与自身和谐共生、良性循环、全面发展、持续繁荣为基本宗旨，[①]贯彻人与自然和谐共生、绿水青山就是金山银山、山水林田湖草是生命共同体等理念，强调人的自觉与自律以及人与自然环境的相互依存、相互促进、共处共融。生态文明建设是中国特色社会主义事业"五位一体"总体布局的一个部分，也是人类持续健康发展的根本出路。国家公园体制机制建设就是要在生态文明思想框架下，建设节约资源和保护环境的空间格局，给自然生态留下休养生息的时间和空间，呈现最普惠的生态惠民、生态利民、生态为民的民生福祉，满足人民日益增长的优美生态环境需要。

（三）符合可持续发展原则

"可持续发展既不是只持续不发展，也不是为持续牺牲发展"，而是人与自然生态的可持续性发展，为经济、社会和人的全面可持续发展提供支撑。可持续发展观是发展理念、发展模式的创新，也是人类以新的价值观和道德观审视道德主体行为而做出的理性选择，其内涵体现为以生态正义为引领，以人类、自然、环境和谐为目标，以生态经济为模式。以国家公园为主体的自然保护地体系建设，要求人类行为符合生态平衡原理和生物多样性原则，着力实现物种间、人际、人与自然间的正义，摒弃"发展、污染、生态破坏、生态危机"的传统模式，采取与自然生态承载力相适应的、资源合理利用的可持续发展新模式，既保护自然生态环境高品质，也实现生态经济高质量，提供优质的生态公共产品，实现资源永续利用。

（四）符合人与自然和谐共生原则

和谐共生是人类文明进程中人与自然关系的最佳状态。人与自然和谐共生是人类总结各文明时期以及反思工业文明所得出的人类可持续发展的唯一路径。自中国古人提出的"道法自然""天地与我并生，而万物与我为一"等观念到今天的"人与自然是生命共同体"的思想，均表达了人与自然和

---

① 何煦. 和谐社会的生态文明解读及制度建设启示[J]. 思想政治教育研究，2008(03)：41，42，48.

谐共生的关系,强调人是大自然中的一员,人类必须尊重自然,伤害自然终将伤害人类自身。中国自然地理环境多样,孕育了博大精深的生态文化——山水文化、生态伦理、生态美学,折射出魅力持久、朴素真实的生态智慧,为当今的中国保留了和谐共生的地域景观,维护了生态平衡与持续发展,为建设国家公园为主体的自然保护地体系提供了丰富厚实的自然遗产资源。构建国家公园体制就是要遵循人与自然和谐共生的核心理念和指导思想,统筹布局理念与制度、生产与生活、当代与未来、区域与地方等方面关系,统一管理行动,保护国家公园生态系统的原真性、完整性,并通过建立生态补偿、共管治理等机制,协调利益相关者的冲突,激发社区居民参与国家公园建设的内生动力,成为建设队伍的生力军。

二、国家公园管理体制机制构想

《指导意见》对国家公园体制机制建设有明确规定,即建立统一规范高效的管理体制、创新自然保护地建设发展机制、加强自然保护地生态环境监督考核。管理体制、发展机制和监督管理制度均应按照《指导意见》,坚持国家主导、保护第一、科学管理、合理利用和多方参与的要求,把握公平公正为核心要义的上述四项原则,加以探索和具体落实。

(一) 建立健全高阶位的法律法规体系

法律法规是建立统一规范高效的管理体制的依据。纵观世界各国国家公园的发展经验,结合我国国家公园试点期间的得失以及依法治国的要求,我国应当抓紧制定出台高阶位的法律,并完善相关法律法规体系,确保自然保护战略及其国家公园建设与管理上升为国家意志,实现建设与管理有法可依,推进自然保护法制化、规范化。

1. 出台《自然保护地法》和《国家公园法》

制定专门的《自然保护法》和《国家公园法》,对自然生态和自然遗产保护工作给予事关国家民族存亡、事关未来发展大计的定位。要充分认识到,

《自然保护法》和《国家公园法》立法是国家法制健全、社会文明进步的标志。要学习借鉴世界各国的自然保护与国家公园立法体系，吸纳诸如《保护世界文化和自然遗产公约》《生物多样性公约》《国际古迹保护与修复宪章》《佛罗伦萨宪章》《关于在国家一级保护文化和自然遗产的建议》《关于保护景观和遗址的风貌与特性的建议》《武装冲突情况下保护文化财产公约》等世界遗产保护法律和公约的精神，与国际法和公约精神保持一致。尤其是要充分继承和弘扬中国传统自然保护思想，结合当今中国社会经济和文化的发展现状与未来国家发展战略需要，为自然保护法制化、规范化提供法律依据，实现依法协调人与自然的矛盾、处理自然保护与开发利用的矛盾、解决利益相关者的利益冲突、保障资金投入等。

2. 配套完善法律法规体系

在《自然保护地法》和《国家公园法》统领下，制定出台有关自然遗产资源保护、生态环境保护、经营权转让、经费来源、利益分配、居民参与管理等内容的法律规章，进一步明确中央、地方及企业、社区等部门就诸如自然资源资产确权登记、调查鉴定、登记建档、科学研究、保护措施以及针对破坏自然行为的行政或刑事责任等事项加以法律的规定、约束和支持。

（二）建立统一规范高效的管理体制

中央对完善国家公园管理制度的要求是实现管理体制统一化，管理机构垂直化、管理事权分级配置合理化。回顾第五章对我国国家公园试点工作的总结可知，在国家公园试点改革进程中，我国国家公园管理体制逐步形成了中央直管型、中央与省级地方政府共管型、省级政府直管型三种管理模式，也对应地形成了三种管理机构。其中，东北虎豹国家公园采用中央直管模式，大熊猫国家公园和祁连山国家公园为中央与省级地方政府共管，三江源国家公园、钱江源国家公园、武夷山国家公园、海南热带雨林国家公园采用省政府垂直管理模式，神农架国家公园、南山国家公园、普达措国家公园则采用了省政府委托下级政府代管的模式。机构性质方面，有定性为事业单位和行政机构两种;机构设置上,有单独设立管理机构的,也有直接在属地林业局加挂牌子的;机构级别方面,分别有正处级、副厅级、正厅级之分;管理机构与属地职能部门关系方面,有的采取直接依托属地林草部门组建国家公园管理局,有的则在整合原自然保护区或风景名胜区管理机构及人员的基础上重新组建国家公园管理局,还有的依托属地政府、通过加挂国家公园管理局牌,按照"一套人马、两块牌子"来设置。可见,虽经多年试点,管理机构本身的设置仍然没有统一的要求,更不要说进一步明晰管理职权以及管理制度的完善。[①] 垂直管理具有国家公园高效管理的特点,能够解决多个部门、多头管理的弊病,目前已被许多国家采用。[②] 中央与地方共管能够将分散的部门集合,建立国家到地方的统一管理部门,中央负责总体规划、布局、规章制度、监督评价机制等,地方政府以中央为蓝本,建立相应管理机构。

从各国自然保护地实践来看,多数"国家公园"是由中央(联邦)政府投入资金,支持全民"公共资源"和"公益服务"保护,目前还没有省、州或更低一级政府以全民公益为最终目标管理"国家公园"的成功案例。中国如果要建立真正意义上的、以"全民公益性"为目标的国家公园,中央财政直接投入、中央政府直接管理是必要条件,中央与地方应该形成一种"倒金字塔"的管理责任结构,以利于国家级自然保护地管理实效。[③] 依据《指导意见》和《总体方案》要求,我国所有国家公园均将逐步过渡到中央垂直管辖型的管理模式。为此,借鉴法国国家公园内外纵横多向式治理模式,从治理效率的角度看,我国国家公园管理模式构建也应当以达到上下分工、左右协调、里外共赢的效果为目标,就"统一、规范、高效"管理模式做如下构想。

---

① 李林蔚. 论央地关系背景下我国国家公园管理制度的完善[D]. 广西师范大学,2021.

② Artti Juutinen, Yohei Mitani, Erkki Mäntymaa, Yasushi Shoji, Pirkko Siikamäki, and Rauli Svento. Combining ecological and recreational aspects in national park management: A choice experiment application[J]. Ecological economics,2011(70):1231—1239.

③ 杨锐. 论中国国家公园体制建设中的九对关系[J]. 中国园林,2014,30(08):5—8.

1. 成立国务院直属综合协调机构

实现行政上集中统一垂直管理。国务院建立一个综合协调机构——全国自然保护地管理委员会,由国务院总理或副总理主持,协调全国自然遗产地资源保护、生态环境等的管理工作,成员由国家发展和改革委员会、科技部、民族事务委、财政部、自然资源部、生态环境部、住房和城乡建设部、水利部、农业农村部、文化和旅游部、中国人民银行等部委组成。该机构非职能部门,只有协调职能。

2. 提升国家公园管理局级别

设立直属国务院或自然资源部的国家公园管理局,强化和提升国家公园管理局的职能。目前国家公园管理局是在直属自然资源部的国家林业和草原局加挂牌子的机构,非独立的机构。无论国家层面还是公园层面的国家公园管理局,其行政级别必须与"达成管理体制统一,促进保护和发展统一"的目标一致。负责全国国家公园的全过程统一管理,制定自然保护地政策、制度和标准规范,审定批准全国国家公园设立、建设、调整和退出,统筹自然资源资产管理、生态保护修复、特许经营管理、社会参与管理、科研宣教等保护、监督管理工作,[①]依法履行行政执法职责。负责国家公园建设管理资金预算编制、执行和使用管理。严格依法依规使用各类资金,加强各类资金统筹使用,落实预算绩效管理,提升资金使用效益。[②]

3. 统一国家公园管理机构

按照《国家公园设立规范》《国家公园总体规划技术规范》《国家公园检测规范》《国家公园考核评价规范》《自然保护地勘界立标规范》要求,经申请、建设、评定等环节达到准入条件的自然保护地,一经正式认定为国家公园,均应设立国家公园管理局,行政上直属国务院(或自然资源部)的国家公

---

① 中共中央办公厅,国务院办公厅.关于建立以国家公园为主体的自然保护地体系的指导意见[R].中华人民共和国国务院公报,2019(19):16—21.

② 国家林业和草原局(国家公园管理局).国家公园管理暂行办法[R],2022-06-01.

园管理局统一管理。

（1）机构规范统一。目前执行中央地方共同管理以及地方管理模式的国家公园，应逐步向中央直接管理过渡，即转变国家公园现行的中央直接管理、中央地方共同管理和地方管理的三类分级设立、分级管理的做法，[①]一经正式认定为国家公园，其事权、财权均应为中央直接管理。行政级别必须高配且统一，不能有正处级、副厅级、正厅级等差异设置，且不低于正厅级，因为有的国家公园跨省、跨市的行政区域，生态环境事关区域安全和未来发展战略，管理内容多属复杂科学问题。国家公园管理局性质上应为行政机构，拥有行政执法权，人员编制为公务员系列，以避免管理局和工作人员参与经济利益分配，杜绝出现既是裁判员又是运动员的现象。管理局下设事业性质的科学研究、技术支持、巡查管护、宣传推广、经营服务等机构。

（2）资源类型分类。按照因地制宜原则，根据生态系统类型，设置山水森林型（如武夷山）、动物型（如大熊猫、东北虎豹）、综合型（如三江源）、文化遗迹型（如长城）分类管理，以便在统一管理下制定和执行符合不同国家公园资源类型的差异化保护政策、技术标准规范，确保管理科学化和精细化。

（3）功能空间分区。根据《国家公园管理暂行办法》，国家公园核心保护区以外的区域划为一般控制区，即分为核心保护区和一般控制区。研究认为此分区过于粗犷简单，不利于落实管理科学化和精细化，应按照《指导意见》的差别化分区管控要求，遵循原真性、完整性、协调性和可操作原则，根据不同资源类型国家公园的特点，按山系水系、资源情况、社区发展分布和保护程度进行功能分区定位，统一设置严格保护区、生态保育区、游憩活动区和传统利用区等功能分区：

① 严格保护区是采取最严格管控措施予以保护、维护动植物种群正常繁衍迁移、演替的生态系统和自然资源的关键区域，禁止开展生态体验等活

---

① 中共中央办公厅，国务院办公厅. 关于建立以国家公园为主体的自然保护地体系的指导意见[R]. 中华人民共和国国务院公报，2019(19)：16—21.

动,着力保护和维持该区域内生态系统的自然状态及其原真性和完整性。

② 生态保育区是实施生态修复、改善动物栖息地质量和建设生态廊道的重点区域,允许采取近自然的方式修复生态系统,以自然恢复为主,人工修复为辅,培育次生林,改造人工林,允许改造修复现有巡护道、防火道、瞭望塔、管护站等设施,禁止人口、居住点增量,禁止生产经营活动、生态旅游等活动。

③ 游憩活动区是利用优美的风景资源和自然环境,开展游憩休闲、生态教育、自然体验、生态旅游等活动的区域。可实行游憩区单体的管理模式,对接社区及周边地区的发展策略,增强该区的自然教育功能,通过自然教育活动设计与自然教育课程开发以及游憩活动、游客、游憩设施与游憩服务等环节的管理,建设高品质和多样化的生态产品体系。[①]

传统利用区是原住民传统生活、生产区域,土地利用形态丰富,具有地域特色的传统资源利用方式,承担着科研教育展示、游憩休闲、原住民经济发展、社区参与管理等功能和作用,[②]该区需限制原住民的资源利用方式和强度,控制社区人口规模和密度。

(三) 创新国家公园运行机制

统一的国家公园体制的重要组成内容就是建设规范、高效的运行机制,此机制必须符合国家现代化治理体系,达成国家公园公益治理、社区治理、共同治理的任务使命。合规、协调、高效的运行机制,是通过机构组织体系改革,精简事权和机构,进而明晰事权,最大可能地激励权力机构及其工作人员尽心尽责,[③]进而达成国家公园治理体系与经济社会发展之间的平衡。

1. 利益协调机制

国家公园因其生态环境的重要性、突出的遗产资源经济性,利益相关者

---

① 张玉钧. 国家公园游憩策略及其实现途径[J]. 中华环境,2019(08):29—32.

② 罗帅. 国家公园传统利用区规划研究[D]. 广州大学,2017.

③ 胡承槐. 国家治理现代化的基本涵义及其三个向度[J]. 治理研究,2020,36(06):15—22.

众多,且冲突较多。以国家公园为主体的自然保护利益协调机制建设,必须将各利益主体纳入分配机制中,系统地考虑自然保护过程中的经济社会、遗产资源、生态环境等要素,充分发挥机制的协调与平衡作用,落实公平公正原则的要求,按照"生命共同体"的理念,协调人与自然及其山水林田湖草等相关方的关系,满足各个利益主体的发展和利益诉求,构建人与自然和谐共生关系。

(1) 社区民众的利益。社区民众多依赖于保护地资源,在自然资源保护和国家公园建设过程中,民众常常被迫改变生产生活方式,因此期望表达意见、获得更多就业机会和收入、参与保护地建设。实践过程中,社区居民这一利益诉求往往被忽视,利益受损时很难获得对等的补偿。要建立和完善社区共管相关机制,赋权社区居民,引导社区居民自觉履行自然保护义务,发挥社区居民主人翁意识,以争取社区居民对管理工作中存在不足的理解。

(2) 政府的利益。政府代表了最广大的百姓利益,因此往往注重自然保护地的生态价值。为了维护生态环境,政府会设立禁区,要求原住民改变传统的生产生活,迁移企业厂房,组织降低游客选择性和体验感①的产品等。我国的自然保护地大多不是无人区,政府必须以人民为中心,既保护生态系统原真性和完整性,保障广大民众持续获得高质量生态产品的利益,也要妥善处理好原住民、企业等相关方的生产、生活活动。应采取共同参与、协商合作的方式,统筹、兼顾和平衡各相关方的利益诉求,公正、公平地处理好社区居民、企业的利益分配,利益分配绝不能偏向少数既得利益群体。引入生态补偿机制,以政府为主导,对企业进行帮扶、约束、引导,并帮助居民参与发展旅游业。

(3) 企业的利益。企业以营利为目的参与保护地资源开发,往往忽视

---

① 谢屹,李小勇,温亚利. 德国国家公园建立和管理工作探析:以黑森州科勒瓦爱德森国家公园为例[J]. 世界林业研究,2008(01):72—75.

生态保护,对保护地生态造成不良影响;另一方面,政府为了解决保护资金不足的困境,采取招商方式引入企业,以获得更多的资金,但又希望生态不遭受破坏。这种矛盾引发环境受损或企业利益受损,为此,必须给予企业知情权、求偿权,适度参与开发利用资源权,引导企业转变生产方式,走绿色发展之路,在适宜区开发生态旅游为主,杜绝有污染、破坏环境的生产行为,对企业迁移应给予补充。

(4)大自然的利益。贯彻"山水林田湖草生命共同体"的理念,正确理解和处理人类中心主义和生物中心主义的制约,尊重和保护生态系统存在的权利及其动物、植物的内在价值,杜绝滥用自然、资源浪费、污染空气和水、乱砍滥伐森林树木等行为,科学治理水土流失等环境问题,确保生态治理和植被恢复的资金与技术投入。

2. 生态补偿机制

生态补偿是以保护和可持续利用生态系统服务为目的,以经济手段为主调节相关者利益关系的制度安排。生态补偿也称作"环境服务付费"(Payments for Ecosystem Services,PES),本质是将非市场化的生态保护服务内化为对环保工作参与者进行生态保护补偿的奖励机制,用以协调公众生态利益,主要由中央政府、生态受益地区地方政府、其他生态受益组织和个人,向为生态保护作出贡献的组织和个人,以财政转移支付、协商谈判、市场交易等形式进行合理补偿。[①] 在国家公园体制建设中,着重从以下五方面解决生态补偿资金来源匮乏、标准过低、资金使用缺乏监管、执行机制不健全等问题:

(1)建立多元化的生态补偿资金来源。生态服务是一种特殊的公共物品,在生态补偿中政府理应居于主导地位。但是,生态补偿一定程度上是生态服务的购买行为,因此在交易活动中,应当发挥市场机制作用,改变政府

---

① 方思怡. 国家公园生态补偿法律制度研究[J]. 黑龙江人力资源和社会保障,2021(20):112—114.

财政转移支付作为生态补偿资金单一来源的做法,要结合生态公共产品的属性和产品共享的特征,扩展政府、市场、社区、公众等多元渠道,建立稳定的生态补偿资金来源。如设立相关 PPP 项目,鼓励有能力的企业参与补偿,将其参与程度作为企业年度考核标准,对突出贡献者可加大信贷支持。[①]同时,改变单一的资金补偿方式为技术补偿、政策补偿等多样补偿方式。

（2）制订合理的生态补偿标准。要结合当地社会经济发展水平和生态环境状况,科学评估国家公园内生态系统的水土保持、水源涵养、气候调节、生物多样性保护等生态服务价值,依据综合评估与核算受损程度,制定出合理的补偿标准。要根据生态环境不断变化的特点和地区环境特征,确定动态化、差异化补偿标准,灵活制订生态补偿标准,定期对生态补偿标准进行重新确定,不断完善补偿标准体系,以适应生态保护和经济社会发展的需要。要不断追踪和评价生态补偿资金的投放和使用的效果,获取相关利益主体满意度的数据,为完善生态补偿制度、调整补偿标准提供准确依据。

（3）健全生态补偿资金的法律监管。对政府、国家公园管理部门、生态补偿受偿者等相关利益主体实施全过程的监管,将生态绩效考核法治化,确保生态补偿资金补偿及时和使用到位。采取财政审计方式,监督纵向和横向财政转移支付的资金,防止产生贪污、权力寻租等现象发生。同时,完善生态补偿市场交易的相关法律,明确监督管理部门。鼓励依据法律规定的严格程序和管理部门监督下,通过市场交易等方式获取资金。

（4）提高生态补偿制度的执行效率。改变多头管理的现状,将原来分散在相关部门的生态保护管理职责集中调整到国家公园管理局,给国家公园管理局授权行政执法权力,实现国家公园管理局的权责利三者统一。构建"一园一法"的规范治理体系,完善日常管理规章制度。国家公园管理机构应当加大宣讲和执行力度,让社区居民了解生态补偿制度的具体内容,保

① 王怀毅,李忠魁,俞燕琴.中国生态补偿:理论与研究述评[J].生态经济,2022,38（03）：164—170.

持与社区居民及时沟通,听取有益的建议,从而提高社区居民的参与积极性和生态补偿制度的执行效率。[①]

(5) 健全动植物损害赔偿和生态移民补偿制度。建立健全野生动物肇事损害赔偿制度和野生动物伤害保险制度。加大财政转移支付力度,加大对生态移民的补偿扶持投入。

3. 社区共管治理机制

社区原住民参与公园治理已成为各国共识,我国国家公园试点中也将社区共管作为一项重要任务加以推进(表7-1),取得了显著成效。国家公园社区是在公园内部及其毗邻区,能够影响国家公园保护目标,并接受国家公园保护行为的反向影响,拥有共同价值体系、文化印记和共同利益的聚落群体。[②] 在国家公园建设过程中,上至政府机构,下至社区居民共同参与,各个部门、组织、职能岗位之间相互协调,优化办事程序,形成社区共管治理机制。社区共管是保护区管理机构、地方政府、社区和其他参与方形成权利、责任和利益共享的过程,在这一过程中相关方共同建立起一种合作伙伴关系,以公园生态保护和社区可持续发展为共同目标,通过给予社区居民土地、经济和文化权益保障获得社区对生态保护的支持。社区参与管理国家公园边界界定,参与制定和落实严格保护政策,协商解决公园开发利用中出现的利益冲突,获得受损补偿和分享价值增值红利,进而形成有利于社区生态文化保护和传承的一支重要力量。[③] 我国推行国家公园试点期间,各试点已经将社区共管工作列入其中,通过制定相关政策,争取社区居民对自然保护工作的理解,增强社区居民的生态保护意识和自觉性,引导社区参与国家

① 方思怡. 国家公园生态补偿法律制度研究[J]. 黑龙江人力资源和社会保障,2021(20):112—114.

② 李锋. 国家公园社区共管的体系建构与模式选择:基于多维价值之考量[J]. 海南师范大学学报(社会科学版),2022,35(01):102—111.

③ 张引,杨锐. 中国自然保护区社区共管现状分析和改革建议[J]. 中国园林,2020,36(08):31—35.

公园建设和相关经营活动,取得了较为明显的成效。

表 7-1　现有国家公园社区共管情况

国家公园	模　式	社区共管内涵
东北虎豹	社区共管	建立社区共管规范,如公益岗位、社区替代及安全
大熊猫	社区参与共建	社区参与的公益岗位
三江源	社区共建共管	社区发展新模式、生态管护岗位、社区教育和安全等
武夷山	社区共管	社区共管组织建立以及运行、公益管护、社区参与特许经营等
海南热带雨林	社区共管	社区共管委员会参与制度建设、政策制订,公益岗位,以及劳动服务和特区经营

（1）中央政府、各级国家公园管理机构提供必要的体制和行政支持 。建议国务院国家公园管理局设立社区共管办公室,负责政策制订、科研立项、资金拨款、监督评估和协调交流。各国家公园管理机构建立社区共管部门,负责人口登记、方案制订、沟通交流、技术培训、生态补偿、纠纷调解等相关工作。社区负责组织执行上级决策,协调保护与发展的关系,落实设施建设、资金补偿、岗位安置和特许经营等工作。[①]

（2）组建社区共管委员会或小组,各国家公园管理机构为社区居民设立一定比例的在编职工、合同工和临时工岗位,公开遴选社区申请人,组织培训上岗,参与社区协调工作。

（3）健全公众自然教育机制。开展自然保护和国家公园为主题的公益宣传,展示生态文明和美丽中国建设的标志性成果,加强国民对生态文明和国家公园建设的理解和认同感,形成引导公众自觉参与生态文明和国家公园自然教育实践的机制,提高全社会对国家公园的认知与支持。充分利用广播电视、网络媒体、户外广告标语等形式,引导机关、学校、厂矿、企业、社会公益组织等机构和志愿者参与国家公园保护和环境教育活动,持续开展生态文化宣传,使国家公园成为培养国民爱国热情和民族自豪感的重要载

---

① 李锋. 国家公园社区共管的体系建构与模式选择：基于多维价值之考量[J]. 海南师范大学学报(社会科学版),2022,35(01)：102—111.

体,为中国特色国家公园文化的形成奠定坚实的群众基础。

(4)落实"六个结合",推进共管治理专业化、差异化、精细化。通过"六个结合",即机制建立方面要顶层设计与基层落实相结合,管理方式方面要中央与地方相结合,机制运行方面要政府行为与市场行为相结合,治理操作方面要理论与实践相结合,共管时效方面要短期和长期相结合,管理实践方面要国际经验与国内改革创新相结合,将中国国家公园共管治理机制建成特点鲜明、成熟有效的机制,不断助力国家公园管理体系趋于完善。

4. 多元化资金投入保障机制

根据《指导意见》,加快建立以财政投入为主的多元化资金保障制度,建立以中央财政投入为主、地方财政投入为辅的国家公园专项资金机制。中央政府应建立健全政府资金投入预算机制,依据国家公园的类型和规模分配资金。要探索多元化的投资模式,拓宽资金来源渠道,对募集的资金进行集中统一管理,落实资金保障,明确国家公园资金支出方向。要坚持公开、公正、透明、高效的资金使用原则,加强国家公园资金信息公开管理。

(1)中央政府设立国家公园专项资金。中央政府根据国家公园发展战略和总体发展规划设置专项基金,建立稳定持续的中央财政投入机制,统筹各级财政资金,尤其是中央基建投资,保障包括国家公园在内的各类自然保护地保护、运行和管理资金。[①] 建立政府财政资金投入与供给保障机制,按照国家公园的类型和资金投入计划,每年从政府财政预算中拨付资金,保障国家公园内生态修复养护及信息网络、道路馆舍等基础设施和自然解说、生态科普宣传等公共服务设施建设。

(2)地方政府配套一定比例的资金投入。国家出台法令,法定地方财政必须向所在地国家公园投入适当配套资金,同时中央政府可通过对地方政府实施优惠政策,如财税减免、地方和中央财税分成比例调整等,扩大地

---

① 中共中央办公厅,国务院办公厅. 关于建立以国家公园为主体的自然保护地体系的指导意见[R]. 中华人民共和国国务院公报,2019(19):16—21.

方政府财政收入,鼓励地方政府按照比例投入自然保护资金。

（3）社会公益组织的资金投入。建立稳定的社会捐赠和资金筹集机制,鼓励社会公益组织参与国家公园发展,增进社会各界保护自然遗产资源的责任感,激发社会各界捐赠热情,建立社会公益基金,使国家公园建设和保护资金来源渠道更加多样。

（4）企业等各类营利组织的资金投入。出台企业资金资助与投入自然保护的管理办法,调动各类营利组织尤其是大型企业、金融系统、社会资本的参与积极性,联合设立自然保护地基金。

（5）建立符合国情的自然遗产资源保护资金制度。由地方自然遗产管理部门统一收纳自然遗产资源开发获得的门票、投资等收入,实行收支两条线,建立资金使用监督部门,按照法定比例反哺自然保护。

5. 特许经营机制

美国等国家的国家公园将所有权、管理权和经营权分离,采取特许经营的方式将经营权交给企业或个人经营某些项目,这是为了保护自然生态而采取的一种平衡保护与利用关系的方式。特许经营体现了一种政府管理、企业经营的高效资源运作方式,明确了经营人的权利和义务,保证了企业经营行为不会伤害国家公园的保护宗旨和发展目标,同时特许经营所收取的费用,体现了资源有偿使用,减轻了国家公园的资金负担,形成了资源开发与保护的良性循环。[1] 这种机制兼顾了国家公园保护与利用的关系。国家公园体制试点期间,我国并未界定特许经营制度的适用范围,因为国家公园管理机构仍不具备自然资源所有权和国土空间用途管制权,也没有经营项目审批、定价、质量监督等许可权,[2]而是由地方政府委托经营,存在地方国家公园执行方案不一、经营项目边界权力放任、旅游项目化、业态升级难、原

---

[1]　安超. 美国国家公园的特许经营制度及其对中国风景名胜区转让经营的借鉴意义[J]. 中国园林,2015,31(02)：28—31.

[2]　张海霞,付森瑜,苏杨. 建设国家公园特许经营制度 实现"最严格的保护"和"绿水青山就是金山银山"的统一[J]. 发展研究,2021,38(12)：35—39.

住民生计未能解决等问题。根据中办、国办《关于统筹推进自然资源资产产权制度改革的指导意见》提出的健全自然资源资产产权体系、推动自然资源资产所有权与使用权分离的任务,借鉴国外经验,结合试点期间存在的问题,我国国家公园体制应加强立法,落实所有权与使用权的分离,建立"最严格保护"下的特许经营机制(图7-4)。体现中国特色的是要突出生态为民的全民公益性,坚持公平与效率,通过招标、禁止垄断和第三方评估等方式,激励国家公园新商业激励模式,促进商业业态的健康发展。

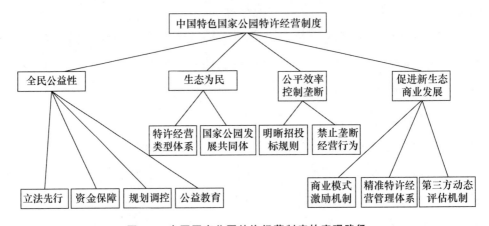

图 7-4　中国国家公园特许经营制度的实现路径

(1) 顶层设计国家公园特许经营制度。国家公园管理局负责制定出台统一的特许经营管理制度和条例,并对地方国家公园管理局的执行情况进行监管,因地制宜制定的地方补充规定,须经国家局审批方可实行。制度设计必须落实国家利益主导,保障特许经营的全民公益性,兼顾公平与效率,界定特许经营与社区发展的关系,对垄断经营行为加以约束性防范,配套环境教育、项目数量控制、评估激励、合同履约、价格执行、进入退出、处罚奖励等机制,严禁过度利用国有自然资源资产,统一高效规范管理国家公园特许经营。

(2) 编制国家公园特许经营规划。依规使用特许资源,依规设置符合生态保护要求的经营项目,严禁产业发展规划、旅游开发规划、城镇建设规划等凌驾于特许经营规划之上,违规开发建设。经营项目以维系自然与文化遗产的原有价值为前提,以公众对国家公园高品质生态产品的认同度和满意度为准则,不得降低生态体验质量。建立定期评估制度,动态监测规划实施进展,查处违规行为。

(3)建立社会资本合理投入的特许经营机制。建立国家公园有形和无形资产的管理系统,特许社会资金投入非基本公共服务与设施,吸引社会资本通过公平的竞争优选程序参与高质量的商业服务,推动国家公园与周边区域共建生态产品品牌,惠益公众和原住民。

(4)依法建立招投标程序、评标机制。按照公平原则,设置与市场相适应的特许经营招投标规则,明确经营行为认定与管理办法,控制垄断性经营。禁止滥用市场支配地位的垄断经营行为。同等条件下,公园原住民和对周边居民就业有贡献的营利法人、非营利法人及其伙伴、履约良好的原有特许经营受让人,享有优先权。①

(5)建立生态友好型商业模式激励和监督机制。建设全国国家公园特许经营信息管理平台,推行国家公园商业服务信息公开和第三方动态监督评估,限制直至淘汰落后的商业业态,引导国家公园经营项目生态化、个性化、多样化和精品化,促进业态优化升级。② 建立特许经营年报制度、举报制度和权益保障机制,实施精准的特许经营管理,维护商业服务质量和公平经营。

(四)建立生态环境监督考核制度

督查是国家公园管理决策与任务实施的关键一环,生态环境目标考核是推动决策和任务落实的重要手段,科学规范的管理机制必须配套监督与考核制度。国家公园生态环境监督总的要求是:建立以技术标准为支撑的

① 张海霞,付森瑜,苏杨. 建设国家公园特许经营制度 实现"最严格的保护"和"绿水青山就是金山银山"的统一[J]. 发展研究,2021,38(12):35—39.
② 同上.

监测体系,以"天-地-空"一体化监测网络体系为基础,为建立和执行体系完善、监管有力的监督考核管理制度提供依据,确保最严格的生态环境保护制度得到有效落实。具体需要做到:① 成立生态环境督查工作组,制定监督检查措施。明确部门分工、工作目标和职责权限,督促检查生态保护任务的部署落实以及重点事项进展,及时发现问题、及时通报反馈,把问题遏制在萌芽状态。② 建立科学有效的考核标准和考核机制。抓好生态保护总目标的分解和责任落实,每项具体的保护任务与事项都有明确的责任人,责任与具体人挂钩。要规范办事程序,增加考核项目透明度,保障群众的知情权,考核结果力求全面、客观、公正,强化考核结果的运用,作为奖惩和职务晋升的重要依据。

1. 内部监督考核机制

应从行政管理机构上做好纵横向监督考核顶层设计。首先是设计好自上而下的纵向垂直监督考核,即国务院—自然资源部—国家林草局(国家公园管理局)—各地国家公园管理局的垂向职能设计,国家公园管理形成受上级部门垂直领导的内部系统,工作绩效考核和干部人事任免权等管理职能接受自上而下的监督。其次是设计横向间的平面监督,横向监督分为中央政府各职能部门之间、国家公园管理机构与各级地方政府之间的互相监督。例如生态环境部可以对国家公园的生态环境保护、自然资源管理等工作进行部门间监督,国家监察委可以对国家公园的公职人员进行纪律监督,但都不是履行对业务工作的行政领导。由此,便可明确监管机制中的责任主体、责任追究等详细内容,将自然资源资产离任审计、生态环境综合评估考核等制度落在纵横有序的监督网络之中。

2. 社会公众参与的监督机制

生态环境保护是一项系统复杂的社会事业,需要社会公众的广泛参与,既参与保护活动之中,也起监督的作用,以检验环保理念是否真正形成、环保制度构建是否完善,自然环境的修复和建设措施是否到位。为此,必须建立健全公众参与自然保护与国家公园建设的监督机制：① 完善公民自然保护与监督的义务和权利方面的法律法规,依法保障公民参与环保的行为和监督权利,鼓励公民参与监督的积极性和热情。② 加强公众自然保护思想和技术培训,提高公众参与的规范性和专业性,避免公众监督流于形式。③ 组织公众参与的渠道和形式,为公众参与提供活动空间和便利的条件,拓宽公众参与面。④ 加大公众宣传,提高公众对自然保护与国家公园建设的关注度,引导公众将表达意见转化为亲自参与的实际行动。⑤ 建立公众自然保护或国家公园社团,充分吸收国家公园所在地居民的共同参与,发挥民间力量组织丰富多样的公众参与形式,引导社团参与监督的自觉性和自主性,面向公众开展有影响力的宣传、讲座、巡查等活动,赋予公众以国家公园建设的知情权、参与权、建议权和监督权,引导公众参与到公园建设与管理的全过程,充分发挥公众的监督作用。

3. 相对独立的专门监督机构

设立独立的专门机构,通过增强监督机制的独立性与专业性,强化国家公园治理手段。

(1) 独立性。即监督机构独立于国家公园管理机构和多方参与主体,不受当地国家公园管理机构的制约,公正独立行使监督权,也不受社会资本等其他利益主体的钳制,能够客观公正监督。

(2) 专业性。即监督管理机构熟练掌握相关法律法规和综合的专业知识,熟悉国家公园建设项目所涉及的森林、水源、动植物等整体生态环境,以及当地和周边社区的人文环境,能够对国家公园管理机构和多元利益主体进行监督,且取得良好的监督效率和效果。

第四节　科学技术为支撑的国家公园可持续发展

　　科学技术现代化是国家治理体系和治理能力现代化的重要实现路径之一,其中,信息化是现代化的重要内容。党的十九大明确提出要"善于运用互联网技术和信息化手段开展工作"。国家公园治理现代化必须重视新科技在自然保护中的应用、把握科技发展新趋势,与科技现代化相应,要以可持续发展为目标,强调科学技术现代化在自然保护与国家公园建设中的基础性地位和作用,以信息化等现代科学技术为支撑,研发与管制自然保护新技术,发展自然生态环境保护与遗产资源管理新技术,使得体制机制现代化得以落实,生态环境保护技术难题得以有效解决,资源利用与保护矛盾得以有效化解。

一、自然保护的技术难题

　　自 1985 年加入《保护世界文化与自然遗产公约》以来,中国已经发展成为世界上拥有遗产类别最为齐全的国家之一,也是世界自然遗产数量最多的国家。然而,随着自然遗产资源利用的增加,人类活动超过自然遗产地环境承载量时,自然遗产保护中游客、污染、建设、生态、发展压力等一系列生态环境问题接踵而至,遗产地垃圾遗留、水域污染、水体富营养化、基础设施人工化、商业化等问题,直接威胁到动植物的生境,导致生物栖息地破坏和生物多样性丧失,破坏自然遗产地的原真性和完整性。在以国家公园为主体的自然保护地体系建设中,生态与资源的保护利用矛盾以及生态环境非利用性的自然环境恶化,均存在大量技术性难题需要攻关。

1. 植被恢复与生态修复

自然环境恶化和自然资源不当利用,造成森林减少、草场退化和生态受损,如草群稀疏低矮、产草量降低、草质变坏、优良牧草减少,杂草增加、矿山废弃以及生境条件旱化、沙化和盐渍化恶化,需采取山河林湖草综合利用、人工种植技术,植树种草、退耕还林还草等生态系统治理和恢复技术,并应用科技手段修复生态系统的自我调节能力与自组织能力,增强生态系统的自我恢复能力,使生态系统向有序的方向演化。

2. 土地治理与土壤质量恢复

自然资源不当利用造成的植被破坏,加剧了土地质量退化。水土流失、土地沙漠化、盐渍化、潜育化和土地污染等区域不仅需要恢复植被,还需要土壤治理技术、土壤改良技术、土壤污染防治技术,恢复和提升土壤质量,以保障公众健康,推动土壤资源永续利用。

3. 水资源保护

水资源保护以水资源系统维持良性循环为目的,通过调整和控制人类取用水行为,优化水资源时空分布和演化。公园建设、生产生活和游览活动造成的地表水、地下水污染,因抽取河水、河流上游建造水坝而严重改变水的循环和自净,需要加以防治以保护水资源的可持续利用。除了水资源调查和评价措施,还需要借助农业技术、林业技术、水土保持技术、工程技术、循环利用技术以及工业废水、城镇污水污染防治技术的综合应用,以达到水资源保护和科学合理利用的目的。

4. 空气质量保护

空气维护着人类及生物的生存,空气质量不仅关乎人类生存质量,也关乎地球上的其他生物。[①] 保护和改善空气质量,防治空气污染是国家公园自然保护的重要内容。空气污染多来源于车辆、船舶、飞机的尾气、工业生产污染、居民生活和取暖、垃圾焚烧等生产生活的人为污染源,以及火山爆发,森林火灾等自然原因而形成的污染。空气污染物主要有烟尘、总悬浮颗粒物、可吸入颗粒物(PM_{10})、细颗粒物($PM_{2.5}$)、二氧化氮、二氧化硫、一氧化碳、臭氧、挥发性有机化合物,等等。空气质量保护除了通过执行种树、减少排放废气等制度以外,还需要研发空气质量监测、太阳能等无污染新能源开发、废气废水无害处理等技术。

5. 野生动植物繁育与保育

国家公园建设中除了运用法律手段保护野生动植物资源,防止生态游憩和商业经营经济活动造成野生动植物资源的破坏,还需要野生动植物的个体和种群繁育保育、物种及遗传技术、基因工程技术等,包括野生动植物调查、疫病检疫防治技术,经济植物的品种选育、繁殖和栽培技术,野生动物驯养、人工繁育、品种培育、细胞与组织培养、动物繁殖、迁徙性动物与生境保护等技术。

6. 地质灾害防治

自然力的地质灾害、矿山废弃地极易诱发泥石流、滑坡等次生灾害。地质灾害防治与生态修复需要综合性工程技术,包括矿山生态保护修复技术、边坡护坡和挡墙等防御控制泥石流工程技术、植被再造技术、生态林建设技术、山谷景观再造技术等,以有效减少地表径流、保持水土,维持自然生态平衡。

7. 生态景观建设

山区矿区废弃地、资源开发引发的景观破坏等,需要通过生态景观重建使生态系统得以修复。生态景观重建需要采取塌陷坑充填平整、裂缝修补、

---

① 黄恒君. 基于加权深度的异常曲线探测方法:以空气质量函数型数据为例[J]. 统计与信息论坛,2014,29(09):3—10.

矸石堆污染治理及其整形、人文景观的挖掘与修缮、陡荒坡地绿化、坡耕地平整、梯田水利建设等技术和措施进行综合整治。生态景观建设着眼于长远的自然景观保护和生态平衡，是一个长期发展的动态过程。

二、现代科学技术在自然保护中的应用

现代科学技术日新月异，自然科学分支学科大量涌现，各学科之间彼此渗透和相互促进，各种新技术为在自然保护领域中的应用提供了无限的可能。自然保护地体系及其国家公园建设中除了要不断提升诸如旅居车、可移动营地、游乐游艺、智能旅游等技术和装备水平，还必须与时俱进，装备最先进的科学技术手段，为国家公园治理现代化提供必要的物质基础和新手段，如大数据、云计算、全息展示新技术、服务机器人、交互式沉浸式旅游演艺技术等，同时，还必须与科研机构合作开展技术创新，研发旅游资源保护与开发技术、智能规划设计技术、旅游安全风险防范技术、智能旅游公共服务技术等。

1. 遥感技术

自然保护地及其国家公园面积大、生态系统复杂，应用传统人工监测或技术手段，无法全面掌握自然保护的真实信息。遥感技术作为一种新型的探测技术，尤其是在人造地球卫星技术的推动下，可以较好地解决自然保护地生态系统信息建设的技术问题。遥感技术应用于保护地生态质量监测、资源普查、植被分类、土地利用规划、农作物病虫害和作物产量调查、环境污染监测等方面，可以帮助人们更容易、更便捷地了解国家公园生态环境变化，为解决生态保护和环境污染中面临的问题提供更好的方法和答案。遥感技术还可以与其他新技术组合，促进科技创新与发展，如与最新的信息和通信新技术结合，能够及时掌握自然完整性和原真性系统变化，更快捷地降低人类对自然、生态、环境的负面影响。引入地质科技领域高新技术，应用于矿山生态保护与修复、矿山污染防控和治理，开展地质调查、勘查等技术

创新与应用,可以推动地质科技创新及科技成果转化。

2. 互联网技术

互联网已发展到 5G 阶段,网络信息技术、数字媒体技术、生物技术、人工智能技术等科技手段为国家公园生态产品价值实现提供了强力的技术支持和科技保障。

(1) 以互联网信息通信技术为载体,监测和保护国家公园生态环境,利用互联网技术带动生态物质产品和生态文化产品的销售,促进绿色经济发展。

(2) 以大数据、5G 网络、人工智能、区块链、万物互联、协同办公等前沿信息技术平台,整合国家公园内的生态资源、环境污染、气候变化等数据,构建覆盖国家公园全域的水质监测、林草监测、水土保持、野生动物等生态监管系统,提供生态预警、应急处置、环境展示、生态数据等应用与服务,从技术层面促进国家公园公共生态产品的价值实现。

(3) 建设国家公园智慧管理平台,综合运用互联网、物联网、卫星遥感、无人机、GIS 等信息技术手段,[①]形成自然资源、资源监测、巡护执法、视频融合、恶劣天气预警、巡护打卡、防火预警、林业有害生物、游憩管理、科普宣传等“天空”一体管理系统,实现对国家公园的全方位、一体化、可视化监测。

(4) 建设生态监测数据汇集平台,[②]实施数据采集、整理、分析、预测等全方位的智能融合,实现自然环境保护传统监控手段的数字化。

(5) 依托信息平台,联合高等学校和科研机构科研力量,建立跨学科高端智库,开展国内和国际学术论坛、交流研讨会、经验交流等科研合作与交流,培养生态、经济、管理等相关专业人才,提高科研水平。

3. 空间信息技术

利用空间信息技术,以卫星和航空遥感数据为基础,构建自然保护地的

---

① 王硕. 国家公园建设给武夷山带来什么?[J]. 绿色中国,2021(10):36—39.
② 赵新全. 青海自然保护体系建设科技支撑的几点建议[J]. 青海科技,2022,29(01):4—6,18.

遥感影像和环境数据库,实现对国家公园空间数据的一体化管理。

(1)应用空间遥感、GPS、GIS和建模等手段,结合实验观测、虚拟现实、数值模拟和决策支持系统,实现湿地与流域及森林植被格局—生态过程耦合—时空尺度转换的有机结合。采用空间对地观测、地面观测、实验室模拟测试、数值模拟等多尺度的实测分析和分布式数值模拟技术,实现森林生态过程耦合和尺度转换,为解决重大资源与环境问题提供依据。

(2)结合卫星影像、无人机技术、导航通信,通过对自然保护地及其国家公园的"天-地-空"实时监测和科学研究,监测自然保护地及其自然遗产资源的动态变化,探讨全球气候变化、自然灾害和人为活动对自然遗产资源产生的影响,寻找最佳评估方法,为自然遗产资源保护提供科学依据。

(3)结合AR、VR等新兴技术手段,通过构建可视化、情境化的三维动画、虚拟场景,实现自然与文化遗产资源的数字化"重生"和续存,增强自然资源对经济社会发展的支撑能力和保障作用,发挥国家公园科学研究、自然教育、生态旅游、游憩启智和生态文化体验的功能。

4. 监测技术

建立国家公园"天-地-空"一体化监测系统,集成云计算、物联网、移动互联、大数据、人工智能、新型实时传输监测终端等现代信息技术和新型设备,明确监测内容并与时俱进动态更新和管理监测内容(表7-2),形成"互联网＋生态"的国家公园自然资源信息化、智能化监测管理模式,对国家公园进行环境监测、威胁因素监测、价值监测、展示监测等全方位监测,实现生态科学化、智能化、精准化管理。

(1)统一规划设置生态环境质量监测站点,建设和管理生态环境监测网、生态环境信息网,实施生态环境质量监测、污染源监督性监测、温室气体减排监测、应急监测,调查评价、预测预警生态环境质量状况,监测生物多样性与生态过程、植被演替、生态旅游、区域性土地利用规划和资源管理。

(2)信息化基础设施和通信网络信号覆盖国家公园全域,搭建生态系

297

统指数、土地利用、植被绿度、水源涵养、防风固沙等信息数据库,[①]通过 5G 技术以文字、图片、视频等方式,迅速将现场情况实时上报后台,供专家及时分析,采取处置措施。为巡护人员提供详细、准确的数据,及时掌握野生动植物、栖息环境与生态动态。

(3)建立国家公园自动化气候环境监测系统,监测大气负(氧)离子、空气颗粒物(PM$_{2.5}$)、温度、湿度、风速、光照辐射等变化,以及森林资源、湿地、森林防灾、病虫害等状态,定时自动将各种监测数据无线传输到生态数据管理中心,为科学管理提供真实数据。

(4)建立生态游憩活动监测系统,实时评估旅游者的游憩活动与行为,调整客流与容量,将游客量控制在生态环境承载力之内。

表 7-2 国家公园科学化监测的主要内容

监 测	目 的	监测内容
环境监测	掌握国家公园环境质量	水文、气象、空气质量、噪声、环卫等
威胁因素监测	掌握自然灾害及人类活动等潜在的威胁因素	地质灾害、森林火灾及病虫害、外来物种、人口数量及人口增长等
价值监测	监测国家公园内部组成部分的生态变化	国家公园缓冲区;森林植被生态、动物、栖息地等;地质、地貌景观;土地利用变化
展示监测	掌握国家公园生态旅游状况	游客数量、结构;浏览项目、服务设施及质量等

三、国家公园可持续发展的逻辑中介

国家公园建设以自然保护为逻辑起点,以生态—社会—经济系统可持续发展为逻辑终点,科技创新便是其逻辑中介。科技创新是国家治理体系和治理能力现代化的重要组成,也是国家公园及其自然保护事业的重要技术支撑。以国家公园为主体的自然保护体系建设涉及生态环境等众多科学问题,既需要一套科学规范、运行有效的体制机制,更需要不断创新的现代

---

① 赵新全.青海自然保护体系建设科技支撑的几点建议[J].青海科技,2022,29(01):4—6,18.

科学技术为保障。2013 年 3 月 5 日,习近平在参加十二届全国人大一次会议上海代表团的审议时强调,要突破自身发展瓶颈、解决深层次矛盾和问题,根本出路就在于创新,关键要靠科技力量,并做出了创新是引领发展第一动力的重大判断。[①] 立足国家公园建设的现实问题,面向可持续发展的未来需要,国家公园建设需要借助智能化、数字化等现代化科学技术,协调和解决开发利用与环境保护之间的矛盾,而发挥科技创新这一逻辑中介的作用,当前应当把握三个环节。

1. 建立国家公园管理学科范式

根据前文研究,国家公园及其自然保护是一个涉及多学科、问题综合复杂的新领域,其研究的对象涉及农学、经济学、工学、管理学等多学科以及地理、地质、生态、动植物、旅游、气象、水文等众多专业。建立国家公园管理的学科范式是明确其学科地位的前提,为此需要自然保护、生态管理专家研究自然保护与国家公园管理中所产生和应用的理论、方法、观点,形成共同思想与理念,且共同思想与理念能够为自然保护与公园管理研究提供理论模型和解决问题的框架,形成一个学科系统,进而为进一步的研究划定范围、指明方向,指导自然保护与国家公园管理实践,为专业人才培养提供学科土壤,为生态—社会—经济系统可持续发展夯实基础。

2. 深耕研发国家公园专项技术

2014 年 8 月 18 日习近平在中央财经领导小组第七次会议上指出,创新是多方面的,包括理论创新、体制创新、制度创新、人才创新等,但科技创新地位和作用十分显要。[②] 作为一个新领域,自然保护与国家公园管理创新既要继承传统思想和技术,兼收并蓄多学科的研究成果,更要立足现状和国家未来的发展战略,创造本领域需要的新成果。2016 年 5 月 30 日,习近平在

---

① 唐国军.“创新是引领发展的第一动力”——学习习近平关于创新发展理念的重要论述[C]//2016 年度文献研究个人课题成果集(上),2018:261—274.
② 习近平. 习近平关于科技创新论述摘编[M]. 北京:中央文献出版社,2016:4.

全国科技创新大会上进一步为科技创新指明了方向,提供了方法,并指出"创新是一个系统工程,创新链、产业链、资金链、政策链相互交织、相互支撑"。[①] 面对自然保护与国家公园管理中自然—社会—经济系统绿色发展指标及预警体系、技术体系、资源环境承载力、自然保护地建设与农林牧业协调发展等系列问题,应当实施创新驱动发展战略,持续深耕研发生态恢复治理、生物多样性、气候变化和碳循环等领域的基础技术、核心技术,不断创新满足自然保护和国家公园管理所需要的专门技术,包括自然保护指导理论与管理机制等方面的创新,以应对本领域不断出现的科学问题,利用最新的科研技术成就,破解国家公园建设与管理的技术难题、制约技术成果转化的机制问题。

3. 培养具创新精神的科技人才

习近平在 2016 年 5 月 30 日全国科技创新大会上还指出,一切科技创新活动都是人做出来的。人才是创新的根基,是创新的核心要素。[②] 在自然保护和国家公园管理领域,加快培养造就一批具有国际水平的自然资源管理战略人才和科技创新人才。面对新一轮科技革命和产业变革带来的新技术突破,所有领导干部、科技人才和管理队伍应当勇于探索、敢于实践、大胆创新,均必须加强新兴技术的知识储备和应用能力,提升科技治理水平和现代科技成果推广转化能力。诸如掌握优化生态空间结构的新技术、新材料、新工艺、新产品应用,天地一体化生态检测及大数据分析系统建设所需的遥感探测、大数据、综合环境整治等技术,自然保护地总体规划技术、自然保护地监督检查、生物多样性调查监测、生态影响评估技术以及重塑传统产业、传统市场、改善生态与经济传统关系的绿色科技研发与创新。

---

① 习近平. 习近平关于科技创新论述摘编[M]. 北京:中央文献出版社,2016:4.
② 习近平. 习近平关于科技创新论述摘编[M]. 北京:中央文献出版社,2016:119.

第五节 中国国家公园管理模式内涵解析

综合上述讨论,本书对图 7-1 的管理模式主体要素进行拓展和细化,集成自然管理目标、管理思想、管理制度、运行机制、科学技术以及要解决的自然保护与经济发展矛盾等诸要素,进一步构想中国国家公园管理模式(图7-5)。该模式基于事关国土空间规划、国家生态安全和生态经济社会可持续发展的重大问题,以及国家公园管理是一个复杂的科学问题,在梳理和厘清涉及领域面广、复杂性、系统性以及政策性非常突出的众多问题和事件基础上,集成勾画了一个要素众多、内涵丰富,且结构复杂、层次交叉重叠的可视结构,力图呈现中国国家公园管理模式的起点动因与成果目标、核心内容与关键保障、运行支撑与发展范式。

一、动因与目标：自然保护思想和美丽中国

建立以国家公园为主体的自然保护地体系缘于解决自然保护和经济发展之间的矛盾,是构建国家公园管理模式的动因,且以建设人地关系和谐的美丽中国为成果目标。因此,在此层面上应做到:

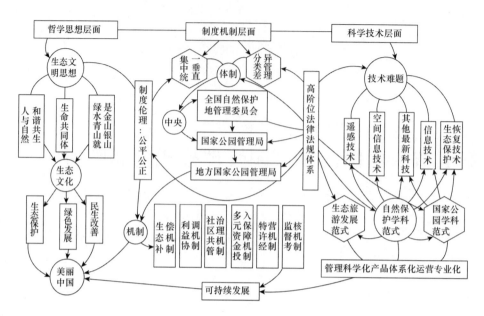

图 7-5　中国国家公园管理模式构想

(1) 以自然保护思想为起点,在人与自然和谐共生、生命共同体和绿水青山就是金山银山等生态文明思想的引领之下,遵循"天人合一""道法自然"等传统和当代自然保护规则,指导自然管理制度的顶层设计,在自然保护实践中推进生态文化的形成,培养人们尊重自然、顺应自然、保护自然、选择绿色发展方式的文化自觉。

(2) 落实"五位一体"总体布局,把生态文明建设融入经济建设、政治建设、文化建设、社会建设各方面和全过程,促进生态保护、绿色发展、民生改善相统一,形成节约资源,保护环境的空间格局,优化产业结构,转变传统的生产方式和生活方式。

(3) 实施可持续发展战略,建设自然生态环境优美、人地关系和谐、综合国力强大、可持续发展的美丽中国。

二、核心与保障:体制和机制

管理体制和机制是管理模式的核心,而此核心发挥管理模式的轴心作用,促使模式运行顺畅高有效,保障有以下四方面:① 要建立健全高阶位的法律法规体系;② 要用公平公正的制度伦理关照体制和机制的顶层设计,既充分体现人与自然之间的公平公正,也要确保代际公平与正义;③ 要建立健全行政上集中统一垂直管理、资源类型上分类差异管理的体制,建立全国自然保护地管理委员会,增强国家公园管理局的职能;④ 落实统一、规范、高效的管理要求,推进管理科学化和规范化,建立健全生态补偿、利益协调、社区共管、多元资金投入、特许经营、监督考核等运行机制。从而,用高等级的管理体制和用高效率的运行机制,保障管理模式的先进性和科学性,实现自然生态环境和社会经济的可持续高质量发展。

三、支撑与范式:科学技术和发展范式

围绕可持续发展的要求和建设美丽中国的目标,要通过加强科学技术支撑和确立绿色发展范式,着力提高生态环境国家治理体系和治理能力现代化水平。一方面,加强科学技术支撑,充分应用信息、智能、空间等现代科学技术,解决自然保护和经济发展中的技术性难题;同时,要在高阶位法律法规保障之下,建立自然保护和国家公园的学科范式以及生态旅游发展范式。以学科发展为保障实现管理科学化、产品体系化、运营专业化,以高质量生态旅游发展,实现绿水青山就是金山银山的价值转换,为国民提供高品质的生态产品,展示我国最重要的自然生态系统、最独特的自然景观、最精华的自然遗产、最富集的生物多样性,以及具有全球价值、国家象征的国家公园为主体的自然保护地体系建设成就,为美丽中国建设夯实可持续发展的生态根基。

综上,自然保护地及其国家公园作为地球生态系统的重要组成部分,与人类生产、生活活动密切相关,其可持续发展反映了当代人类关于人与自然关系的哲学理念。以生态文明思想引领国家公园建设要求我们:

(1) 遵循正确的人地关系准则,建立一个兼具中国传统自然保护思想

和生态文明理念的分类科学、布局合理、保护有力、管理有效且保护与利用关系协调的管理体制,并纳入生态文明制度建设之中。

(2)统一、规范、高效的管理体制应当遵循系统观和时空尺度统一原则,具有中国传统文化特质,以现代科学技术为支撑,涵盖自然生态系统响应、行政管理、生计利用、监管行为、科技支撑等多个方面。

(3)集中体现生态保护、绿色发展、民生改善相统一的内涵,履行好公益治理、社区治理、共同治理的任务使命,破解了自然保护与经济发展的矛盾,既保护了生态系统的原真性和完整性,又满足人民对美好生活的向往,为国民亲近自然、体验自然、了解自然提供优质的生态产品,促进生态、社会、经济三方面综合效益可持续发展。

可以预见,待2035年中国全面建成自然保护地体系之际,中国特色国家公园管理模式作为世界自然保护事业的重要组成,必将达到世界先进水平,为世界奉献一套体系完整、管理先进、科学合理的中国自然保护方案,展示中国自然保护文化的魅力与智慧。

第八章

国家公园生态旅游与游憩设计

　　建立以国家公园为主体的自然保护地体系,其根本目的就是通过科学解决自然保护和经济发展的矛盾,既有效保护生物多样性、保存自然遗产,进而维护国家生态安全,又在建设美丽中国过程中,建设性地使用自然资源,为公众提供高质量的生态产品,满足人民对美好生活的向往。在高效运行统一规范的国家公园管理体制和机制之下,生态公共产品是服务于人民最普惠福祉的最佳形式,发展生态旅游是对国家公园"生态为民、科学利用"原则的最好贯彻落实。绿水青山就是金山银山,其间最重要的就是价值转换,将隐藏于绿水青山间的无形价值显化出来,通过生态产业化和产业生态化,使经济发展与生态环境保护之间的一体两面互相均衡、中和,看似对立的双方达成和谐统一。2005 年习近平就指出"绿水青山可带来金山银山,但金山银山却买不到绿水青山""如果能够把这些生态环境优势转化为生态农业、生态工业、生态旅游等生态经济的优势,那么绿水青山也就变成了金山银山"。[①] 这一论断强调了自然环境和资源保护以及生态价值转化的重要性,突破了两种对立的思维,即以牺牲经济发展为代价保护生态环境的思维和以舍弃环境为代价换取经济发展的思维,为国家公园发展生态旅游提供了理论依据和行动依据。生态旅游作为生态产品价值实现的重要路径,进一步诠释和验证了环境保护与经济发展、绿水青山与金山银山之间的一体两面非对立和辩证统一的关系,实现生态旅游可持续发展是国家公园管理模式的实行目的和重要内容。为此,本研究在构想了国家公园管理模式的基础上,专门讨论生态旅游及其游憩产品设计问题,将发展生态旅游作为国家公园管理的一项制度安排加以讨论。

---

① 习近平. 绿水青山也是金山银山[N]. 浙江日报,2005-08-24.

第一节　价值转换路径：国家公园生态旅游

一、旅游功能定位的依据

站在人与自然和谐共生的高度来谋划经济社会发展。[1]《关于建立以国家公园为主体的自然保护地体系的指导意见》(以下简称《指导意见》)定义国家公园是自然生态系统中最重要、自然景观最独特、自然遗产最精华、生物多样性最富集的部分,此定义规定了自然保护地具有服务生态系统、服务社会、维持人与自然和谐共生并永续发展的三大功能,明确自然保护地功能与服务社会,为人民提供优质生态产品和科研、教育、体验、游憩等公共服务并不相悖,更不会冲突,但必须找到平衡点。《建立国家公园体制总体方案》也明确规定了国家公园的首要功能是保护重要自然生态系统的原真性和完整性,同时兼具科研、教育、游憩等综合功能。国务院有关部门还先后出台了如《关于进一步加强涉及自然保护区开发建设活动监督管理的通知》(2015)、《生态保护红线划定技术指南》(2015)为自然文化资源保护与利用划出了生态红线。游憩功能是国家公园多元功能之一,是保护前提下的科学合理利用方式之一。中国国家公园管理模式显示,在生态文明思想引领

---

[1]　习近平. 习近平谈治国理政(第四卷)[M]. 北京：外文出版社,2022：359.

下,"两山"价值转换,与法律法规体系保障之下的生态旅游发展相辅相成,并在特许经营机制的运行规范中,持续服务于生态保护、绿色发展和民生改善,一致达成建设美丽中国的核心目标。

在我国首批五个国家公园的总体规划中,均分别以生态体验、环境教育(自然教育)、科学研究、原生态体验、科考科普等概念为本公园开展生态旅游规范了各自的功能定位(见表 8-1),并就具体的生态旅游产品开发和拟采取的措施做出安排,尤其是三江源和武夷山国家公园将其生态旅游发展置于法律法规框架之内,采取特许经营的方式加以规范。五个公园之中,只有三江源和武夷山国家公园总体规划对生态旅游发展的安排较为完整清晰,武夷山国家公园还编制了生态游憩专项规划,其他三个公园的规划尚不周详具体,可见,各公园对生态旅游的理解不够深入,深浅不一,发展计划安排也不均衡。尽管如此,五个公园的总体规划提出发展生态旅游的依据是充分的,是对《指导意见》和《总体方案》的要求以及"绿水青山就是金山银山"的价值转换理念的很好落实。2021 年 12 月 22 日,国务院印发的《"十四五"旅游业发展规划》明确要求贯彻落实习近平生态文明思想,坚持生态保护第一,适度发展生态旅游,要通过发展旅游业促进人与自然和谐共生,稳步推进国家文化公园、国家公园建设,打造人文资源和自然资源保护利用高地。《"十四五"旅游业发展规划》再次为在国家公园、自然保护地、风景名胜区、地质公园、湿地公园等自然景观地开展自然游憩、生态旅游提供了依据。

表 8-1　首批五个国家公园生态旅游功能定位

公园	功能定位	主要内容	主要措施
三江源国家公园	生态体验	参观学习生态保护工程,参与生态保护建设实践,生态保护培训等;领略和体验三江源的自然之美,唤起尊重、顺应、保护自然的意识	1. 限制商业经营性旅游活动; 2. 特许经营适度发展生态旅游,适度开办牧家乐及文化和餐饮娱乐服务; 3. 依托公园外支撑服务区域,建设必要的接待服务基地; 4. 搭建科研平台为科研创造条件
	环境教育	生态伦理教育、生态科普教育、国家公园常识教育、法律法规和政策教育	
	科学研究	探寻三江源自然成因、保护手段、文化传承	

续表

公园	功能定位	主要内容	主要措施
武夷山国家公园	原生态体验游憩	地质地貌生态、原始森林生态、珍稀野生动植物生态益智、水域景观生态、日出云海生态游憩	1. 法律法规范畴内保护性科学合理利用; 2. 提供管理体系、科技支撑和融资保障; 3. 创新旅游业态,形成立体交叉、方向多维、尺度不同的生态游憩产品体系; 4. 规划游憩道路、生态服务中心、餐饮设施、观景休憩、商业设施;智慧游憩系统、安全救援、治安管理、防火设施; 5. 与高校科研部门合作,建立教育实习基地
	生态休闲体验游憩	森林生态、乡村农家休闲、生态休闲体验	
	文化体验	理学文化、历史文化、岩茶文化、宗教文化体验	
	科普教育	野生动植物、鸟类、原始森林生态系统科普宣教	
	科考探险	户外探险、自驾、古老物种科考等特种游憩(高端体验型市场)	
海南热带雨林国家公园	自然教育与生态体验	生态文明与国家公园常识	1. 规划建设步道系统、国家公园展示中心、黎族生态博物馆、研学实习基地、野外环教点、研习小径; 2. 提炼热带雨林特色文化; 3. 加强游(访)客管理
		热带雨林自然资源,观光、户外运动、森林康养与科普宣教	
		雨林文化与红色文化	
东北虎豹国家公园	自然教育与生态体验	自然课堂、在线自然教育、实地巡护等活动	1. 核心保护区、特别保护区、恢复扩山区以外实行特许经营制度; 2. 建设教育与体验设施
大熊猫国家公园	自然教育与生态体验	自然课堂、在线自然教育、实地巡护等活动	1. 建设自然教育解说系统; 2. 设立自然教育展示基地; 3. 建设自然景观点、游(访)客中心、服务驿站、自然教育基地; 4. 游(访)客活动与安全管理

注:以上根据《三江源国家公园总体规划》《武夷山国家公园总体规划(2017—2025年)》《海南热带雨林国家公园规划(2019—2025年)》《东北虎豹国家公园总体规划(2017—2025年)》和《大熊猫国家公园总体规划(2022—2030年)》整理。

旅游功能不是国家公园的首要功能,却是公益性及其经济性特征的重要反映。[①] 国家公园通过科学规划,合理开发建设公园周边社区,配置旅游要素,策划旅游活动,服务社会,满足当代人回归自然、享受自然的需要,同时减轻生态保护对社区居民的环境约束,通过引导社区参与资源保护、游憩服务等获取经济利益,进而为生活在具有全球价值、国家象征意义的自然环境中而倍增自豪感和幸福感,因此,充分发挥国家公园的旅游功能是实现当代人与后代人公平享受自然权益的重要方式,是解决生态环境保护和经济发展对立关系,是用"绿水青山"指导重构"人—地"关系、"金山银山"指导重构"经济—社会"关系的重要方式。

二、国家公园旅游活动价值的新认知

国家公园是践行"绿水青山就是金山银山"理念的重要领域,旅游活动以生态旅游、环境教育的形式为主进行开发并展开,在严格保护的前提下,科学合理地促进生态产品价值实现,除了实现旅游活动之于社会经济发展的普遍作用以外,还能让全民享受自然保护的生态红利、让社区居民获得经济收益,具有落实生态优先、绿色发展理念的独特价值。

1. 诠释国家公园公益性,满足人民对美好生活的向往

国家公园的国家象征意义除了资源品级高、权属是国有的以外,更为重要的是代表了最广大人民的利益。《指导意见》提出不断满足人民群众对优美生态环境、优良生态产品、优质生态服务需要的原则;《总体方案》明确建设国家公园以实现国家所有、全民共享、世代传承为目标,要坚持全民公益性,为公众提供亲近自然、体验自然、了解自然以及作为国民福利的游憩机会。这些原则和目标均充分体现了中国共产党以人民为中心的执政理念,开发和发展国家公园生态旅游产品,是践行为人民服务宗旨,把党的群众路

---

① 陈文捷,段湘辉. 国家公园旅游规划思路和模式研究[J]. 武汉商学院学报,2021,35(02):5—9.

线与治国理政全部活动相融合,把人民对美好生活的向往作为奋斗目标[①]的一项具体行动。

2. 提高旅游业发展水平,促进地方社会经济的转型升级

支持和传承传统文化,发展人地和谐的生态产业模式,是建设美丽中国的重要任务,能够为实现中华民族永续发展提供生态支撑。《指导意见》对此做出了安排,为此,旅游业借国家公园这一载体摆脱低水平发展状态,将资源环境的优势转化为产品品质优势,带动环境友好型生态产业发展,促进有机农业、特色林业、生态体验服务业及电子商务、产品加工、特色农产品、手工艺品等生态产业和衍生产业的发展,实现生态产品增值。通过组织社区居民参加专业技能培训,扩大就业领域,增强社区居民的就业技能,提高居民旅游经营和服务的技能水平,为促进乡村产业转型升级提供高质素劳动力。在生态产业引领下,探索和建立生态产品价值实现机制,实施旅游收益共进计划,促进生态权益出让和生态补偿,将生态效益更好地转化为经济效益、社会效益。

3. 创新社区共管治理,保护和发展本土生态文化

出于协调保护和发展的目的,国家公园体制建设必须通过优化生态环境、完善休闲设施、增强邻里间信赖感、达成共同价值观等环节,引导社区居民参与国家公园社区的共管与治理,改善国家公园社区居民所处的社会环境,提高社区居民生活需求满足度和自然保护参与度,让居民在共管治理中获得实实在在的幸福感。一方面,深入挖掘当地社区的文化特色和文化底蕴,提升居民的文化认同,引导居民参与本土生态文化的保护和特色文化产业发展的积极性,在文化认同中增强居民的社区归属感、社区凝聚力以及社区共管治理的组织力。另一方面,在本土生态文化引领下,创新"生态＋文化""景区＋农家""农庄＋游购"等多种生态价值实现途径,谋划和设计适应

---

① 习近平. 决胜全面建成小康社会 夺取新时代中国特色社会主义伟大胜利——在中国共产党第十九次全国代表大会上的报告[N]. 人民日报. 2017-10-28.

国家公园管理模式的旅游发展方式,平衡自然保护和游憩利用之间的关系,促进自然环境和社区文化双重保护的机制下,[①]达成经济、文化、环境三者间的协调,服务于国家公园环境治理与社区共管。

4. 创造乡村宜居生活环境,感受美丽中国和谐画卷

《指导意见》要求以国家公园主体的自然保护地体系要为建设美丽中国、实现中华民族永续发展提供生态支撑。美丽中国既是生态文明建设的目标和要求,也是人与自然和谐关系的前景展望。生态旅游发展要求国家公园旅游规划科学、前瞻,产品兼具体验、教育等功能,国家公园传统利用区和旅游社区居民公共服务配套设施共建共用,在满足游客基本需求的同时,带动当地基础设施和公共服务设施体系的完善,使社区环境更加舒适宜居、居民生活条件更加便利,最终全民共享国家公园蕴含的制度之美、自然之美、文化之美和人与自然的和谐之美。

三、国家公园生态游憩应处理好的关系

生态旅游发展一般遵循游客行为约束、生态保护、经济发展、社区与游客互利等原则,[②]国家公园游憩利用及其生态旅游产品开发组织,还需处理好三个方面的关系:

1. 最大限度的环境保护与最小限度的旅游利用关系

正确认识生态环境质量决定旅游发展质量、关系社区居民生活质量的密切关系,要把生态环境、游憩产品、游憩服务、游憩管理、经济发展、社会民生等问题放在一个体系框架内,遵循生态保护第一的原则下,落实政府的政策引导与规划,推进国家公园社区生态环境建设和旅游发展。要研究和制定合理利用自然资源的标准尺度,科学测算当地的环境承载力,严格控制来访游客的数量和密度,把旅游发展的负面影响以及垃圾污染、水污染、噪声

---

① 陈文捷,段湘辉. 国家公园旅游规划思路和模式研究[J]. 武汉商学院学报,2021,35(02):5—9.

② 陈秋华,陈贵松. 生态旅游[M]. 北京:中国农业出版社. 2009:23—24.

污染等控制在最低的限度内。同时,严格规范旅游经营,保障居民参与方式的规范性和多样性,通过规范收入分配政策及税收、福利等调节方式,保障社区居民获得旅游发展带来的利益。

2. 环境保护的生态效益与旅游活动的经济效益关系

制定国家公园保护与利用标准,制定社会力量参与国家公园建设准入目录和扶持政策,指导生态保护的科学性,规范旅游经营活动,优化生态效益与经济效益之间的相互制约关系。杜绝破坏生态行为,保护自然生态系统原真性、整体性,最大限度地保持生态平衡,确保重要自然生态系统、自然遗迹、自然景观和生物多样性得到系统性保护。[①] 调动居民参与环境保护的积极性与主动性,鼓励当地居民参与生态旅游开发,保证国家公园体制建设和社区旅游的可持续发展,引导居民通过旅游发展创造经济收益,降低旅游发展的负面经济影响,促进我国国家公园建设走在符合自然规律和经济规律要求的可持续发展道路上。

3. 规划系统性与产品特色性关系

自然资源及其环境是一个完整的生态系统,国家公园旅游发展规划必须充分体现生态环境、产品体系、运营管理的系统性,与公园整体系统规划相适应,因此,必须加强对国家公园游憩利用的深入系统研究,构建国家公园游憩管理的专门指导理论,将国家公园建设建立在严格规划管控之下,确保游憩利用不损害国家公园生态系统和社区原住民的生产生活设施。旅游业因游客的多样性而赋予产品和活动的多元性和变化性,满足旅游者的自然教育、特色体验需求,避免出现系统性约束下产品的同质化与低水平,适应旅游市场变化,是旅游活动获取经济效益的前提,但必须建立在整体规划的基础上,符合生态安全保护的总体要求。要遵循国家公园可持续、高质量旅游发展的要求,将国家公园的内涵融入旅游六要素之中,在国家公园科学研究、科普教育、自然游憩等功能上体现其特色。

---

① 中共中央办公厅,国务院办公厅. 关于建立以国家公园为主体的自然保护地体系的指导意见[R]. 中华人民共和国国务院公报,2019(19):16—21.

第二节 生态旅游：制度安排与旅游影响规范

　　国家公园是生态旅游、科学研究和环境教育的重要场所,生态旅游因其对环境的友好性普遍被认为是国家公园旅游的主要形式,[①]以自然产品、最小化影响管理、环境教育、促进保护、帮助社区发展作为目标追求,因此,作为以自然保护为基础的经济发展的一种工具,生态旅游被视为是自然保护地生态价值转化的重要动力和保护地可持续发展的基本保障。[②] 这种价值转化以可持续发展和自然保护为前提,需要在合理的制度安排下将人对自然的消极影响控制至最小范围,通过规范的经营活动获取经济效益和社会效益。

一、国家公园生态旅游的发展范式

　　自 1983 年谢贝洛斯-拉斯喀瑞提出生态旅游后,其内涵和表现形式得到不断的丰富和充实。生态旅游早期主要是在大众旅游背景下,解决旅游

　　① 陈文捷,段湘辉. 国家公园旅游规划思路和模式研究[J]. 武汉商学院学报,2021,35(02)：5—9.

　　② 吴承照. 国家公园发展游憩还是发展旅游[J]. 中华环境,2020(07)：32—35.

活动对资源和环境的负面影响,之后其内涵充实为生态旅游是"回归大自然"的"绿色旅游""保护性旅游"和"可持续发展旅游",是"具有保护自然环境和维系当地人民生活双重责任的旅游活动"。随着生态旅游的发展,在没有给经济诉求降温和内涵理解不到位的前提下,生态旅游概念被泛化,甚至仍然造成生态环境破坏,于是人们提出检验生态旅游的三条标准,规定生态旅游的四大功能,即旅游对象是原生、和谐的生态系统,应该受到保护和社区参与三条标准,以及旅游功能、保护功能、扶贫功能和环境教育功能四大功能。① 随着对自然价值的思考和认识不断深入,尤其是我国在建立新型自然保护地体系的思想指导下,生态旅游发展范式日渐清晰。可持续发展范式符合"绿水青山"转化为"金山银山"新发展理念,应成为国家公园生态旅游的发展范式。

根据 1987 年联合国世界与环境发展委员会《我们共同的未来》给出的定义,可持续发展是既能满足当代人的需要,又不对子孙后代满足其需要的能力构成危害的发展。可持续发展既是资源管理的一种战略,也是人类得以永续存在的一种发展方式,涉及政治、社会、经济、文化、科技、自然环境、人文生态等方方面面。可持续发展丰富的内涵更为国家公园生态旅游提供了准确而多维的发展范式。

1. 实现生态可持续发展

优美的景观和优越的生态条件是国家公园生态旅游的重要资源条件,高质量生态旅游需要高质量资源的永续利用,这种依赖关系要求将自然保护提高到更高水平,而并非不加节制地掠夺式利用。资源有节制利用的生态旅游,可以将环境问题解决在发展过程中,有利于维护自然生态系统稳定、健康发展。《生态保护红线划定技术指南》等自然保护的相关制度规定及其采取的划定生态保护红线等做法,均是为了"绿水青山"持续长存。可持续的生态旅游发展范式就是可以并必须依照生态科学的原则和原理,着

---

① 杨桂华,钟林生,明庆忠. 生态旅游[M]. 北京:高等教育出版社,2000:9—14.

力权衡自然生态诸多利益主体的多方价值和利益链,以达成目标与利益实现动态平衡,从而通过长期持有"天人合一"的人地关系价值体系,实现旅游高质量和生态可持续发展。

2. 实现经济可持续发展

保护自然并不否定适当的经济发展,国家公园发展生态旅游是协调保护和利用矛盾的润滑剂,是国家公园持续的经济增长点。遵照"要站在人与自然和谐共生的高度来谋划经济社会发展"的要求,保护自然并非偏废经济发展,而是要促进更高质量的发展。要实现生态旅游促进经济可持续发展,既重视旅游经济发展的数量,也重视旅游经济发展的质量,进而满足当代人的自然教育和旅游消费需求。其范式,就是要兼顾《"十四五"旅游业发展规划》提出的"保护利用好自然资源"和"创新资源保护利用模式"要求,依照可持续发展原则,采取科学合理的自然资源利用方式,使自然资源利用效率最高,价值转换最有效,并通过积极运用技术手段做好预约调控、环境监测、流量疏导,将旅游活动对自然环境的影响降到最低,[①]发挥旅游经济带动经济发展、繁荣社会的效应,巩固旅游业作为国民经济战略性支柱产业的地位。

3. 实现社会可持续发展

制度安排下的生态旅游活动是一种高品质的生活形态,有利于增强旅游者的生态素养,提高参与自然保护的自觉性,有助于优化人地关系和社会的全面进步。生态旅游可持续发展既体现生态红利的代际公平,也展示国家公园管理的制度之美,是社会文明进步的象征。要实现生态旅游促进社会可持续发展,其范式就是通过限制自然保护地的人类活动数量,降低人类活动对生态系统的影响强度,将人类活动控制在生态系统可接受的"红线"之内;同时,正向影响人的行为,提高其活动的质量。在生态系统可接受的改变极限(LAC)理论和游憩机会谱(ROS)理论指导下,逐步提高国家公园的可达性、设施配置密度和人类活动指标,通过给国民提供科考探险、自然

---

① 国务院."十四五"旅游业发展规划[R]. 2021-12-22.

野生动物旅游、自然教育、健康休养、户外运动等游憩产品和游憩机会,使游憩者的体验质量得到最好的保障,满足民众对高品质生态环境和生态产品的需求,提升其获得感、幸福感和安全感,服务于构建和谐社会和美丽中国。

4. 实现文化可持续发展

本土文化获得传承与发展的同时,将自然价值和文化价值一并体现在环境系统的支撑和服务上,使保护自然生命力和生物多样性成为人人秉持的共同价值观。在生产方式与生活方式的绿色转型中,保存和发展中国传统文化和自然保护思想,促进生态文化不断步向现代化,服务生态文明建设。生态旅游的文化课持续发展范式,就是严格遵照"保护中发展、发展中保护"的思路,制定生态旅游行业标准引领旅游行业和多行业融合发展,开展自然保护地生态系统管理,在生态系统的科学管理下形成生态文化体系。把历史文化与现代文明融入生态旅游发展,深入挖掘和运用"天人合一""尊重自然、顺应自然、爱护自然"等理念的文化内涵与精神内涵,通过饱览祖国秀美山河、感受灿烂文化魅力,强化游客人类命运共同体观念,赓续中华优秀传统生态文化,发展生态文明与先进自然保护文化,增强中华文化自信。

二、符合事业管理属性的制度安排

国家公园开展生态旅游要作为国家公园建设的一项制度安排,给予社会事业发展的地位和管理属性,而非简单的旅游活动或经济活动。自然保护条件下的生态旅游肩负着环境责任,不同于一般意义上的传统旅游,既要符合环境管理政策,还需要特殊的运营与管理制度。如必须有法律规章的安排,许可生态旅游在需要严格保护的区域使用土地、河流、植物等资源开发旅游产品;必须有资源管理制度的安排,规范生态旅游开发的形式、本地人资源保护行为与开发行为,促进环境伙伴关系的建立等;必须有企业参与投资的政策安排,包括财力、人力保障、资本构成要求,经营商的技术力量及其服务技能培训;必须规定旅游收益分配政策,激励社区参与旅游经营活动,平衡社区与企业间的经营收益分配,以保证经营收益反哺自然保护的经费需求。只有按照事业属性的定位,对生态旅游进行制度性安排,才能够响应国家公园作为自然保护地的地域类型和为人民美好生活提供高品质生态产品的运营管理模式的双重责任。

生态旅游及其管理和运营机构得到法律或法规的认可,获得合法开发和经营的许可,才能督促生态旅游经营者在经营受益中自觉履行保护生物多样性和生态环境安全的责任,提高依法经营的自觉性,在保护自然生态系统完整性、原真性的生态红线刚性约束下,平衡地满足自然保护地多方利益主体的多元诉求。

三、机制与管理约束下的经营活动规范

在国家公园允许区域内开展的生态旅游,属于高品质的旅游活动,是生态产业化的重要内容。衡量生态旅游品质和健康发展的尺度,在于保障产品设计和经营活动符合自然保护和国家公园体制的管理要求,在规范的运行机制和有效的管理手段约束下,达到资源保护和利用的双赢。

1. 管理体系和运营机制科学化

首先,是要形成要素完备、功能齐全、结构合理的生态旅游管理制度体系,建立包括生态旅游空间规划、游客分流管理、游憩环境行为监测、旅游经济影响、资金筹措、游憩经营许可、游憩定价策略、游憩管理能力、公众支持、游憩活动环境容量、游憩活动安全等内容在内的健全机制,将管理与运营行为加以规范,所有开发、经营以及管理纳入科学的规范约束之中。同时,还须建立利益共享与协调机制,且其机制导向明晰、主体准确、方法科学、操作规范,通过资源共享、品牌共享、宣传共享、网络共享、销售渠道共享、人才培训共享,形成利益共同体,促进相关利益保持高水平的平衡与协调。

2. 生态主题突出的产品体系化

以生态环境资源为本底,采取"国家公园＋"形式,形成诸如＋生态农

业、+生态文化、+森林康养、+运动休闲、+科普教育、+生物地质、+文创演艺、+乡村民俗等新业态,开发农产品生产、非遗体验、文化创作、康养社区、乡村民宿、森林步道、徒步探险、自行车穿越、地质科考、森林运动、文旅商品等多样化的产品体系。突出自然教育主题,设计文化内涵浓郁、体验特色鲜明、教育成效显著的系列主题,配套建设多样化的设施,满足各阶层各类别游客多样化的生态产品选择。在体系化过程中要避免模式化,不断提升体系的自律性和兼容性,于不断的整合中创新,节约资源,维护自然生态的原真性和完整性,增强产品的生命力和吸引力。

3. 开发利用与经营管理专业化

其一,资源利用专业化,对生物多样性、地质地貌、森林植物等生态资源要用专业的视角加以深度利用,使自然保护、游憩内容、景观设计、工程设施建设既有特色和艺术性,更具有与自然学科知识相应的专业水准,兼具科学性和专业性,自然教育功能得以充分发挥。其二,经营管理专业化,手段紧跟科学技术进步,操作流程严谨规范,产品文化内涵丰富,精通市场规则,专注旅游者诉求与动机变化,服务质量上乘,市场应变和竞争能力强。所有开发、经营、管理和服务工作均有专业人员负责或参与其中,引导专业机构参与资源与市场的调研、资源开发规划、产品设计、运营管理和服务管理的全过程,运用专业精神和专业技术在精细化管理中保障生态旅游服务的高质量。

第三节　游憩设计：体验功能与个性创新

　　国家公园是一种能够提供回归大自然的精神与情感游憩需求的空间，[①]所提供的游憩产品包括科研教育、自然观光、生态体验等，活动的场所不仅有大自然野外空间，还需要博物馆、石屋、小木屋、野餐营地等室内空间，以及管理设施、游憩设施、文化设施、特许设施、指示牌、解说设施、基础设施、环境改造设施，是一种资源利用方式和人与自然互动的有益形式。游憩具有时代性、文化性、技术性、规范性，日益向精细化、专业化方向发展。[②] 但必须充分认识到，游憩空间被赋予一种精神价值，成为旅游吸引物和地方旅游经济发展的载体，并能够持续保持游客游憩体验高水平的满意度，均取决于高质量的游憩设计。

一、人与自然和谐的环境设计和体验设计

　　生态旅游强调行为与自然和谐，收获与责任同存：互动、学习与体验，

　　① 薛芮,阎景娟,魏玲玲. 国家公园游憩利用的理论技术体系与研究框架构建[J]. 浙江农林大学学报,2022,39(01)：190—198.
　　② 吴承照. 国家公园发展游憩还是发展旅游[J]. 中华环境,2020(07)：32—35.

爱护自然、关爱居民、共同保护生态系统。[①] 生态游憩必须重视生态环境和活动体验的设计,通过在不同类型区域高水平地设计不同的游憩活动来缓解资源压力,提升游憩体验活动品质,达成人与自然和谐的根本要求。

(一)环境设计

1. 和谐共生与地方性相统一

最大限度保持自然生态的原真性和完整性,突出地域特色的地貌、植物、景观等元素,精心设计公园路径、石景、水景、植被以及木屋、小桥休息座椅、遮阳亭等建筑物,与公园自然美学特征相适宜。遵循一切建设和改造皆因必要而产生,不是绝对必要就不建造、不改造的原则,不建设以具有永恒利用价值为目的的设施建筑,处处强调人—地的共生关系,避免破坏原生的自然美景和生态平衡。任何项目设计和建筑工程都应将对自然景观的改变降至最低限度,应与地方环境和地方文化相协调,注重自然资源与人文资源的融合利用,通过突出地方特色为生态旅游差异化发展找到捷径,为地方文化发展注入不竭的动力。

2. 人文关怀与实用性相统一

所有项目和活动设计既要最大程度地满足人的需要,还应充分考虑游客的生理、心理需求和游憩行为特点,也要充分体现人类对大自然的尊重,表达顺应自然、爱护自然的人文关怀。所有景观小品和设施设计须充满人文关怀,以让游憩者舒心、怡情、认知、教育、方便、安全的目的,引导游客行为对环境产生最小的消极影响。以对旅游、生态旅游和生态旅游者特质和需求为出发点,深入研究物质产品的适应性和实用性;以满足人的精神诉求为终极目标,创新设计文化内涵丰厚的生态体验产品。

3. 保护功能与游憩功能相统一

在生态环境和资源空间承载力范围内,科学规划国家公园一般控制区

---

① 吴承照. 国家公园发展游憩还是发展旅游[J]. 中华环境,2020(07):32—35.

内资源,建设文旅体验、科普教育基地、服务接待等功能区,发展生态体验、科普教育、森林康养、避暑休憩、山地运动、探险骑行等产品。公园设施不仅为游客公众使用而存在,也是自然环境的组成部分,所有的游憩活动设计和配套设施建设既符合自然保护要求,强调生态原真性和完整性,有利于生态修复和环境保育,同时还要强调游憩活动过程中人的生理和心理诉求,符合人的行为特征,人类回归自然、游憩观光、休闲放松、学习娱乐、探险猎奇等各种诉求都有所设计和有所建造,构建国家公园"环境解说—知识阅读—美景欣赏—生态保护"等多种功能。

4. 自然生态与人文生态相统一

树立大自然是一个整体的系统观,生态旅游设计要充分体现人类生命共同体的理念,解构和描绘人是自然构成的一部分,自然也因人类而多彩生动,自然生态与人文生态双向互动、相互作用的场景。生态游憩设计必须融汇自然存在与人类发展脉络,将人类的理想信念、文化追求、生活态度、民俗风情体现在环境公平正义、生态伦理道德之中,将人的价值追求、精神面貌、社会状态和发展成就、地方文化元素相得益彰地表达在设计的各个环节,充分描绘和表达自然生态之美与人文生态之美。遵循自然生态规律与原则,应用现代科学技术和工艺,适度改造自然;依照生命存在的规律与规则,讲述地球与动植物的演绎故事、人类文明发展历史,向游憩者充分解读大自然生态系统中植物、动物、微生物、地质、地貌、河流、山川与人类有序循环、和谐共生的关系。通过这样的设计,实现生态旅游所必须达到的"天人合一"、自然生态与人文生态统一的境界。

(二)体验设计

1. 内容上突出科学性与知识性

发挥国家公园的科普教育功能,融汇生态、地质、动植物、气候、水文等科学知识,构建完整的科普教育体系,将国家公园内所包含的抽象深奥的科学知识及文化特色、学术内涵、科普教育、注意事项、管理规则等信息集合于

"自然课堂",集科学性、知识性、教育性于一体,呈现大自然内在规律,借助解说与服务等形式,将"科普教育—新奇玩乐—求知探索"整体呈现给游客。

2. 形式上突出参与性与趣味性

所有的科普教育服务场所或野外营地,包括博物馆、科普场馆、科普中心、动植物园、游客集散中心、实验研究室或农林生产实验基地等场地及其活动设计,均应具有互动性和体验性,科普解说的内容和形式应具有趣味性,以游客尤其是年轻游客喜闻乐见的形式呈现或组织,让游憩者参与其中,寓教于乐。开发生态、森林、地质等研学课程,设计和建设沉浸式的自然生态体验与生态文化体验功能,导入自然教育和爱国主义教育主题,通过创新自然环境下参与户外体验的内容与载体,使生态游憩妙趣横生。

3. 手段上突出科技性与创新性

应用现代科学技术和工艺手段,将当地人文历史、民俗风情等生态文化,与生态系统多样性、物种多样性、遗传多样性及景观多样性结合起来,在多学科支持下,创新科普旅游功能和模式,避免程式化和模式化以及老化平淡。借助电子导游、电子影音制品等解说设施、科普媒介,将抽象深奥的知识转化成为浅显易懂的信息,引导生态游憩者感知和体认生态环境、生物多样性的大自然奥秘。

4. 内涵上突出普遍性与独特性

通过设计手段解读生态系统原真性和完整性的普遍价值,向游客展示国家公园普遍的生态意义,引导游客认知国家公园内的珍稀濒危保护物种、国家重点保护物种的生存环境以及生态破坏行为,增强自然保护意识。突出地方资源差异和特色优势,利用国家公园内文化背景、地域环境、地质构造景观、古生物遗迹等差异性地质资源,设计内容差异、方式独特的游憩产品,要因地制宜、因时设计,让游客了解地球环境变迁史,知晓地质历史及其美学价值。

二、个性与创新兼具的自然教育产品设计

人因个体的性格、气质及其受教育程度、文化背景和喜好倾向不同而存在差异,因此游憩满意度往往很难一致。国家公园生态游憩作为一种高端产品,既要实现自然保护的目标,也要满足人们回归自然、享受自然、接受自然教育熏陶的愿望。提供满足人民对美好生活向往的自然教育产品,在于坚持创新,根据市场特点设计个性特征鲜明的项目和活动,使产品极具生命力和市场竞争力。

1. 多样化与个性化有机结合

游憩内容和设施既具普遍性,满足广大游客的普遍需要,又具独特性,满足游客个体个性喜好。为此:① 要重视受众群体的深入了解,掌握市场的普遍规律和个性变化;② 要因地制宜,调研各个国家公园所分别具有的独特地域资源和景观,将独特的资源条件作为重点使用素材,凸显当地区域特有文化特色和景观特性,彰显与其他国家公园不同的差异性;③ 要最大限度发挥产品的共性,合理应用可复制的产品和设施,用最低的成本开发多样化的普遍产品;④ 要应用高超的技术能力和市场判断力,善于从独特的视角解决新的问题,设计具有独创性的个性产品,满足游憩市场的个性需求。

2. 乡土元素与现代风格有机结合

一般来说,自然存在的颜色都能与环境协调,要巧妙应用当地天然材料,赋予公园建筑以"自然性"和原始特征,采用技术性的处理使墙、栅栏、护栏和桥梁等设施与自然融合,传递本土的风貌。现代公厕提供较高标准的卫生设备,商店、熟食店、餐馆等特许设施提供食品、软饮料、玩具等,均应谨慎而恰当应用现代风格、色彩和装饰材料,与本地传统风格兼容,不能成为破坏自然美的污染源。

3. 科普教育与休闲游憩有机结合

避免科普教育变成枯燥的说教,寓教于游的设计应融于场景,将科普与

游憩有机对接,使游客在不知不觉中受到教育,不知不觉中提升自然保护意识。科普教育体系与游憩谱系相结合设计,将科普小品、环境解说、自然教育、野外巡护考察等内容与康养休闲、运动娱乐、文化体验等产品结合,创新生态游憩产品新形态,有利于保持国家公园生态旅游的持续活力。

4. 传统保持与现实重建有机结合

适当布设历史文化物件,借助能够记录自然和历史进程的传统媒介,展示历史事件与遗存物,突出人类历史与自然元素、自然现象、动植物的密切关系。提高历史传统与现代实践的结合度,应当用好当代视觉、VR 技术、听觉媒体、数字化展示和智能手段,以及博物馆、剧场等建筑物,补充历史文物和生态文化展示功能的短板,通过场景重构诠释文脉传承,演绎自然与人文融合、传统与现实交互的厚重魅力。

5. 解说创意与组织创新有机结合

环境解说系统的内容和形式影响生态旅游的效果。解说系统的形式不局限于人工解说,还包括指示牌、导览图、游憩手册、自然标本等媒介,解说内容不仅仅是线路或活动的组织语言,更为重要的是要将森林、动植物、地质、湖泊等自然知识纳入解说系统,且语言文字、色彩图形、形象符号的设计必须与众不同、创意十足,方能因内容丰富、形象生动而具有感染力。游憩活动的组织形式或展示形式无论是博物馆或自然俱乐部,抑或是露天剧场、帐篷宿营,研学或是攀登探险,无不是出于经营者苦心的设计,也与精彩到位的解说密不可分。如野营组织,既需要常规的野营探险辅导、野餐安排、年龄分组、帐篷或小木屋布局等环节编排,还需要因不同团队特点和诉求,不断创新设计自然课程、怀旧故事、特色民俗,以新奇的设计获取公园游憩经营效益。

综上,中国国家公园肩负自然生态系统保护和游憩、教育、科研等功能,而生态旅游活动能够为协调自然保护和游憩利用间的关系提供良好的渠道。国家公园作为开展生态旅游的重要场所,也可通过经营活动补充部分保护资金不足,更好地落实国家公园资源保护。但是旅游活动过程中必须防止破坏生态系统的原真性和完整性,为此,有目的的游憩利用空间规划、产品设计创新和经营组织至关重要。国家公园建设过程中必须重视生态旅游及其游憩设计工作,以确保国家公园胜任自然生态环境保护与游憩利用双重重任,实现自然生态系统和自然遗产资源可持续发展的目标。

结　　论

　　2019 年 8 月,习近平总书记在第一届国家公园论坛的贺信中简明扼要地指出:"中国实行国家公园体制,目的是保持自然生态系统的原真性和完整性,保护生物多样性,保护生态安全屏障,给子孙后代留下珍贵的自然资产。这是中国推进自然生态保护、建设美丽中国、促进人与自然和谐共生的一项重要举措。"①这是我国建设国家公园体制最权威,也是对其最全面、最准确的内涵诠释。努力实现这一目标,是今后一个时期我国自然保护事业的重中之重。建设中国特色的自然保护地体系及其国家公园体制,上承中华五千年的自然保护思想,横接世界自然保护和国家公园运动的经验,下传人类生态文明发展的脉络,是当代中国一项宏伟的事业,将为世界贡献中国自然保护的新方案。

　　国家公园因其可持续发展理念和保护与利用自然资源的有效方式,而获得全球各国认可并蓬勃发展。中国在总结自然保护成就的基础上,探索

---

　　①　习近平. 为携手创造世界生态文明美好未来 推动构建人类命运共同体做出贡献——第一届国家公园论坛开幕贺信[EB/OL]. 央视网,(2019-08-19)[2022-02-15]. http://news.cctv. com/2019/08/19/ARTIJabv43vuSbWDlAl8ei58190819.shtml

建立符合本国国情和自然与文化特征的保护地体系及其管理机制,积极推进国家公园试点工作,为第一批五个国家公园正式成立奠定了基础。本研究遵循党的十六大以来生态文明建设的脉络,结合美丽中国建设和新型自然保护地体系建设目标,面向未来自然资源管理最优配置,从梳理传统自然保护理念入手,探索生态文明思想下国家公园体制建设,得出如下结论:

(一)"天人合一""仁民爱物"等中国传统自然观强调人与自然相互依存的关系,顺应自然、敬畏自然以及人与自然、人与人、人与社会和谐共生的思想影响深远,直至当今生态文明建设仍以和谐观为核心,西方环境伦理也受以孔子为代表的儒家思想的影响。以国家公园为主体的自然保护地体系建设必须遵循此理,在生态文明思想统领之下展开。

(二)国家公园模式因先进的自然保护理念和管理体系逐渐被世界各国和地区所接受,并根据各自不同的社会制度与经济体制,从法律法规到其管理设计了各具特色的国家公园管理体系,折射出各国的环境态度和生态智慧,为探索建立中国特色国家公园体制提供了理论和实践依据以及可借鉴的经验。

(三)新中国自然保护工作发展迅速,随之伴生了"九龙治水""政出多门"等现象,管理模式多样化。自然保护与经济发展矛盾为建设以国家公园为主体的自然保护地体系凸显了必要性和紧迫性。在习近平生态文明思想指引下,国家公园管理体制纳入生态文明制度体系,作为美丽中国建设的重要基石和载体,稳步推进体制试点工作,生态文明思想—美丽中国—国家公园三者构成了未来中国的宏大远景。

(四)生态保护与自然遗产资源利用之间矛盾的解决,其根本出路在于利与益的平衡协调,利益协调机制及其法律依据建设是国家公园的重点任务。不同主体的利益诉求差异决定了国家公园体制必须能够制衡和监督不同主体间的利益博弈。为此,须厘清各利益相关者的利益诉求,明确利益优先级,促使参与博弈各方着眼于整体利益和长远利益。建立中央政府直接参与、集中统一下的垂直管理、相关部门协同保护的中央集权型的国家公园管理体制，具有制度设计的合理性和现实实践的可操作性。中央政府权力集中能够控制各博弈方的利益调整方向，但仍需理顺和优化相关资源管理部门的角色定位和权责关系。

（五）国家公园统一规范高效的管理体制要坚持国家顶层设计，执行中央集中统一管理体制，兼顾分类差异管理机制，要按照全国一盘棋的要求，严格落实管理制度的统一性和规范性。中国国家公园体制的特色，体现在中国元素鲜明的自然保护思想和面向现实与未来的习近平生态文明思想，体现在符合中国自然保护实际、效率突出的管理体制和机制设计，体现在"生命共同体"为核心的生态保护、绿色发展、民生改善相统一的目标追求和履行公益治理、社区治理、共同治理的任务使命上。研究认为，中国特色国家公园管理模式兼具自然管理的哲学思想、制度机制和科学技术等三个层面，三者围绕自然保护与经济发展两大核心问题相辅相成，与国家治理的人民性和社会性向度、行为合规协调高效的自我向度和现代技术向度三个方向一致。中国国家公园管理模式应当是一套包含管理理念、管理规章、管理方法、管理流程、技术标准和评价规范等内容的制度与方法集成，涵盖起点动因与成果目标、核心内容与关键保障、运行支撑与发展范式等内容。本研究构想的国家公园管理模式，基本勾画了一个要素集中、要点突出、内涵丰富、层次清晰的可视结构，尚有待于在未来的研究和实践中修正完善。

（六）国家公园生态旅游是自然保护与经济发展矛盾、将"绿水青山"转化为"金山银山"的发展方式。提升国家公园价值转化水平，必须高质量创新设计生态游憩产品和经营组织形式，着力用好生态之美和人文之美及其生物多样性保护成果，有机统一，并自然领略、文化感悟和心灵陶冶功能，推动自然与文化协同演化，中国传统文化内涵与保护生态紧密融合，生态保护、生态富民、绿色发展协同推进，促进生态旅游产品的地方化、多样化、创意化发展，发挥国家公园深化文旅产业供给侧结构性改革、延伸文旅产业链的作用。

（七）自然保护事关国家和民族乃至世界生命共同体生存的发展战略，是事关生态文明建设的一项重要事业，不仅是一门复杂的综合科学，而且涉及多门类的科学技术，因此应当确立自然保护与国家公园的学科地位，须引导高等教育加强对自然环境和生态资源动态平衡规律的研究，形成面向人类未来的完整的自然保护学科。

新时期，以国家公园为主体的自然保护地体系建设以实现资源和环境最优管理为目标，满足人类未来对生态环境、经济发展、社会文明可持续发展的需要。为此，建设与管理必须立足于坚持生态文明建设的战略高度，遵循绿水青山就是金山银山的理念，探索人与自然和谐发展的平衡点，系统解决跨界、交叉发展等问题，推动自然环境一体化保护和系统治理，形成以科研监测、科普教育、游憩展示和社区绿色发展为主体的全民共享模式，为建设美丽中国、人与自然和谐共生的现代化[①]做出重要贡献。

---

① 习近平. 中共中央关于制定国民经济和社会发展第十四个五年规划和二○三五年远景目标的建议[N]. 人民日报,2020-11-04(001).

参 考 文 献

[1] Artti Juutinen, Yohei Mitani, Erkki Mäntymaa, Yasushi Shoji, Pirkko Siikamäki, and Rauli Svento. Combining ecological and recreational aspects in national park management: A choice experiment application [J]. Ecologicaleconomics,2011(70): 1231—1239.

[2] Carrus, Giuseppe, Bonaiuto, et al. Environmental concern, regional identity and support for protected areas in Italy[J]. Environment & Behavior,2005(1): 237.

[3] Composition of the Board of Directors[EB/OL]. (2018-02-25)[2021-12-21]. http: //www. pyrenees-parcnational. fr/fr/le-parc-national-des-pyrenees/letablissement-public/des-instances.

[4] Henry David Thoreau. Walden and Civil Disobedience[M]. New York: Norton,1966.

[5] IUCN. 世界各国国家公园及同类保护区名册[R]. 1974.

[6] John Muir. Our National Parks[M]. Michigan: Scholarly Publishing, 1970.

331

[7] Morrison D A, Buckney R T, Bewick BJ. Conservation Conflicts over Burning Bush in South-eastern Australia[J]. Biological Conservation, 1996,76(2): 167—175.

[8] Nigel Dudley. IUCN 自然保护地管理类型指南[M]. 朱春权,欧阳志云等译. 北京: 中国林业出版社,2016: 9,33—35.

[9] Shen X, Li S McShea, W J, Wang D, Yu J, Shi X, Dong W, Mi X, Ma K. Effectiveness of management zoning designed for flagship species in protecting sympatric species[J]. Conservationbiology: The journal of the Society for Conservation Biology,2020,34(1): 158—167.

[10] The Charter of Guadeloupe National Park[EB/OL]. (2014-02-23) [2022-01-15]. http: //www. guadeloupe-parcnational. fr/fr/le-parc-national-de-la-guadeloupe/la-charte.

[11] The Charter of Guyana National Park[EB/OL]. (2013-10-30)[2022-02-14]. http: //www. parc-amazonien-guyane. fr/assets/charte_pag_approuvee_28102013. pdf.

[12] The Organization of the Territory of a French National Park[EB/OL]. (2018-02-25)[2021-12-25]. http: //www. parcsnationaux. fr/fr/des-decouvertes/les-parcs-nationaux-de-france/lorganisation-du-territoire-dun-parc-national-francais.

[13] The White House President Barack Obama[EB/OL]. (2016-06-18) [2012-03-15]. https: //obamawhitehouse. archives. gov/the-press-office/2016/06/18/remarks-president-sentinel-bridge.

[14] Tony Davies. Humanism[M]. London: Routledge,1997: 123.

[15] (美)V W 拉坦. 诱致性制度变迁理论(C). 载于 R H 科斯,阿尔钦 A,诺斯 D. 财产权利与制度变迁: 产权学派和新制度学派译文集. 上海: 上海三联书店,1991: 333.

[16] Wang F,McShea W J,Wang D,Li S,Zhao Q,Wang H,Lu Z. Evaluating landscape options for corridor restoration between giant panda reserves[J]. PloS One,2014,9(8)：e105086.

[17] 安超. 美国国家公园的特许经营制度及其对中国风景名胜区转让经营的借鉴意义[J]. 中国园林,2015(2)：28—31.

[18] 本刊评论员. 文化是推动人类社会发展的最深层、最持久的力量[J]. 江南论坛,2010(05)：1.

[19] 柏拉图(Plato). 柏拉图全集[M]. 王晓朝译. 台北：左岸出版社,2003：107.

[20] 北京大学哲学系外国哲学史教研室编译. 西方哲学原著选读[M]. 北京：商务印书馆,1982：25.

[21] 曹新. 遗产地与保护地综论[J]. 城市规划,2017,41(06)：92—98.

[22] 陈成忠,葛绪广,孙琳,等. 物种急剧丧失·生态严重超载·跨越"地球边界"·区域公平失衡·"一个地球"生活：《地球生命力报告2014》解读[J]. 生态学报,2016,36(09)：2779—2785.

[23] 陈发俊. 论老子的环境伦理思想及其当代价值[J]. 安徽大学学报(哲学社会科学版),2019,43(5)：10—17.

[24] 陈俊亮. 儒家生态伦理思想及价值探究之一：孔子生态伦理思想及其现代价值[J]. 社会科学论坛,2010(10)：63—66.

[25] 陈君帜,唐小平. 中国国家公园保护制度体系构建研究[J]. 北京林业大学学报(社会科学版),2020,19(01)：1—11.

[26] 陈苹苹. 美国国家公园的经验及其启示[J]. 合肥学院学报：自然科学版,2004,14(2)：55—58.

[27] 陈秋华,陈贵松. 生态旅游[M]. 北京：中国农业出版社. 2009：23—24.

[28] 陈荣义,韩百川,吕梁,马添姿,潘辉. 国家公园游憩利用区游客满意度

影响因素分析[J]. 林业经济问题,2020,40(4):427—433.

[29] 陈文捷,段湘辉. 国家公园旅游规划思路和模式研究[J]. 武汉商学院学报,2021,35(2):5—9.

[30] 陈曦. 海南国家公园体制试点建设管理模式难点问题与对策[J]. 今日海南,2019(1):63—64.

[31] 陈小玮. 三江源国家公园:美丽中国建设的生态范本[J]. 新西部,2020(Z4):13—20.

[32] 陈叙图,金筱霆,苏杨. 法国国家公园体制改革的动因、经验及启示[J]. 环境保护,2017(19):60—67.

[33] 陈雅如,韩俊魁,秦岭南,杨怀超. 东北虎豹国家公园体制试点面临的问题与发展路径研究[J]. 环境保护,2019,47(14):61—65.

[34] 重庆市人民政府. 重庆市武隆喀斯特世界自然遗产保护办法[R]. 2009.12.28.

[35] 崔健. 世界自然遗产资源保护与开发的中外比较研究[D]. 南京理工大学,2011.

[36] (汉)戴圣. 礼记[M]. 北京:北京电子出版社,2001:385.

[37] (清)戴震. 孟子字义疏证[M]. 何文光. 北京:中华书局,1982:48.

[38] 道纪居士. 尚书全鉴[M]. 北京:中国纺织出版社,2016:17.

[39] 东篱子. 管子全鉴:典藏咏读版[M]. 北京:中国纺织出版社,2019:300.

[40] (清)董天工. 春秋繁露笺注[M]. 上海:华东师范大学出版社,2017:145.

[41] 杜文武,吴伟,李可欣. 日本自然公园的体系与历程研究[J]. 中国园林,2018,34(5):76—82.

[42] 段雯娟. 研究报告《地球生命力报告·中国2015》显示:经济发达省份是生态财富"穷光蛋"[J]. 地球,2016(2):47—49.

［43］恩格斯. 自然辩证法[M]. 北京：人民出版社,1972：158.

［44］方思怡. 国家公园生态补偿法律制度研究[J]. 黑龙江人力资源和社会保障,2021(20)：112—114.

［45］伏尔泰. 哲学辞典[M]. Peter A Angeles,段德智等译. 台北：猫头鹰出版社,1999.

［46］福建省人民政府. 福建省武夷山国家级自然保护区管理办法[EB/OL]. （1990-07-18）[2021-12-13]. https：//www. doc88. com/p-005843615178. html

［47］福建省人民政府. 福建省武夷山国家级自然保护区管理办法[EB/OL]. （2015-07-31）[2021-12-24]. http：//fjnews. fjsen. com/2018-01/05/content_20573540. htm

［48］福建省人民政府. 福建省武夷山世界文化和自然遗产保护条例[J]. 福建省人民政府公报,2002(12)：8—11.

［49］尕丹才让,李忠民. 牧区生态移民述评：以三江源国家级保护区为视角[J]. 青海师范大学学报(哲学社会科学版),2011,33(04)：49—52.

［50］尕丹才让. 三江源区生态移民研究[D]. 陕西师范大学,2013.

［51］高辉,柳群义,王小烈等. 中国自然资源安全与管理[M]. 北京：地质出版社,2021：238—239.

［52］高情情,金光益,崔哲浩,等. 东北虎豹国家公园入口社区生态旅游发展研究[J]. 延边大学农学学报,2020,42(02)：104—109.

［53］谷树忠. 走出生态文明建设认识误区[N]. 人民日报,2015-08-12(7).

［54］顾仲阳. 我国已建立自然保护地1. 18万处[N]. 人民日报海外版,2019-11-04.

［55］关志鸥. 保护世界自然遗产 推进生态文明建设[J]. 国土绿化,2021(07)：8—9.

［56］郭进辉,林开淼,彭夏岁,陈秋华,邹莉玲. 武夷山国家公园热点旅游区

的旅游承载量管理：基于社会规范理论视角[J]. 林业经济,2019,41
(4)：58—62.

[57] 郭威,卓成刚. 自然资源管理体制改革研究[M]. 北京：中国地质大学
出版社,2020：16—22.

[58] 郭彦玎,杨倩兰,肖玉明. 中小型物流企业建立共同配送合作条件的博
弈分析[J]. 中国集体经济,2010(28)：102—103.

[59] 国家发展和改革委员会负责同志就《建立国家公园体制总体方案》答
记者问[J]. 生物多样性,2017,25(10)：1050—1053.

[60] 国家发展和改革委员会、中央机构编制委员会办公室等 13 个部门. 建
立国家公园体制试点方案[R]. 2015-05-18.

[61] 国家发展和改革委社会司. 国家公园体制试点进展情况之三：大熊猫
国家公园[EB/OL]. (2021-04-22)[2021-12-28]. https：//www.
ndrc. gov. cn/fzggw/jgsj/shs/sjdt/202104/t20210422_1276985. html

[62] 国家发展和改革委社会司. 国家公园体制试点进展情况之四：祁连山
国家公园[EB/OL]. 国家发展和改革委官网,(2021-04-22)[2022-04-
11]. https：//www. ndrc. gov. cn/fzggw/jgsj/shs/sjdt/202104/
t20210422_1276987. html

[63] 国家发展和改革委社会司. 国家公园体制试点进展情况之七：神农架
国家公园[EB/OL]. 国家发展和改革委官网,(2021-04-25)[2022-04-
11]. https：//www. ndrc. gov. cn/fzggw/jgsj/shs/sjdt/202104/t20210425_
1277249. html

[64] 国家发展和改革委社会司. 国家公园体制试点进展情况之八：钱江源
国家公园[EB/OL]. 国家发展和改革委官网,(2021-04-25)[2022-04-
11]. https：//www. ndrc. gov. cn/fzggw/jgsj/shs/sjdt/202104/t20210425_
1277250. html

[65] 国家发展和改革委社会司. 国家公园体制试点进展情况之九：香格里

拉普达措国家公园[EB/OL]. 国家发展和改革委官网, (2021-04-26)
[2022-04-11]. https：//www. ndrc. gov. cn/fzggw/jgsj/shs/sjdt/
202104/t20210426_1277473. html

[66] 国家林业和草原局,国家发展和改革委员会. "十四五"林业草原保护
发展规划纲要[R]. 2021-07.

[67] 国家林业和草原局(国家公园管理局). 大熊猫国家公园总体规划
[R]. 2020-06-01.

[68] 国家林业和草原局(国家公园管理局). 国家公园管理暂行办法[R].
2022-06-01.

[69] 国家林业和草原局,海南省人民政府. 海南热带雨林国家公园规划
(2019—2025)[R]. 2000-04.

[70] 国家林业局,吉林省人民政府,黑龙江省人民政府. 东北虎豹国家公园
总体规划(2017—2025)[R]. 2017-12.

[71] 国家林业局昆明勘察设计院. 武夷山国家公园总体规划(2017—2025)
[R]. 2018-11.

[72] 国家林业局野生动植物保护司. 中国自然保护区管理手册[M]. 中国
林业出版社,2004：序.

[73] 国务院. 风景名胜区条例[J]. 中华人民共和国国务院公报,2006
(32)：9—13.

[74] 国务院. 中华人民共和国自然保护区条例[EB/OL]. https：//baike.
so. com/doc/5470009-5707921. html 1994-10-09 发布, 2017-10-07
修订.

[75] 国务院. "十四五"旅游业发展规划[R]. 2021-12-22.

[76] 郝耀华. 中国国家公园：从概念到实践[J]. 人与生物圈,2017(04)：
6—13.

[77] 何婧. 浅析我国文化和自然遗产保护的问题及对策[J]. 安康学院学

报,2011,23(02)：37—39.

[78] 何思源,苏杨,罗慧男,等.基于细化保护需求的保护地空间管制技术研究：以中国国家公园体制建设为目标[J].环境保护,2017,45(Z1)：50—57.

[79] 何煦.和谐社会的生态文明解读及制度建设启示[J].思想政治教育研究,2008(03)：41—42,48.

[80] 侯文蕙.20世纪90年代的美国环境保护运动和环境保护主义[J].世界历史,2000(6)：9.11—19.

[81] 胡北明.基于利益相关者角度剖析我国遗产旅游地管理体制的改革[D].四川大学,2006.

[82] 胡承槐.国家治理现代化的基本涵义及其三个向度[J].治理研究,2020,36(6)：15—22.

[83] 胡成龙.煤炭城市循环经济发展状况评价体系研究[D].中南大学,2012.

[84] 胡锦涛.坚定不移沿着中国特色社会主义道路前进,为全面建成小康社会而奋斗——在中国共产党第十八次全国代表大会上的报告[R].2012-11-08.

[85] 胡璐,高敬,王立彬,等.这条划在版图上的红线,守护着美丽中国[N].新华每日电讯,2021-09-20(1).

[86] 胡文华.面向动态云市场的Agent自适应报价策略研究[D].扬州大学,2015.

[87] 胡湘彗.《内经》五运六气生态观研究[D].广州中医药大学,2011.

[88] 胡勇.亟须建立和完善草原生态补偿机制[J].宏观经济管理,2009(6)：40—42.

[89] 湖南省人大常委会.湖南省武陵源世界自然遗产保护条例[R].2001-01-01发布,2018-07修订.

[90] 黄承梁,杨开忠,高世楫.党的百年生态文明建设基本历程及其人民观[J].管理世界,2022,38(05):6—19.

[91] 黄国勤.国家公园的内涵与基本特征[J].生态科学,2021,40(03):253—258.

[92] 黄恒君.基于加权深度的异常曲线探测方法:以空气质量函数型数据为例[J].统计与信息论坛,2014,29(09):3—10.

[93] 黄如良.企业与居民关系研究[D].福建师范大学,2004.

[94] 黄仕科.生态公益林在资源与环境再生产中的作用及建设探讨[J].现代园艺,2021,44(13):53,199—200.

[95] 霍尔巴赫.自然的体系[M].北京:商务印书馆,1982:10.

[96] 贾平.我国世界自然遗产地的保护和利用研究初探[J].湖北民族学院学报(哲学社会科学版),2006(3):48—51.

[97] 建设美丽中国:关于新时代中国特色社会主义生态文明建设[N].人民日报,2019-08-08(06).

[98] (美)杰奎琳·沃根·斯威策.绿色的阻力:美国环境保护主义反对派的历史和政治活动(Jacqueline Vaughn Switzer. Green Backlash,The History and Politics of Environmental Opposition in the U.S.)[M].林·瑞耐尔出版社,1997:288.

[99] 解焱.我国自然保护区与 IUCN 自然保护地分类管理体系的比较与借鉴[J].世界环境,2016(5):53—56.

[100] (晋)孔晁.逸周书:卷四·大聚解.

[101] (晋)孔晁.逸周书:卷四·大聚解.

[102] 寇江泽.共建万物和谐的美丽家园[EB/OL].人民网,(2021-02-22)[2022-06-23]. http://opinion.people.com.cn/n1/2021/0222/c1003-32033263.html

[103] (明)来知德(集注).周易[M].上海:上海古籍出版社,2013:379.

[104] 雷光春,曾晴. 世界自然保护的发展趋势对我国国家公园体制建设的启示[J]. 生物多样性,2014,22(04):423—425.

[105] 雷切尔·卡森. 寂静的春天[M]. 长春:吉林人民出版社,1998:163,262—263.

[106] 李锋. 国家公园社区共管的体系建构与模式选择:基于多维价值之考量[J]. 海南师范大学学报(社会科学版),2022,35(01):102—111.

[107] 李博炎,朱彦鹏,刘伟玮,李爽,付梦娣,任月恒,蔡譞,李俊生. 中国国家公园体制试点进展、问题及对策建议[J]. 生物多样性,2021,29(3):283—289.

[108] 李干杰. 以习近平生态文明思想为指导 努力营造打好污染防治攻坚战的良好舆论氛围[J]. 环境保护,2018,46(12):7—16.

[109] 李晟,冯杰,李彬彬,吕植. 大熊猫国家公园体制试点的经验与挑战[J]. 生物多样性,2021,29(3):307—311.

[110] 李晟. 中国野生动物红外相机监测网络建设进展与展望[J]. 生物多样性,2020,28(9):1045—1048.

[111] 李林蔚. 论央地关系背景下我国国家公园管理制度的完善[D]. 广西师范大学,2021.

[112] 李凌民. 三江源自然保护区生态移民的几点思考[J]. 青海学刊,2003(6):34—35.

[113] 李如生. 美国国家公园管理体制[M]. 北京:中国建筑工业出版社,2005:1—2.

[114] 李书献. 南山国家公园管理体制创新助推区域经济协调发展[J]. 区域治理,2019(42):48—50.

[115] 李爽,李博炎,刘伟玮,付梦娣,任月恒,朱彦鹏. 国家公园基于社区居民利益诉求的社区发展路径探讨[J]. 林业经济问题,2021,41(3):

320—327.

[116] 李婷婷. 近代时期台湾公园系统的建立及发展历史研究(1895—1945 年)[J]. 北京交通大学硕士论文,2020:7.

[117] 李庆晞. 基于层次分析法的行政事业单位财务绩效评价:以福建武夷山国家级自然保护区管理局为例[J]. 中国总会计师,2020(11):112—115.

[118] 李小云,左停,唐丽霞. 中国自然保护区共管指南[M]. 北京:中国农业出版社,2009:22—23.

[119] 李鑫城. 三江源国家公园生态补偿机制现状研究[J]. 大陆桥视野,2021(12):76—78.

[120] 李亚光. 我国14年来投入三江源地区生态保护资金逾180亿元[N]. 人民日报,2019-04-16(14).

[121] 李云,唐芳林,孙鸿雁等. 美国国家公园规划体系的借鉴[J]. 林业建设,2019(5):6—12.

[122] 李钊. 美国国家公园的国家责任与大众享用机会:美国仙纳度(Shenandoah)国家公园考察[J]. 农业科技与信息(现代园林),2011(02):11—15.

[123] 李正欢,郑向敏. 国外旅游研究领域利益相关者的研究综述[J]. 旅游学刊,2006(10):85—91.

[124] 李周,包晓斌. 世界自然保护区发展概述[J]. 世界林业研究,1997,10(6):7—14.

[125] 联合国环境规划署和世界自然保护联盟:保护地球报告[R/OL]. 中国海洋发展研究中心网,(2021-05-31)[2022-05-31]http://aoc.ouc.edu.cn/2021/0531/c9829a325117/page.html

[126] 联合国教科文化组织. 保护世界文化和自然遗产公约[DB/OL]. 2022-05-31. https://baike.so.com/doc/6152059-6365261.html

[127] 林辰松,李雄,葛韵宇,邵明. 台湾地区"国家公园"建设与发展基本内容探析[N]. 工业建筑,2016,46(5):71—75.

[128] 林盛. 福建武夷山国家级自然保护区科学管理和社区发展的关系分析[J]. 安徽农学通报,2007(11):54—56.

[129] (汉)刘安. 淮南子译注[M]. 上海:上海古籍出版社,2017:249.

[130] 刘承礼. 分权与央地关系[M]. 北京:中央编译出版社,2015:3—5.

[131] 刘馥瑶,陈朝圳. 台湾地区国家公园管理体制发展与趋势[N]. 世界林业,2016(4):77—82.

[132] 刘国伟. 第二届"寻找中国好水"活动第二站启动 走进"中华水塔"三江源[J]. 环境与生活,2017(08):2—3,46—47.

[133] 刘红婴. 行进中的自然遗产及其价值[J]. 遗产与保护研究,2017,2(6):29—34.

[134] 刘嘉琦,曹玉昆,朱震锋. 东北虎豹国家公园建设存在问题及对策研究[J]. 中国林业经济,2019(1):21—24.

[135] 刘京菊. 杨时解读张载之《西铭》[J]. 晋阳学刊,2014(6).

[136] 刘伟玮,李爽,付梦娣,等. 基于利益相关者理论的国家公园协调机制研究[J]. 生态经济,2019,35(12):90—95,138.

[137] 刘霞,张岩. 中国自然保护区社区共管论研究综述[J]. 经济研究导刊,2011(12):193—195.

[138] 刘笑敢. 老子哲学的中心价值及体系结构:兼论中国哲学史研究的方法论问题[M]. 上海:上海古籍出版社,1996:121.

[139] 刘毅,孙秀艳,寇江泽. 生态兴则文明兴[N]. 人民日报,2020-08-14(1).

[140] 刘玉芝. 美国的国家公园治理模式特征及其启示[J]. 环境保护,2011(5):68—70.

[141] 龙文兴,杜彦君,洪小江,臧润国,杨琪,薛荟. 海南热带雨林国家公园

试点经验[J]. 生物多样性,2021,29(03):328—330.

[142] 鲁冰清. 生命共同体理念下国家公园建设与原住居民脱贫协同实现机制研究:以祁连山国家公园为例[J]. 甘肃政协,2020(04):30—35.

[143] 卢越. 环境污染排放限额制度下的政企博弈分析与实证研究[D]. 合肥工业大学,2015.

[144] 罗华莉. 柳宗元公共园林营造思想的梳理及思考[J]. 北京林业大学学报(社会科学版),2010,9(04):33—37.

[145] 罗建南. 健全体制机制 维护南方重要生态屏障[J]. 绿色中国,2020(16):72—73.

[146] 罗帅. 国家公园传统利用区规划研究[D]. 广州大学,2017.

[147] 罗杨,王双玲,马建章. 从历届世界公园大会议题看国际保护地建设与发展趋势[J]. 野生动物,2007,28(3):4,45—48.

[148] (春秋)吕不韦. 吕氏春秋[M]. 北京:海潮出版社,2014:697.

[149] 马国勇,陈红. 基于利益相关者理论的生态补偿机制研究[J]. 生态经济,2014,30(4):33—36,49.

[150] 马恒君. 庄子正宗[M]. 北京:华夏出版社,2007:148.

[151] 马佳星. 金融支持三江源国家公园建设研究[J]. 河北企业,2021(03):67—68.

[152] 马克思,恩格斯. 马克思恩格斯全集第一卷[M]. 北京:人民出版社,2009:56.

[153] 马克思,恩格斯. 马克思恩格斯选集第三卷[M]. 北京:人民出版社,2012:856.

[154] 马克思,恩格斯. 马克思恩格斯全集第三卷[M]. 北京:人民出版社,1960:20.

[155] 马克思,恩格斯. 马克思恩格斯全集第四卷[M]. 北京:人民出版社,

1972：218.

[156] 马克思,恩格斯. 马克思恩格斯全集第二十卷[M]. 北京：人民出版社,1971：373.

[157] 马明飞. 自然遗产管理体制的法律思考[J]. 河南省政法管理干部学院学报,2010,25(02)：188—192.

[158] 毛显强,钟瑜,张胜. 生态补偿的理论探讨[J]. 中国人口·资源与环境,2002(4)：40—43.

[159] 梅青. 三江源保护区建立纪实[J]. 森林与人类,2000(09)：45—46.

[160] 孟宪民. 美国国家公园体系的管理经验：兼谈对中国风景名胜区的启示[J]. 世界林业研究,2007(01)：75—79.

[161] 芈峤,王颖,黄晓姝. 自然保护地社区发展与全民共享[N]. 青海日报,2019-08-22(7).

[162] 母金荣,赵龙. 祁连山国家公园甘肃片区在探索创新中开新局[J]. 甘肃林业,2021(3)：15—18.

[163] 彭钦一,杨锐. 保护冲突研究综述：概念、研究进展与治理策略[J]. 风景园林,2021,28(12)：53—57.

[164] 彭友锋. 三江源地区林业执法体系建设探析[J]. 攀登,2008(03)：94—97.

[165] 钱者东,郭辰,吴儒华,等. 中国自然保护区经济投入特征与问题分析[J]. 生态与农村环境学报,2016,32(1)：35—40.

[166] 乔卓玛,芦光珍,张建财. 建立完善"三江源"自然保护区生态保护与建设补偿机制的对策建议[J]. 草业与畜牧,2009(09)：37—38,46.

[167] 秦天宝,刘彤彤. 央地关系视角下我国国家公园管理体制之建构[J]. 东岳论丛,2020,41(10)：162—171,192.

[168] 青海省人民政府. 三江源国家公园总体规划[R]. 2018-01.

[169] 冉东亚,韩丰泽,孙永涛,等. 四川省党性教育现场教学和林草资源保

护管理调研报告[J]. 国家林业和草原局管理干部学院学报,2021,20 (01): 3—7.

[170] 任祯. 资源配置视角下的中国特色政府、市场与企业关系[J]. 全国 流通经济,2020(6): 135—137.

[171] 日本环境省. 国立公園の仕組み-美しい日本の自然とその継承[EB/ OL]. (2018-04-15)[2022-04-21]. http: //www. env. go. jp/nature/ np/pamph5/index. html

[172] 日本环境省. 環境省の組織(内部部局)[EB/OL]. http: //www. env. go. jp/annai/soshiki/bukyoku. html,2018-04-15.

[173] 日本环境省. 日本の国立公園事務所等一覧[EB/OL]. http: // www. env. go. jp/park/office. html,2018-04-15.

[174] 日本环境省自然環境局国立公園课. 国立公園における協働型管理 運営を進めるための提言[EB/OL]. 日本环境省官网,(2015-07-28) [2021-12-21]. https: //www. env. go. jp

[175] 360百科. 可持续发展理论[DB/OL]. https: //baike. so. com/doc/ 25222408-26219692. html

[176] 360百科. 生态伦理[DB/OL]. https: //baike. so. com/doc/ 5858528-6071371. html

[177] 360百科. 世界自然保护联盟[DB/OL]. https: //baike. so. com/ doc/5574538-5788957. html

[178] 生态环境部. 中国生态环境状况公报(2018)[R]. 2019-05-29.

[179] 石强. 论弗兰西斯·培根理性主义哲学思想[J]. 学术探索,2020 (6): 9—15.

[180] 斯宾诺莎. 伦理学[M]. 北京: 商务印书馆,1982: 439.

[181] 宋云霞. 世界自然遗产地的保护与可持续发展研究[D]. 中国地质大 学(北京),2011.

[182] 苏红巧,罗敏,苏杨."最严格的保护"是最严格地按照科学来保护——解读"国家公园实行最严格的保护"[J].北京林业大学学报(社会科学版),2019,18(01):13—21.

[183] 苏红巧,苏杨,王宇飞.法国国家公园体制改革镜鉴[J].中国经济报告,2018(1):68—71.

[184] 苏红巧,苏杨.国家公园如何统筹"最严格的保护"和"绿水青山就是金山银山"[J].中华环境,2019(08):22—25.

[185] 苏凯文,任婕,黄元,等.自然保护地人兽冲突管理现状、挑战及建议[J].野生动物学报,2022,43(01):259—265.

[186] 苏全有,王明宏.对我国的世界遗产问题的冷思考[J].世界遗产论坛,2009(00):33—38.

[187] 苏岩,金荣.云南省国家公园发展建设研究[J].城市建筑,2021,18(08):118—120.

[188] 苏雁.日本国家公园的建设与管理[J].经营管理者,2009(23):222.

[189] 苏杨,汪昌极.美国自然文化遗产管理经验及对中国有关改革的启示[J].中国园林,2005,21(8):46—53.

[190] 苏杨.美国自然文化遗产管理经验及对我国的启示[J].世界环境,2005(02):36—39.

[191] 苏杨.国家公园体制建设须关注四个问题[N].中国经济时报,2017-12-11(005).

[192] 孙百亮,柴毅德.习近平生态文明思想的核心观点及时代价值[J].山西高等学校社会科学学报,2022,34(02):7—13.

[193] 孙波.管子[M].香港:华夏出版社,2009:423.

[194] 孙继琼,王建英,封宇琴.大熊猫国家公园体制试点:成效、困境及对策建议[J].四川行政学院学报,2021(2):88—95.

[195] 孙圣起,吕新文.祁连山国家公园总体规划公开征求意见[N].中

矿业报,2019-02-27.

[196] 索端智. 三江源生态移民的城镇化安置及其适应性研究[J]. 青海民族学院学报,2009,35(2):75—80.

[197] 唐芳林. 中国国家公园发展进入新纪元[DB/OL]. 中国自然保护区网,2018-05-04.

[198] 唐芳林. 科学划定功能分区 实现国家公园多目标管理[EB/OL]. (2018-01-16)[2022-03-15]. http://www.forestry.gov.cn/main/3957/content-1068384.html

[199] 唐国军. "创新是引领发展的第一动力"——学习习近平关于创新发展理念的重要论述[C]//2016年度文献研究个人课题成果集(上). 2018:261—274.

[200] 唐华. 奋力谱写普达措国家公园体制试点新篇章[J]. 绿色中国,2020(16):60—61.

[201] 陶俊生,袁志雄. 我国国家公园建设实践及理论思考[J]. 中国环境管理干部学院学报,2016,26(06):35—37,42.

[202] 滕剑仑,韩家彬,王苏生,谢灵怡. 股市群体选择策略的会计信息披露博弈分析[J]. 成都理工大学学报(社会科学版),2012,20(04):32—36.

[203] 田蜜,陈毅青,陈宗铸,等. 热带雨林国家公园旅游发展存在的问题及对策[J]. 热带林业,2019,47(04):73—76.

[204] 田晖,程鲲,潘鸿茹,等. 东北虎豹国家公园黑龙江东宁片区人兽冲突现状调查分析[J]. 野生动物学报,2021,42(02):487—492.

[205] 万静. 自然保护区游憩资源保护与开发的协调研究[J]. 南京林业大学学报(人文社会科学版),2005(04):80—82.

[206] 万玛加,王雯静. 三江源国家公园:共治共建共享,生态红利持续释放[N]. 光明日报,2022-02-28(5).

[207] 汪鹏. 福建武夷山国家级自然保护区管理办法修订解读[J]. 福建林业,2015(6):4—5.

[208] 王宝宣,巩合德,朱贵青,杨双娜. 普达措国家公园游憩资源价值与特色评价[J]. 西南林业大学学报(社会科学),2021,5(3):87—92.

[209] 王夫之. 周易外传[M]. 北京:中华书局,1988:157,163.

[210] 王浩. 我国自然保护区可持续发展管理模式研究[D]. 南京林业大学,2005.

[211] 王怀毅,李忠魁,俞燕琴. 中国生态补偿:理论与研究述评[J]. 生态经济,2022,38(03):164—170.

[212] 王晶雄. 论新唯物主义对旧唯物主义自然观的超越[J]. 延安大学学报(社会科学版),2014,36(6):31—38.

[213] 王蕾,苏杨. 从美国国家公园管理体系看中国国家公园的发展[M]. 大自然,2012(5):15—16.

[214] 王建刚. 论我国国家公园的法律适用[C]//生态文明与林业法治:2010 全国环境资源法学研讨会(年会)论文集(上册). 2010:538—542.

[215] 王琳. 钱江源国家公园体制试点区评价研究[D]. 浙江农林大学,2021.

[216] 王梦君,唐芳林,孙鸿雁,等. 国家公园的设置条件研究[J]. 林业建设,2014(02):1—6.

[217] 王明. 太平经合校[M]. 北京:中华书局,1960:392.

[218] 王倩雯,贾卫国. 三种国家公园管理模式的比较分析[J]. 中国林业经济,2021(03):87—90.

[219] (明)王守仁. 王阳明全集[M]. 北京:中国编译出版社,2014:845.

[220] 王叔瑜,林文和. 公立自然和人文公园约聘雇人力绩效评估指标之建立[J]. 武汉职业技术学院学报,2013,12(03):14—20.

[221] 王硕. 国家公园建设给武夷山带来什么？[J]. 绿色中国,2021(10)：
      36—39.

[222] 王天明,冯利民,杨海涛,等. 东北虎豹生物多样性红外相机监测平台
      概述[J]. 生物多样性,2020,28(9)：1059—1066.

[223] 王慰,赵可. 老子"和"的三重生态伦理境界[J]. 佳木斯大学社会科
      学学报,2021,39(6)：22—24.

[224] 王娴,任晓冬. 基于共生理论的自然保护区与周边社区可持续发展研
      究[J]. 贵阳学院学报(自然科学版),2015,10(03)：45—49.

[225] 王晓鸿. 海峡两岸风景区规划管理之比较研究：以国家公园(国家级
      重点风景名胜区)为例[D]. 同济大学,2006.

[226] 王宇飞,苏红巧,赵鑫蕊,等. 基于保护地役权的自然保护地适应性管
      理方法探讨：以钱江源国家公园体制试点区为例[J]. 生物多样性,
      2019(1)：68—71.

[227] 王玉梅. 当代中国马克思主义生态哲学思想研究[D]. 武汉大
      学,2013.

[228] 王早生. 台湾地区"国家公园"的起源与现状[N]. 风景名胜,1994
      (11)：12—13.

[229] 王永生. 自然的恩赐：国家公园百年回首[J]. 生态经济,2004(06)：
      40—51.

[230] 汪晓东,刘毅,林小溪. 让绿水青山造福人民泽被子孙[N]. 人民日
      报,2021-06-03(海外版).

[231] 蔚东英. 国家公园管理体制的国别比较研究：以美国,加拿大,德国,
      英国,新西兰,南非,法国,俄罗斯,韩国,日本 10 个国家为例[J].
      2021(2017—3)：89—98.

[232] 魏海生,李祥兴. 建设美丽中国的行动指南——深入学习习近平生态
      文明思想[J]. 经济社会体制比较,2022(1)：1—10.

[233] 翁钢民. 旅游环境承载力动态测评及管理研究[D]. 天津大学, 2007.

[234] 吴承照. 国家公园发展游憩还是发展旅游[J]. 中华环境, 2020(7):
32—35.

[235] 吴宏亮. 生态文明理论形成的历史观基础:马恩生态社会发展思想
探要[J]. 河南大学学报(社会科学版), 2008(04):41—45.

[236] 吴丽业. 中国古代的生物保护[J]. 中学生物教学, 2013(Z1):
78—79.

[237] 吴秋凤, 田辉玉, 管锦绣. 设计伦理的功能及其实现途径[J]. 湖北社
会科学, 2011(12):158—160.

[238] 吴天雨, 贾卫国. 南方集体林区国家公园体制的建设难点与对策分
析:以武夷山国家公园为例[J]. 中国林业经济, 2021(05):11—15.

[239] 吴星星, 杨阿莉. 基于多元利益主体诉求的国家公园游憩管理研究
[J/OL]. 国土资源情报, 2021-09-29:1—8.

[240] 习近平. 共担时代责任,共促全球发展[J]. 求是, 2020(24):10.

[241] 习近平. 共同构建地球生命共同体:在〈生物多样性公约〉第十五次
缔约方大会领导人峰会上的主旨讲话[N]. 人民日报, 2021-10-13.

[242] 习近平. 决胜全面建成小康社会,夺取新时代中国特色社会主义伟大
胜利——在中国共产党第十九次全国代表大会上的报告[R]. 2017-
10-18.

[243] 习近平. 习近平关于科技创新论述摘编[M]. 北京:中央文献出版
社, 2016:4,119.

[244] 习近平. 论坚持人与自然和谐共生[M]. 北京:中央文献出版社,
2022:34.

[245] 习近平. 习近平谈治国理政(第三卷)[M]. 北京:外文出版社, 2020:
362.

[246] 习近平. 习近平谈治国理政(第四卷)[M]. 北京:外文出版社, 2022:

359.

[247] 习近平. 在联合国生物多样性峰会上的讲话[N]. 人民日报,2020-10-12(3).

[248] 习近平. 在全国生态环境保护大会上的讲话[R]. 新华社,2018-05-19.

[249] 习近平. 为携手创造世界生态文明美好未来 推动构建人类命运共同体作出贡献——第一届国家公园论坛开幕贺信[EB/OL]. 央视网,(2019-08-19)[2022-02-15]. http://news.cctv.com/2019/08/19/ARTIJabv43vuSbWDlAl8ei58190819.shtml

[250] 习近平. 中共中央关于制定国民经济和社会发展第十四个五年规划和二〇三五年远景目标的建议[N]. 人民日报,2020-11-04(001).

[251] 夏澍耘. 张载自然观、价值观和人物观的生态智慧[J]. 理论月刊,2004(02):63—65.

[252] 夏云娇. 国外地质公园相关立法制度对我国立法的启示:以美国、加拿大为例[J]. 武汉理工大学学报(社会科学版),2006(05):721—726.

[253] 向微. 法国国家公园建构的起源[J]. 旅游科学,2017,31(3):89—98.

[254] 肖晓丹. 法国国家公园管理模式改革探析[J]. 法语国家与地区研究,2019(02):11—18,91.

[255] 肖英,刘思华. 两汉时期的道家环境保护思想研究[J]. 求索,2012(04):143,201—202.

[256] 谢兴龙. 关于完善普达措国家公园体制试点工作的调研报告[J]. 创造,2022,30(2):59—62.

[257] 谢屹,李小勇,温亚利. 德国国家公园建立和管理工作探析:以黑森州科勒瓦爱德森国家公园为例[J]. 世界林业研究,2008(1):

72—75.

[258] 谢宗强,申国珍. 神农架国家公园体制试点特色与建议[J]. 生物多样性,2021,29(3):312—314.

[259] 徐国士,黄文卿,游登良. 国家公园概论[M]. 台北:明文出版社,1997.

[260] 徐基良. 台湾地区的"国家公园"管理[J]. 森林与人类,2014(5):112.

[261] 徐世虹. 睡虎地秦简法律文书集释(二):《秦律十八种》(《田律》《厩苑律》)[J]. 中国古代法律文献研究,2013(7).

[262] 徐卫华,臧振华,杜傲,等. 东北虎豹国家公园试点经验[J]. 生物多样性,2021,29(3):295—297.

[263] 许浩. 日本国立公园发展、体系与特点[J]. 世界林业研究,2013,26(6):69—74.

[264] 许云飞. 国家林草局解读《国家公园设立规范》等五项国家公园标准[J]. 国土绿化,2021(11):4—5.

[265] 薛芮,阎景娟,魏玲玲. 国家公园游憩利用的理论技术体系与研究框架构建[J]. 浙江农林大学学报,2022,39(01):190—198.

[266] (战国)荀子. 荀子[M]. 北京:新世界出版社,2014:129—130.

[267] 严天秀. 习近平生态文明思想的时代价值研究[J]. 湖北开放职业学院学报,2021,34(24):126—127,132.

[268] 严旬. 关于中国国家公园建设的思考[J]. 世界林业研究,1991(02):86—89.

[269] 闫颜,唐芳林,田勇臣,等. 国家公园最严格保护的实现路径[J]. 生物多样性,2021,29(01):123—128.

[270] 杨辰,王茜,周俭. 环境保护与地区发展的平衡之道——法国的大区自然公园制度与实践[J]. 规划师,2019,35(17):36—43.

[271] 杨东民,何平,张贺全等. 瑞士和法国国家公园等自然保护地的管理经验及启示[J]. 中国工程咨询,2019(8):89—92.

[272] 杨桂华,钟林生,明庆忠. 生态旅游[M]. 北京:高等教育出版社,2000:9—14.

[273] 杨洁,肖和伟. 三江源生态面貌的展现和环境保护思考:析长篇报告文学《中华水塔》[J]. 环境保护,2022,50(05):73—74.

[274] 杨娜. 5项国家标准发布,设立国家公园"有章可循"[N]. 中国妇女报,2021-10-28(002).

[275] 杨锐,王应临,庄优波. 中国的世界自然与混合遗产保护管理之回顾和展望[J]. 中国园林,2012,28(8):55—62.

[276] 杨锐. 试论世界国家公园运动的发展趋势[J]. 中国园林,2003,19(7):7.

[277] 杨锐. 论中国国家公园体制建设中的九对关系[J]. 中国园林,2014,30(8):5—8.

[278] 杨锐等. 国家公园与自然保护地研究[M]. 北京:中国建筑工业出版社,2016:前言.

[279] 杨锐. 中国国家公园治理体系:原则、目标与路径[J]. 生物多样性,2021,29(03):269—271.

[280] 杨彦锋. 国家公园:他山之石与中国实践[M]. 北京:中国旅游出版社,2018.

[281] 杨宇明,叶文,孙鸿雁. 云南香格里拉普达措国家公园体制试点经验[J]. 生物多样性,2021,29(03):325—327.

[282] 叶文. 云南省国家公园建设[J]. 中国生态学会通讯,2011(4).

[283] 游登良. 台湾国家公园史(1900—2000)[M]. 台北:内政部营建署,2002:1—35.

[284] 游登良. 国家公园与世界遗产概论[M]. 台北:华立图书公司,2016.

[285] 于海英. 易经[M]. 北京：华龄出版社,2017：4.

[286] 俞海. 深入理解和科学把握习近平生态文明思想[J]. 社会主义论坛,2022(05)：8—10.

[287] (美)约翰·缪尔. 我们的国家公园[M]. 郭名倞译. 长春：吉林人民出版社,1999.

[288] 臧振华,张多,王楠,等. 中国首批国家公园体制试点的经验与成效、问题与建议[J]. 生态学报,2020,40(24)：8839—8850.

[289] 曾恒,孙向东,刘平,等. 动物疫病防控中的公共产品问题研究综述[J]. 中国动物检疫,2018,35(08)：62—65,93.

[290] 曾辉. 遗产型景区旅游环境承载力研究[D]. 西南大学,2015.

[291] 张朝枝,保继刚. 美国与日本世界遗产地管理案例比较与启示[J]. 世界地理研究,2005(04)：105—112.

[292] 张朝枝. 世界遗产地管理体制之争及其理论实质[J]. 商业研究,2006(08)：175—179.

[293] 张光瑞. 2003—2005 年中国旅游发展：分析与预测[M]. 北京：社会科学文献出版社,2005：195—207.

[294] 张海霞,付淼瑜,苏杨. 建设国家公园特许经营制度 实现"最严格的保护"和"绿水青山就是金山银山"的统一[J]. 发展研究,2021,38(12)：35—39.

[295] 张琨,邹长新,仇洁,等. 国内外保护地发展进程及对我国保护地建设的启示[J]. 环境生态学,2021,3(11)：6. 9—14.

[296] 张蕾,王晓樱. 为海南永续发展筑牢绿色生态屏障：国家公园管理局负责人解读《海南热带雨林国家公园体制试点方案》[N]. 光明日报,2019-01-25.

[297] 张立,吕金鑫. 祁连山国家公园管理体制的改革与创新探讨[C]//新时代环境资源法新发展——自然保护地法律问题研究：中国法学会

环境资源法学研究会 2019 年年会论文集(中). 2019：275—281.

[298] 张玫瑰,陈莉. 习近平生态文明思想在西藏的实践[J]. 西藏民族大学学报(哲学社会科学版),2021,42(03)：26—30,153.

[299] 张陕宁. 扎实推进东北虎豹国家公园两项试点[J]. 林业建设,2018(5)：197—203.

[300] 张伟. 穿越时空的对话：陶渊明《归园田居》与梭罗《种豆》之比较[J]. 人文天下,2017(23)：72—76.

[301] 张希武,唐芳林. 中国国家公园的探索与实践[M]. 北京：中国林业出版社,2014.

[302] 张小鹏,孙国政. 国家公园管理单位机构的设置现状及模式选择[J]. 北京林业大学学报(社会科学版),2021,20(1)：76—83.

[303] 张引,杨锐. 中国自然保护区社区共管现状分析和改革建议[J]. 中国园林,2020,36(08)：31—35.

[304] 张引,杨锐. 中国国家公园社区共管机制构建框架研究[J]. 中国园林,2021,37(11)：98—103.

[305] 张引,庄优波,杨锐. 法国国家公园管理和规划评述[J]. 中国园林,2018,34(7)：36—41.

[306] 张玉钧,高云. 绿色转型赋能生态旅游高质量发展[J]. 旅游学刊,2021,36(9)：1—3.

[307] 张玉钧. 国家公园游憩策略及其实现途径[J]. 中华环境,2019(8)：29—32.

[308] 张玉钧. 日本国家公园的选定、规划与管理模式[C]. 2014 年中国公园协会成立 20 周年优秀文集. 2014：54—56.

[309] 章新胜,米红旭,姜恩宇. 海南热带雨林国家公园：一种国家公园新模式[J]. 森林与人类,2021(10)：14—21.

[310] 赵海云,李仲学,张以诚. 矿业城市中政府与企业的博弈分析[J]. 中

国矿业,2005(3):17—21.

[311] 赵善轩,李安竹,李山译注. 管子[M]. 北京:中信出版社,2014:
261.

[312] 赵雪雁,李巍,王学良. 生态补偿研究中的几个关键问题[J]. 中国人
口·资源与环境,2012,22(02):1—7.

[313] 赵新全. 青海自然保护体系建设科技支撑的几点建议[J]. 青海科
技,2022,29(01):4—6,18.

[314] 郑文娟,许丽娜,等. 日本国家公园设立理事会的经验与启示[J]. 环
境保护,2018,46(23):69—72.

[315] 郑文娟,等. 日本国家公园体制发展,规划,管理及启示[J]. 东北亚
经济研究,2018,2(3):100—111.

[316] 中共中央关于全面深化改革若干重大问题的决定[N]. 人民日报,
2013-11-16(1).

[317] 中共中央. 深化党和国家机构改革方案[N]. 人民日报,2018-03-22
(001).

[318] 中共中央 国务院关于加快推进生态文明建设的意见[J]. 水资源开
发与管理,2015(03):1—7.

[319] 中共中央,国务院. 生态文明体制改革总体方案[N]. 经济日报,
2015-09-22(2).

[320] 中共中央办公厅,国务院办公厅. 建立国家公园体制总体方案[J].
中华人民共和国国务院公报,2017(29):7—11.

[321] 中共中央办公厅,国务院办公厅. 关于建立以国家公园为主体的自然
保护地体系的指导意见[R]. 中华人民共和国国务院公报,2019
(19):16—21.

[322] 中国书籍国学馆编委会. 老子[M]. 北京:中国书籍出版社,2014:
85.

[323] 中国书籍国学馆编委会. 论语[M]. 北京：中国书籍出版社,2014：122.

[324] 中国书籍国学馆编委会. 诸子百家[M]. 北京：中国书籍出版社,2017：133.

[325] 中国野生动物保护协会. 中国自然保护地70年回顾与展望[EB/OL]. (2019-09-24)[2022-05-28]. www. huanbao-world. com /a/zixun/2019/0924/114504. html

[326] 中华人民共和国自然保护区条例[J]. 中华人民共和国国务院公报,1994(24)：991—998.

[327] 周德成,鲁小波,陈晓颖. 自然保护区生态旅游在生态文明建设中的地位与作用[J]. 林业调查规划,2021,46(6)：55—62.

[328] 周官正. 从"木头经济"走向"生态经济"[N]. 光明日报,2017-09-24(10).

[329] 周密. 美国国家公园制度及对我国发展优质旅游的启示[C]//中国旅游科学年会论文集. 2018-04.

[330] 周旋. 马克思主义生态伦理观的三重向度[J]. 桂海论丛,2021,37(04)：51—55.

[331] 周玉华.《法律援助法》立法重点和难点解读[J]. 中国司法,2021(09)：86—95.

[332] 朱华晟,陈婉婧,任灵芝. 美国国家公园的管理体制[J]. 城市问题,2013(5)：92.

[333] 朱清,黄德林. 从立法上加强对自然遗产保护的若干建议[J]. 行政与法(吉林省行政学院学报),2005(10)：90—92.

[334] 朱熹. 朱子全书(第23册)[M]. 上海：上海古籍出版社,合肥：安徽教育出版社,2010：3280.

[335] 朱心怡. 试论魏晋之"自然"思想[N]. 逢甲人文社会学报,2002

(4)：5.

[336] 朱璇. 美国国家公园运动和国家公园系统的发展历程[J]. 风景园林,2006(6)：22—25.

[337] (战国)子思. 中庸全鉴：典藏诵读版[M]. 北京：中国纺织出版社,2018：226.

[338] 自然资源部咨询研究中心. 关于当前自然资源管理中几个基本问题的研究[N]. 中国自然资源报,2017.

后　　记

本人对自然遗产问题的关注和学习始于 2003 年 11 月福建省泰宁县启动申报世界地质公园工作之时。2005 年 2 月 11 日联合国教科文组织批准泰宁地质公园为第二批世界地质公园,2010 年 8 月 2 日第 34 届世界遗产大会正式将福建泰宁、广东丹霞山、湖南崀山、江西龙虎山、浙江江郎山和贵州赤水联合组成的"中国丹霞"列入世界自然遗产名录,更加坚定了我对自然遗产保护与利用课题的兴趣,强化了我研究泰宁自然遗产保护与利用的责任。期间,在清华大学杨锐教授的启发和福建师范大学袁书琪教授的指导下,我开始学习和研究国家公园管理模式,2017 年研究课题获得全国哲学社会科学工作办公室批准立项。

课题研究期间因受工作安排及课题组成员变动的影响,尤其是受新冠肺炎疫情影响,研究进度比原计划有所延迟,且个别国家公园试点无法前往现场调研,只能通过文献、官网等渠道以及通信等方式获取二手信息,因此可能存在资料数据不全、主观判断等现象,有些问题的研究也不够深入,留下了一些遗憾。

党的十八届三中全会后,我国正式启动自然保护地管理体制改革,建设中国特色的以国家公园为主体的自然保护地体系提上议事日程。国家公园制度作为一个"舶来品"落地中国,如何结合中国国情,在生态文明思想的总体框架下科学建立统一规范有效的国家公园管理体制,以解决我国自然遗产地多部门多头交叉管理、权责不明、保护与发展矛盾突出、生态系统和生态服务质量不佳等问题,是一个重大的理论和实践问题。因此,虽然我国于2021年已经正式建立首批国家公园,但是许多源头性的管理体制问题并未得到根本解决,有待各方协同努力,集中时间、精力和人力、物力做大量深入探索与研究。课题组在此仅就国家公园管理模式的思考和建议求教于方家,希望能够为方家研究起到抛砖引玉的作用。

课题研究期间得到中国社会科学院张晓研究员的悉心指导,李俊融博士、刘馥瑶博士分别参与了本书第二章和第三章及前期的许多研究工作。课题组后期增加了王棹仁博士、苏君博士、李冰新博士和赵千博士,分别参与本书第四章、第五章、第六章和第七章的研究。官长春、孔泽、李想博士等协助完成课题前期和中期研究任务,先后取得14项阶段性成果,其中在中文核心、CSCD核心期刊发表论文4篇、SCI期刊发表论文2篇,1篇政策建议被中共福建省委《政研专报》采用,得到省主要领导批示并获2020年省领导批示优秀奖。

值此成果出版之际,对全体课题参与者的努力以及国家林业和草原局严旬司长,国家公园管理局王楠处长、陈君帜处长,上海师范大学高峻教授,武夷山国家公园管理局林贵民副局长、张惠光主任,甘肃武威冰河沟景区聂福照总经理,三明学院魏丽娟处长等各界领导、专家所给予的热忱指导和无私帮助,表示衷心的感谢!

罗金华

2022年10月27日